Francophonie en Orient

Languages and Culture in History

This series studies the role foreign languages have played in the creation of the linguistic and cultural heritage of Europe, both western and eastern, and at the individual, community, national or transnational level.
At the heart of this series is the historical evolution of linguistic and cultural policies, internal as well as external, and their relationship with linguistic and cultural identities.
The series takes an interdisciplinary approach to a variety of historical issues: the difffusion, the supply and the demand for foreign languages, the history of pedagogical practices, the historical relationship between languages in a given cultural context, the public and private use of foreign languages – in short, every way foreign languages intersect with local languages in the cultural realm.

Francophonie en Orient

Aux croisements France-Asie (1840-1940)

Mathilde Kang

Amsterdam University Press

Cover illustration: Our Lady of Victory Catholic Church (Wanghailou Church), Tianjin, China
Source: Library of Congress, Prints & Photographs Division LC-DIG-ggbain-09940

Cover design: Coördesign, Leiden
Lay-out: Crius Group, Hulshout

ISBN	9789462985148
e-ISBN	9789048536177 (pdf)
DOI	10.5117/9789462985148
NUR	633

Table des matières

Introduction

Plaidoyer pour une francophonie de cohabitation[1]

Une idée apparemment transcendantale et indubitable véhiculée au sein des études francophones est l'équivalence posée entre la francophonie en Orient et l'Indochine française ou sa variante l'ancien Viêtnam. Ce référent tient exclusivement au passé colonial qu'a subi l'Indochine, laquelle n'est ni un pays, ni un peuple. C'est une dénomination normalisée pour raison administrative et basée sur une chorégraphie où se situent les états composant la colonie. Conséquemment, plusieurs civilisations en Asie, notamment la Chine, l'Inde, le Japon et beaucoup d'autres se voient exclues d'une appartenance potentielle à la francophonie en Orient. Non pas que ces pays n'aient jamais subi de régime français au cours de l'histoire, mais ils ont échappé à la colonisation classique[2], considérée comme une finalité permettant d'accéder à la francophonie. Bannis de fait du monde francophone, ces pays, en dépit des réalités linguistiques et culturelles attestées sur le plan historique, ne sont généralement pas pris en compte dans le cadre de la francophonie. Découlant d'un prisme réducteur et étroit, cette équation entre « colonisation et francophonie » balaie du revers de la main toute compréhension sur les faits francophones en Asie avant ou après l'Indochine, bref, au-delà des frontières indochinoises.

Derrière cette idée transcendante qui va de soi, se cache l'opiniâtre conviction que la colonisation seule conduit inéluctablement à la francophonie. Car elle garantit l'ascension du français – l'ultime étape – comme une des langues officielles du pays. Ainsi conçue, la colonisation fait figure de prémisse et de voie unique permettant d'accéder au phénomène francophone hors de France. D'ailleurs plusieurs aires francophones, telles l'Afrique noire ou le Maghreb où la réalité francophone découle directement de la colonisation, sembleraient soutenir, pièce à l'appui, une telle thèse[3]. Il

1 Sur la problématique entourant la francophonie en Orient ou en Asie, voir *The Australian Journal of French Studies*, Special Issue: Francophonie and Its Futures, vol. XLVIII, N°1, Jan-April 2011 ; également *French Review*, Special Issue: Francophonie(s), May 2015.

2 Dans le sens d'avoir été au cours de son histoire une colonie de la France.

3 À d'autres cas, d'autres phénomènes. Si la francophonie en Suisse ou en Belgique a pu profiter d'une proximité géographique de la métropole permettant de tisser une osmose géoculturelle, le Québec fait exception. Car c'est une colonisation classique lors des expéditions vers l'Amérique, mais avec une migration des Français lors de la construction des villes francophones au Canada, puisque les premiers Québécois sont des colons français.

en va donc ainsi pour la francophonie orientale où le Viêtnam, le Cambodge et le Laos demeurent les seuls protectorats ou colonies avérés de la France. Dans cette optique, l'Indochine représenterait sans aucun doute, la seule aire culturelle francophone en Asie. Cette thèse qui avait fait fortune tout au long du vingtième siècle, en générant de nombreux essais au sein d'études francophones, tient-elle toujours ? La question s'impose d'autant plus si l'on mesure le phénomène de mondialisation générant une transculture qui débouche sur un horizon élargi de la sphère francophone.

Dans l'état actuel des réflexions sur la mouvance du monde francophone relatives à l'Asie, l'idée d'une francophonie asiatique plurielle n'a pas la cote. Les faits culturels ou les réalités découlant de l'héritage français en Asie, ailleurs qu'en Indochine, ne sont toujours pas envisagés dans une perspective francophone. Ces faits ne conduisent pas aux questions suivantes : a) existe-t-il une manifestation francophone hors de l'Indochine en Asie ? b) la colonisation classique est-elle l'unique voie pour une telle manifestation ? c) et ses variantes ou sous-produits, tels la « concession », le « comptoir » ou le « territoire à bail », concourent-ils à la francisation culturelle d'un lieu spécifique au même titre que la colonisation classique d'un pays entier ? Autrement dit, les faits francophones relevant des espaces culturels hors d'Indochine en Asie devraient-ils être inclus ou exclus de la francophonie ? Ces interrogations aussi essentielles qu'elles soient pour la compréhension du monde francophone asiatique restent sans réponse ne trouvant aucune réponse au sein des études francophones actuelles.

Tenant compte de l'historiographie propre de l'Asie, le présent ouvrage voudrait s'interroger sur le phénomène de manifestation francophone dans les pays asiatiques classés comme non-francophones. Il tentera de faire la lumière sur les voies et les modes d'acquisition du caractère francophone autres que ceux de la colonisation classique, en mettant en lumière une cohabitation découlant de la migration et du transfert de la culture française vers l'Asie. Ainsi notre étude aura comme ambition de frayer un sentier insoupçonné à la saisie de la réalité francophone asiatique dont la nature hétérogène risque de susciter des débats. Plusieurs arguments soutiennent notre hypothèse. D'emblée circonscrire le monde francophone dans le giron colonial, c'est gommer la vie francophone des cultures jadis officieusement ou partiellement au contact de la présence française. Les exemples ne manquent pas. Pensons aux mésaventures françaises en Inde, à l'occidentalisation de l'ère Meiji, au régime français dans la concession coloniale à Shanghai ou encore à la conjoncture de semi-colonisation des Qing. Aussi, ce phénomène de francophonie(s) qui nous intéresse survit-il dans une vitalité autre, non conventionnelle par rapport aux colonies avérées, et requiert une méthodologie d'identification affranchie des a priori.

Quelques rappels historiques

La pertinence d'une reconsidération de la vie francophone en Asie est confortée par l'histoire du continent. Ce qui est indéniable est qu'avant l'Union indochinoise, les nombreuses expéditions sur le continent avaient manifestement créé des ancrages et fiefs français dans plusieurs espaces culturels. L'histoire de la France en Asie ne se résume donc pas à l'histoire de l'Indochine française. De fait, depuis le quinzième siècle, l'essor de la navigation à voile en haute mer avait permis aux pays européens de s'engager éperdument dans des périples maritimes. Comme la fameuse « Route de la soie » de Marco Polo devient impraticable, c'est par voie maritime que se pointe la présence multiple des Européens dont les premières apparitions reviennent au Portugal, le long des côtes de Macao au seizième siècle. L'historiographie chinoise retient encore aujourd'hui les postes et comptoirs de Macao comme la première brèche annonçant l'afflux des voiliers « barbares », dont ceux des Français, lorgnant les empires lointains (Li Wenhai et coll. vol. I 481). Motivées à la fois par le prosélytisme chrétien et les missions commerciales, les expéditions s'accroissent au seizième siècle et atteignent leur point culminant au cours des dix-septième et dix-huitième siècles. Par voie de conséquence, les Indes et l'Empire de Cathay sont indubitablement dans la ligne de mire.

Aujourd'hui si certains pays d'Asie jouissent d'une littérature d'expression française sans avoir subi de colonisation officielle, c'est que la présence française et le contact avec la culture française, qui ont été occultés, y survivent autrement. Cela relève d'un truisme. Le tableau suivant dessine la carte de la répartition originelle de la présence européenne et française en Asie :

> [...] le cantonnement des Européens à la périphérie des empires fermés (Chine, Japon) ; une présence diffuse sur le littoral du continent indien [...] ; les implantations coloniales pour la culture des épices (Indonésie), le ravitaillement des navires sur la route des Indes (Le Cap, Mascareignes) ou la christianisation des populations indigènes (Philippines). (Favier 7-8)

Ces positionnements indiquent l'arrivée des pays européens (dont la France) dans diverses aires culturelles avant l'Indochine, notamment en Chine, aux Indes et au Japon. La reconnaissance de ce premier repère met en relief notre méthodologie d'identification qui s'appuie d'emblée sur l'historiographie. Il est indéniable que les expéditions en Asie ne sont en rien moindres que celles d'Afrique ou d'Amérique du Nord. La francophonie des pays d'Asie doit donc refléter la présence historique de la France dans tous ces empires qui ont embrassé la civilisation française au cours de l'histoire.

Serait-ce jeter un pavé dans la mare que d'étiqueter de « francophonies » ces pays souverains dont les cultures sont historiquement autarciques et de réserver l'appellation francophone à ces cultures classées non-francophones ? Ces cultures font-elles partie comme composant/acteur intégral d'une francophonie élargie ? Nos recherches effectuées sur la présence française dans plusieurs régions et espaces d'Asie devraient cependant dissiper le doute et donner raison à un tel point de vue. Loin d'être un virage circonstanciel ou aléatoire, l'interrogation sur la pertinence d'une francophonie dans ces pays (non francophones) est soutenue par la conservation de la langue/culture française au sein de ces cultures d'accueil. Historiquement occultée, cette partie de la francophonie mérite d'être éclairée par une approche méthodologique susceptible d'abord de reconnaître son existence. Reconsidérer l'aire asiatique ne peut se faire en ignorant d'autres aires francophones établies et, qui plus est, plusieurs questions servant de vecteur à articuler la problématique du présent ouvrage tirent profit de l'avancée des études francophones actuelles (Mackey 117)[4] ; aussi, en guise de prélude à nos réflexions, tâtons le pouls des recherches récentes sur la mouvance du monde francophone en faisant un tour d'horizon de l'état actuel des études francophones.

L'orientation des études francophones

Penchées sur les méandres des relations tissées avec la France dans le parcours sinueux de la colonisation, les études francophones, réparties en aires géographiques, font florès un demi-siècle durant. Or, l'ère du vingt-et-unième siècle bouleversera ces anciennes répartitions en soulignant le fait que la francophonie n'est plus un monde à huis clos, assemblé autour d'un historique colonial avec la France, mais bien une mouvance interpellée par les dynamismes présents qui caractérisent le monde actuel[5]. En d'autres

4 La compréhension objective d'une saisie de la francophonie, c'est sentir son évolution.

5 Depuis l'origine du vocable en 1539 par l'ordonnance de Villers-Cotterêts, la notion de francophonie a subi des mutations capitales par rapport à la pratique aujourd'hui de la francophonie dans le monde. À l'époque c'était pour l'instauration du français comme langue officielle en France métropolitaine. Pour un historique de l'évolution de cette notion et celle du monde francophone, voir encore l'étude de William F. Mackey (107-122).

termes, non seulement la francophonie serait aux horizons multiples et ouverts, mais encore refléterait les préoccupations liées aux phénomènes transnationaux des cultures au seuil de la mondialisation. Cela dit, la colonisation du pays entier comme seule voie d'acquisition francophone est inéluctablement mise en cause dans l'ère de la transculture.

Cette orientation vers laquelle convergent les études francophones traduit les nouveaux enjeux qui marquent l'état de l'après postcolonial de la discipline. Pour certains chercheurs, le champ de la francophonie renvoie aux faits et réalités francophones en constant mouvement et non plus aux critères artificiels circonscrits a priori, tels que l'ancienne colonie française ou encore le français comme une des langues du pays...[6] Ces réflexions font sentir un besoin de reconfiguration de la francophonie devant tenir compte des aires culturelles jadis exclues des zones francophones classiques ; aussi, apparaissent de nombreux essais depuis les années 1990 dans diverses revues d'études francophones qui s'interrogent sur la notion de « francophonie moderne ». Sans cesse remodelées et renouvelées au cours des décennies, ces études attestent pour leur part l'insaisissable d'un champ qui se reconstruit et se renouvelle par soi-même et rendent du même coup caduc le concept-souche de colonisation comme seul moyen de rayonnement français dans le monde.

La difficulté d'une définition standard

Une autre impasse soulignée par les recherches récentes est la difficulté qu'il y a à donner une définition standard de la francophonie appliquée uniformément à chaque aire francophone. En réalité, cette standardisation rigide crée un malaise dès le départ. Ainsi avant même que ne soit posée la question de l'entrée de l'Asie dans le giron de la francophonie, les tentatives de redéfinir cette dernière auront été une entreprise permanente des chercheurs[7]. Après des élaborations inlassables de part et d'autre sur ce qui compose la francophonie, François Torrel dresse un constat concluant :

> Il nous est impossible de définir la francophonie en termes idéologiques, car la diversité même [...] de la situation francophone des principaux

6 On renvoie ici à la section « Francophonie en Asie » de notre bibliographie et plus particulièrement aux études de William F. Mackey, de Michel Beniamino et d'Isabelle Violette.

7 L'approche trilogique qui a fait la force de départ des études francophones serait-elle toujours valable dans l'ère de la mondialisation ? Comment saisir les caractéristiques hétérogènes et contradictoires d'une francophonie en mouvance ? Voir particulièrement l'étude d'Isabelle Violette (13-30).

> acteurs, fondateurs ou bailleurs de fonds ne partageant pas la même histoire ni les mêmes pratiques de la francophonie ne permet pas de déterminer un mobile, un motif commun d'appartenance justifiant de la cohésion de l'ensemble. (Torrel 10)

À l'inconcevabilité d'une définition standard de la francophonie, englobant des aires culturelles d'origine et de nature francophones hétérogènes, s'ajoute une autre difficulté de base. C'est que la francophonie ne recouvre pas la même chose aux yeux des Français de métropole et dans le reste du monde (qui parle français). Pour celui-ci la francophonie englobe en soi les diverses dimensions linguistique, géographique, identitaire et institutionnelle (Violette 15-16) sans être exclusivement reliée au passé colonial. Et les tentatives récentes d'une « définition globalisatrice » (Torrel 15) de la francophonie ne font qu'accuser la complexité que recèlent en soi ses composantes hétérogènes qui ne sauraient être réduites aux dimensions enracinées dans le passé colonial. Dans cette veine, d'autres vont encore plus loin, divisant le monde francophone en francophonie et francophonie littéraire[8] pour renvoyer le premier aux anciennes colonies françaises, le second à un espace littéraire où les œuvres sont écrites en français. Cette seconde subdivision débouche inéluctablement sur des littératures qui dépassent le cadre des anciennes colonies. De là, l'idée de l'évolution du corpus francophone fait son chemin, à savoir qu'il existe des littératures (considérées non francophones) d'expression française, par exemple, la littérature chinoise d'expression française. Pour conclure, la difficulté de redéfinir la francophonie, si l'on y parviendrait, doit encore tenir compte de l'aire asiatique (hors d'Indochine) – acteur occulté – s'intégrant dans une francophonie élargie.

Le transculturel comme méthodologie

Mais il y a plus. L'impasse du postulat « colonisation fait francophonie » s'accentue de plus belle dans le contexte du vingt-et-unième siècle où l'ère du numérique et de la mondialisation fait tomber les frontières géographiques et linguistiques. Si bien qu'attribuer l'acquisition du français ou son utilisation courante à la seule cause de la colonisation ne peut plus tenir. De là découlent d'autres difficultés. Si la colonisation dans son sens classique ne représente plus la seule voie pour la francophonie, quels seraient les autres

8 Pour une différence entre francophonie et francophonie littéraire, voir Lise Gauvin et coll. (2005 Gauvin 82).

moyens pour accéder à la sphère francophone ? En d'autres termes, quelle méthodologie d'approche serait susceptible d'identifier l'hétérogénéité et la genèse multiple de cette francophonie, de même que son corpus ?

Une chose est sûre : l'avancée ou le bouleversement des principes jadis considérés comme fondateurs du monde francophone ouvre l'horizon et conduit à dépasser la trilogie (colonialisme/anticolonialisme/postcolonialisme). Quelle que soit l'approche privilégiée, plusieurs vieilles civilisations qui croisent la genèse du monde oriental ne sauraient être traitées de façon homogène, ne serait-ce que compte-tenu des vicissitudes de leur contact avec la civilisation française. En outre, ces espaces culturels ont connu, en termes de présence française, d'autres formes que la colonisation, d'où la réflexion suivante. Les concessions françaises ou territoires concédés à la France concourent-ils à la francophonie orientale au même titre que l'ancienne colonie indochinoise ? Avant de répondre hâtivement à cette question, circonscrivons d'abord le sujet de nos recherches.

Dans le cadre du présent ouvrage, nous faisons remonter l'histoire de la francophonie orientale aux comptoirs et traites de commerce dans les Indes[9], à l'origine des concessions en Chine, aux échanges et à la pénétration française au Japon et en Corée, en excluant toutefois l'Union indochinoise[10] dont les réalités francophones sont avérées et largement traitées. Manifestement, ces territoires ou pays qui n'ont pas subi de colonisation officielle disposent d'une nature francophone distincte des autres aires francophones, ce qui rend inapplicable la théorie trilogique exploitée dans d'autres aires francophones. Là, il ne s'agit pas d'un changement de régime classique en pays conquis entièrement qui pourrait passer pour francophone, mais il y a cohabitation ou croisement linguistique/culturel au sein d'un pays souverain. Ce dynamisme réclame en pleine force la notion de transfert culturel/littéraire comme méthodologie d'approche au phénomène de francophonie qui nous intéresse.

Il serait naïf de croire que la transculture reste inexplorée dans le champ des études francophones alors qu'elle a été interpellée dès 2001 face à

9 On doit à l'équipe de chercheurs de l'Université de Liverpool le mérite d'avoir posé les premiers jalons d'une réflexion sur le sujet, avec leurs travaux sur la francophonie en Inde. Quelques efforts sporadiques dessinent aussi les timides tâtonnements et intérêts qui émergent aux États-Unis, tels le séminaire intitulé « Francophonie & Orient » à l'université de Stony Brook, celui offert au Macalester College sous le titre « De l'Extrême-Orient aux Antipodes : représentation francophone de l'Asie et du Pacifique ».

10 En 1887, avec la pacification de l'Annam et du Tonkin, la France crée l'Union indochinoise composée de l'Annam, du Tonkin, de la Cochinchine et du Cambodge. S'y joignent respectivement six et douze ans plus tard, le Laos (1893) et l'estuaire chinois le Kwang-tcheou-wan (1899) cédé à la France pour un bail de 99 ans.

l'impasse dans laquelle se trouvait l'approche trilogique, créant un vide théorique au tournant du siècle. Le phénomène de la littérature francophone d'alors était envisagé en termes de « situation transnationale » (Bessière ; Moura 8) rejoignant déjà le transnational qui met l'accent sur la transgression des « délimitations instaurées »[11] (2009 Kang 5) a priori, notamment les frontières nationales. Toujours est-il que ce premier tâtonnement vers une nouvelle théorie post-trilogique ne s'applique qu'aux colonies avérées en se référant fidèlement à la littérature francophone des colonies. Ainsi, ce premier jalon à caractère translittéraire renvoie aux attributs francophones communs que partage cette littérature reposant sur un invariant de langue et de fond colonial. Il est important de souligner que le français sert ici de médium sociolinguistique (en tant que langue officielle). Sont donc exclues ou laissées de côté les littératures d'expression française qui n'étaient pas passées par la colonisation classique (pour qui le français n'est pas une des langues officielles). C'est pourtant le cas de l'Inde, de la Chine ou du Japon de l'ère Meiji, bref tout l'enjeu de notre étude.

L'élément fondamental du transnational, qui désigne la migration d'une littérature de sa culture d'origine à une ou plusieurs cultures autres (Espagne ; Werner page de présentation), n'a pas été élaboré en une méthodologie d'ensemble susceptible de saisir l'hétérogénéité des corpus marquant la pluralité des littératures d'expression française[12] d'aujourd'hui. Est alors tombée à plat cette première esquisse théorique qui n'a pas su capter l'intérêt des chercheurs vers son approfondissement, c'est-à-dire en l'appliquant à des situations littéraires concrètes. Cinq ans plus tard, en 2006, lorsque l'approche trilogique aiguise davantage le vide théorique, le concept transnational refait surface. La francophonie littéraire est appréhendée en termes de « transfrontalière et transgénérique » (Chikhi ; Quaghebeur 11), conséquence directe de la mouvance du monde francophone qui dément sans détour les anciens découpages coloniaux comme paradigme au sein de la littérature francophone. Ce nouveau regain d'intérêt aurait pu conduire à frayer un chemin vers une saisie au pluriel des littératures d'expression française dans le monde et dans sa foulée à préparer le terrain vers une francophonie en Orient ; mais il n'en est rien. Il passe inaperçu ne générant ni débat ni étude de fond au sein des études francophones.

11 L'expression appartient à Danielle Risterucci-Roudnicky citée par Mathilde Kang (2009).

12 La littérature canadienne d'expression française, telle la littérature québécoise ou acadienne, n'est pas équivalente à la littérature chinoise d'expression française de par sa nature francophone différente. Elles font néanmoins partie du corpus de la littérature francophone d'aujourd'hui.

Ces notions restent des précurseurs face à notre hypothèse selon laquelle les phénomènes francophones, dans le cas de l'identification de la francophonie orientale, relèvent originellement du transfert culturel/littéraire et non de la colonisation. Autrement dit, le transnational sert de véhicule et de garant pour la manifestation de la vie francophone en Asie, puisque les vieilles civilisations, telles que la Chine, le Japon ou l'Inde, sont, chacune, nourries d'un passé singulier avec la culture française dont l'effet francophone demande d'être traité avec discernement. D'ores et déjà, l'Indochine n'incarne pas le but ultime ou l'œuvre de la France en Asie, tant s'en faut. En d'autres termes, ce rapport de cause à effet entre, en amont, la colonisation et, en aval, la francophonie, tend à occulter les faits francophones dans les pays/régions où le vestige de l'empire français provient de l'ancien fief français, voire de la colonisation éphémère. La concession coloniale dans le cas de Shanghai et le territoire à bail cédé à la France dans celui de Guangzhouwan demeurent des exemples d'antithèse emblématique.

Jusqu'ici, les réflexions suscitées au sein du monde francophone conventionnel auront le bénéfice d'avoir fait la lumière sur le phénomène francophone distinct propre à l'Asie. D'abord l'apport asiatique appréhendé dans le giron de la francophonie entraîne des enjeux imprévus qui font appel à la vitalité d'une francophonie moderne (Torrel 334)[13]. Puis, il en ressort que le postulat trilogique auquel on a eu recours dans l'identification des aires francophones classiques au sein de la francophonie traditionnelle ne s'applique pas à la francophonie orientale. Celle-ci sollicite un regard inédit, un dynamisme jusqu'à présent insoupçonné du monde francophone, d'où le besoin de reconfigurer la notion (de francophonie) elle-même, ainsi que sa nouvelle délimitation. Dans cette optique, la sphère de la francophonie se doit d'être élargie, la notion renouvelée, sa méthode d'identification bouleversée. En sphère ou en aire francophones, quelles que soient les découpes privilégiées, la standardisation d'un monde francophone uniforme, partageant un fond linguistique colonial commun est définitivement dépassée. Il y a tout lieu de croire que l'Indochine n'est pas le seul lieu où vit une francophonie en Orient ; celle-ci vit également au sein d'autres sphères culturelles sous un dynamisme jusqu'ici inattendu. Le distinctif de la francophonie orientale est que ce sont des pays souverains où la France ne fait canon ni dans la culture ni dans la littérature locales ; d'où, il apparaît

13 L'expression est empruntée à François Torrel : « La francophonie dans sa version moderne pacifique et internationale est une initiative primairement africaine et québécoise ». Dans la problématique qui nous intéresse, la modernité de la francophonie d'aujourd'hui renvoie à une francophonie pluridimensionnelle.

une cohabitation culturelle. En somme, une francophonie survit dans un contexte plurilinguistique au sein des cultures où le français est une langue de culture.

La Francophonie en Orient ou en Asie ?

Devant l'élément l'Asie – cette nouvelle donne – et face à l'impasse des critères artificiels du passé, surgissent d'autres questions. Comment concevoir dans le même giron une francophonie à multi-facettes avec un historique hétérogène, et des genèses disparates ? D'autant plus que la sphère orientale se doit d'appréhender certaines antinomies qui lui sont propres. De fait, l'ambiguïté des notions de francophonie orientale ou francophonie asiatique[14] (au sens de francophonie africaine, maghrébine...) souligne une incohérence de départ. L'Orient, l'Extrême-Orient ou l'Asie, ces vocables employés souvent aléatoirement et au besoin l'un pour l'autre, dénotent un sens divergent qui mérite qu'on s'y arrête. Le terme d'Asie renvoie de prime abord à un continent géographique avec son référent géo-politico-historique comme arrière-fond, tandis que celui de l'Orient ou de l'Extrême-Orient connote des entités civilisatrices et culturelles qui, dans leur ramification, renvoient au rituel, aux mœurs, au mythe et à l'imaginaire des pays peuplant l'Asie[15]. Malheureusement ce n'est pas tout. L'Orient est aussi employé pour le fait qu'il dénote le contraire de l'Occident, tel que l'affirme Yves Clavaron : « La perspective selon laquelle nous aborderons l'Orient et l'Asie tient à mettre en évidence que l'Orient est considéré, à tort, comme l'un des plus sûrs marqueurs d'altérité de l'Occident »[16] (2005 Clavaron 467).

Pour toutes ces raisons, dans le cadre du présent ouvrage, toute mention du vocable « Asie » renvoie au concept géographique des pays du Levant, celle de l'« Orient », aux civilisations et aux cultures de ces mêmes pays. Autrement dit, l'Asie est un espace, l'Orient est une notion. Et l'expression de « francophonie en Orient » renvoie à la manifestation culturelle francophone des pays asiatiques. Ainsi le vocable « l'Orient » l'emporte dans le cas qui nous concerne ici, puisque cette francophonie ne désigne pas un référent géopolitique mais renvoie aux faits et phénomènes culturels/littéraires des civilisations en Asie au contact de la France. Hélas, quel Orient ?

14 La francophonie en Orient signifie, dans le cadre du présent ouvrage, le phénomène francophone au sein des civilisations en Extrême-Orient. Elle a pour synonyme la francophonie en Asie qui met en avant l'espace géographique dans lequel se situent ces civilisations.

15 Au risque de compliquer davantage, nous dirions que l'Asie est un espace géographique, l'Orient est un espace géographique dans l'imaginaire.

16 Régis Poulet, « De l'illusion orientale à l'altérité asiatique » (2005 Clavaron).

Aussi surprenante qu'insolite, la métamorphose qu'a connue le signifié de « l'Orient » au cours des siècles est telle que l'histoire littéraire française ne serait pas avare de témoignages. Englobant au temps de Galland et de Voltaire « les Arabes, les Turcs, la Perse, l'Inde (Le Mongol) la Chine, le Japon et le Siam » (Dufrenoy 271), l'Orient perd ensuite son attribut géographique chez Chateaubriand et Nerval pour représenter un romantisme rempli de paysages et de personnages sublimes. De cet Orient chimérique et littéraire, il devient une métonymie de l'exotisme et de l'ailleurs chez Flaubert et Baudelaire, voire le déplacement vers la gauche de l'Hexagone (l'Est) ; enfin il n'est qu'une expansion de l'Occident (Przychodzen 117). Dès le début des études postcoloniales, la volatilité du sens de l'Orient, culminant dans la définition donnée par le dictionnaire Larousse, est soulignée (2000 Yee 11). Cette surenchère de renvois aux accents logomachiques du vocable « l'Orient » risque de prêter à confusion tout au long de notre ouvrage sur la francophonie en Orient qui renvoie aux faits culturels francophones des pays asiatiques.

Francophone de souche vs. francophone de culture

À l'instar de la transformation qu'a connue le signifié de « l'Orient », la notion de « Francophone » a subi, elle aussi, une révolution au cours de l'histoire (Schmitt ; Günter 687). Le cas des auteurs francophones chinois (tels Gao Xingjian, Dai Sijie, Ying Chen) en fait foi. Leurs œuvres parues en France ou au Québec font cas de jurisprudence quant au renvoi de la notion d'« auteur francophone ». En effet, l'intégration dans la littérature francophone d'un nombre croissant d'œuvres écrites (en français) par des auteurs asiatiques hors d'Indochine[17] bat en brèche la délimitation classique du monde francophone, et en son sein, la désignation d'un Francophone. Aujourd'hui le français n'est plus l'apanage des Français ou des « colonisés », mais la langue de celui qui veut bien la pratiquer. Au sein du milieu francophone, le caractère individuel de l'emploi du français comme langue véhiculaire et non forcément comme langue native ou institutionnelle est souligné par plusieurs chercheurs (Torrel ; Violette). À l'ère numérique dotée de moyens de communication qui réduisent à néant la distance géographique, il serait concevable de disposer d'un français impeccable sans avoir mis le pied en France, ni dans aucun pays francophone. D'ores et déjà, les enjeux tout comme les prémisses d'être francophone reflètent

17 À titre d'exemples, voir François Cheng, *Le dit de Tianyi*, Paris, Albin Michel, 1998 ; Dai Sijie, *L'acrobatie aérienne de Confucius*, Paris, Flammarion, 2009 ; Ying Chen, *L'ingratitude*, Montréal, Leméac, 1995.

les caractères de l'homme « citoyen du monde » et multilingue, écartant du même coup l'emploi quotidien (ou personnel) du français comme signe exclusif d'un Francophone de naissance[18].

Il en ressort que le français, pour un Francophone d'aujourd'hui, peut être sa langue maternelle ou une des langues acquises. Dans le second cas, l'individu est sans doute biculturel, voire triculturel, donc francophone et autre et non exclusivement francophone, défiant l'ancien concept qui ne renvoie qu'au Francophone de souche[19] pour désigner un Francophone. De là à concevoir qu'un Francophone de nos jours puisse être né et vivre dans un pays anglophone, ou encore de parents allophones, il n'y a qu'un pas. D'où s'explique le caractère distinctif des écrivains asiatiques d'expression française dans leur maîtrise a posteriori du français, tout comme dans leur contact avec la culture française. Nés et vivant dans une aire culturelle autre, ils sont francophones par choix[20] et non par naissance.

Que ce soit la mutation du monde francophone ou l'approche transculturelle qui la théorise, l'évolution des notions éclaircit la problématique propre à l'Asie. Dorénavant, être désigné comme « zone francophone » ou comme membre de la francophonie ne renvoie plus forcément à un État dont une des langues est le français. L'exemple de l'Asie démontrera que la francophonie comprend des régions/territoires imprégnés de culture française à un moment déterminé de leur histoire au sein de pays souverains non francophones. Cela relève d'une francophonie de nature et de degré différents due à une présence française différente. Ce qu'exigent nos recherches, c'est non seulement de tenir compte des conditions de la genèse francophone des espaces examinés, mais aussi de discerner les différentes formes que revêtent les manifestations francophones au sein de ces cultures officiellement non francophones.

Littérature francophone vs. littérature non-francophone

Dans la foulée des idées classiquement conçues, il y a la littérature francophone vs. celle appelée non-francophone. De tels clivages reposant sur la colonisation se voient pareillement fragilisés sous la poussée du

18 Qu'est-ce qu'un Francophone ? Aux yeux des Français, c'est celui qui parle français sans être né en France. Cette perspective est différente de celle qui existe hors de France où l'on désigne par Francophone, celui dont la langue maternelle est le français. Voir à ce sujet, William F. Mackey (116).

19 Toute personne dont la langue natale est le français.

20 Toute personne dont la langue maternelle n'est pas le français, mais qui adopte cette langue comme langue de culture, autrement dit, une langue acquise.

transculturel. Plusieurs fiefs français sont exclus de la francophonie traditionnelle du fait qu'ils sont greffés sur des espaces qui n'appartiennent pas aux colonies classiques. Cependant l'héritage français y joue un rôle de préparation en amont de la vie francophone asiatique qui connaît sa cristallisation en aval de la colonie indochinoise. Dès lors plusieurs aspects sont mis en lumière. D'abord la colonisation classique considérée comme signe tangible du monde francophone s'avère manifestement désuète et éliminatoire. Puis, l'entrée dans le corpus de la littérature francophone des œuvres d'expression française provenant des littératures appelées non francophones rend inopérants les concepts a priori, puisque ces œuvres ne relèvent pas du fruit de la colonisation.

Or, leur apparition croissante appelle une reconfiguration du corpus francophone capable d'intégrer les voix émergentes jadis exclues de la zone francophone. Qui aurait soupçonné, fût-ce encore il y a quelques années, que l'idée d'une francophonie en Chine ou au Japon puisse effleurer l'esprit ? Et pourtant l'expression récente de la francophonie chinoise (Symington, Bonhomme 141) pointe en pleine force la mouvance du monde francophone et par conséquent son corpus. D'ores et déjà, désigner la francophonie en Orient en renvoyant exclusivement au Viêtnam est un concept qui ne saurait tenir, d'autant plus que les faits francophones dans d'autres zones culturelles asiatiques sont incontestables. En font preuve, les littératures chinoise, japonaise ou coréenne écrites en français et dont on n'a jamais tenu compte comme phénomène francophone oriental intégré[21]. Qui plus est, à la mouvance du fond correspond une variante de forme qui en est le reflet ; du coup les œuvres d'expression française ne proviennent plus uniquement des pays membres de la francophonie, mais d'horizons ouverts aux confins étendus. Et la littérature francophone ne prend plus seulement son origine dans les pays qui sont d'anciennes colonies, mais aussi dans des cultures qui n'ont pas subi de domination française. Les noms de Gao Xingjian, de Ying Chen et tant d'autres évoqués plus haut, constellés au palmarès de la francophonie chinoise, font voler en éclats les conditions initiales et conventionnelles désignées a priori pour être classé comme auteur francophone.

Né Chinois, naturalisé Français, écrivant dans les deux langues, Gao Xingjian est identifié, il va de soi, comme écrivain chinois jusqu'au jour où il obtient le Prix Nobel de la littérature à Paris : un bémol à cette appartenance. Du coup il devient écrivain français d'origine chinoise et ses œuvres se muent en patrimoine de la littérature française. Ce changement de registre

21 Voir à ce sujet, le chapitre IV du présent ouvrage.

fera jurisprudence pour d'autres cas d'auteur asiatique dont les œuvres empruntent un parcours transculturel similaire, réitérant la mutation du monde francophone. Les œuvres dont l'appartenance d'hier était au-dessus de toute polémique ne sont plus à l'abri de toute ambigüité aujourd'hui. Le roman la *Montagne de l'âme* (écrit par un citoyen chinois) relève-t-il (après la naturalisation de Gao) de la littérature française ou de la littérature chinoise ?

Aussi légitime qu'elle puisse paraître, cette question s'avère inopérante tant que le débat s'annonce fautif. Car les frontières ou clivages qui délimitent une littérature nationale retranchée dans le territoire ou la langue d'un pays spécifique ne sauraient tenir aujourd'hui. De telles délimitations font défaut devant le concept transnational sur lequel repose, croyons-nous, la littérature francophone d'aujourd'hui, privilégiant les relations translittéraires et non les relations coloniales. A fortiori, le parcours biographique/culturel des écrivains mentionnés plus haut appelle impérativement une réinterprétation du champ de la francophonie et rend caduc du même souffle le concept classique de pays d'ancienne colonie française comme cadre de référence pour définir la production littéraire francophone. L'ancienne école qui taille le monde francophone sur une « carte francophone » en calquant les délimitations géo-politico-linguistiques comme seuls critères pour circonscrire le monde francophone semble inéluctablement désuète. Il en va de même pour d'autres découpages artificiels tels que socio-historique, identitaire, institutionnel (Violette 16-17) – délimitations jadis emblématiques de l'appartenance au monde francophone.

Et il y a plus. Ces œuvres d'expression française (d'auteurs originaires d'Asie) venant des littératures appelées non-francophones ne doivent pas être considérées comme marginales. Elles recoupent les œuvres (des littératures francophones traditionnelles) de la génération postcoloniale dans leur affranchissement du joug colonial, notamment la subjugation binaire entre la France et l'Autre. Jadis considérée comme thématique fondatrice et moteur de la francophonie littéraire, cette relation binaire s'écroule, entraînant dans sa chute la désignation de « littérature francophone » basée sur la colonisation. Du coup la littérature francophone (classique) voit émerger des voix naguère exclues qui cherchent à acquérir leur droit de cité au sein de la littérature francophone. Ces voix espèrent ainsi apporter au corpus francophone sa durée, son évolution, et plus particulièrement sa capacité à sillonner de nouvelles frontières élargies. Jusqu'ici occultées, ces voix qui ambitionnent d'offrir des repères nouveaux au monde francophone solliciteraient-elles un virage vers l'Asie ?

Délimitations du corpus

Ainsi un des éléments factuels qui ferait modifier la configuration actuelle de la francophonie serait l'ajout d'autres œuvres à son corpus. Dans un autre registre, le présent ouvrage se doit de traiter certaines œuvres françaises à titre d'illustration. Car les croisements France-Asie sont à double sens englobant immanquablement des œuvres du patrimoine français. Évidemment, ce n'est pas toute œuvre portant sur l'Asie qui nous intéresse, mais bien celles dont l'inspiration, la teneur et le fond puisent dans le Levant. Ces œuvres recoupent les flagrants montages de l'Orient que l'on trouve dans les œuvres pseudo-orientales. Pour une raison évidente, les Européens, notamment les Français, écrivent depuis longtemps sur le Levant. Il en est pour preuve, Marco Polo qui avait annoncé, longtemps avant la traduction française des *Mille et une Nuits* (1704-1717) d'Antoine Galland, ce qui allait devenir un enivrement jamais démenti d'un Orient mirifique qui séduit et est en vogue. Ainsi dans l'esprit de beaucoup, le *Livre des Merveilles de Marco Polo* (1298) poserait le premier jalon de ce corpus gigantesque. En réalité, le catalogue recensé par Ternaux-Compans, des ouvrages relatifs à l'Asie en langues européennes depuis la découverte de l'imprimerie jusqu'en 1700 donnerait une idée concrète des premiers écrits sur l'Asie (Ternaux-Compans). Peu importe-t-il de déterminer qui fut le premier, mais il est bon de souligner leur nombre croissant à mesure que progressent les expéditions.

Au seuil de l'ère expansionniste, l'avancée de la présence française en Asie intégrée dans les expéditions des puissances « civilisées » s'appuie sur un fond socio-historique largement partagé d'une métropole déjà initiée et éprise d'un Orient magnifié. Les expéditions menées sur le front ont comme retombée en métropole l'introduction de l'Extrême-Orient, et de là apparaissent les premières manifestations d'une littérature effrénée sur l'Asie grâce aux périples réalisés en ces lieux qui, naguère, ne relevaient que de l'imaginaire. Dans cette foulée, la Chine, le Japon et d'autres contrées jadis inconnues sont introduits en France (Joubert 6-7). Dès lors le monde littéraire français s'empresse de paraphraser ce temps oriental sublimé auquel succombe la France impériale avec des romans à protagonistes chinois, persans ou turcs, englobant ces cultures si éloignées sous une même étiquette orientale que chérit la littérature de l'époque (Martino 28-29). Dû au manque de matériel de première main, les œuvres des dix-septième et dix-huitième siècles ne font que feindre le monde oriental à côté de celles des dix-neuvième et vingtième siècles conçues dans le Levant qui tranchent avec cette littérature pseudo-orientale. Et les trois œuvres traitées au Chapitre V en donneront une illustration à titre d'exemples.

Parallèlement à l'effervescence des œuvres de fiction, il y a une littérature personnelle, celle tenue par des acteurs et témoins de la France en Extrême-Orient, qui ne peut être confondue avec l'école d'orientalisme européen. Ces récits à la première personne de la part des acteurs-mêmes se vulgarisent à mesure que se multiplient les périples d'envergure, systématiques et organisés, qui emmènent explorateurs, religieux et officiers en Asie. Les *Relations* des Jésuites qui posent un paradigme à ce genre de récit résident dans leur valeur de « témoins de terrain ». C'est en ce sens que leurs volumineux récits de voyage racontant leurs péripéties en foulant le sol de l'Empire du Milieu, de celui des Indes ou de celui de la Cochinchine font sensation auprès d'un lectorat européen initié. Combien l'immense apport de leur correspondance dans la stigmatisation de l'imaginaire européen, tourné vers l'Extrême-Orient, va au-delà de l'orientalisme. Cette écriture de l'intime qui consigne les premières traces de la France en Asie et qui témoigne de la doxologie expansionniste européenne nous intéresse pour ces raisons-là. En qualité de témoins du temps, ces récits paraissent dans diverses revues du dix-neuvième siècle, notamment la *Revue des Deux Mondes* et le *Mercure de France* que nous avons dépouillées respectivement pour les années 1829-1929 et 1890-1935. La valeur de cette littérature de l'intime[22] réside dans son caractère de documents de première main.

Hélas, ces deux genres d'écrits sur l'Orient – une littérature de l'intime et l'autre de fiction – n'ont pas été examinés jusqu'ici dans la perspective de croisements culturels, mais uniquement sous l'angle de l'orientalisme. Amalgamés dans des ouvrages de tout genre consacrés à l'Asie qui foisonnent au vingtième siècle, ces textes font constamment l'objet des anthologies auréolant depuis Pascal, Montesquieu, Voltaire en passant par Loti et Claudel, un corpus prodigieux du patrimoine littéraire français[23]. Jusqu'ici leur vertu réside dans leur appartenance à la littérature française, non à celle de croisements culturels. Comme le vingtième siècle témoigne d'une surenchère d'ouvrages sur la France en Asie, une question s'impose : au sein de ce foisonnement d'écrits aussi variés qu'abondants sur les sociétés, histoires et peuples d'Asie, lesquels appartiennent aux croisements France-Asie et quels autres en seront exclus ? Ce n'est pas que tout ouvrage rédigé

22 Un exemple emblématique de la littérature personnelle est le journal de bord. À titre d'exemple, mentionnons Bouet-Willaumez, « Les colonies françaises en 1852 », *Revue des Deux Mondes*, vol. 14, avril 1852, 929-951.

23 À titre d'exemples, voir Tristan d'Huriel, *La Chine vue par les écrivains français*, Paris, Bartillat, 2004 ; Jean-Claude Berchet, *Le voyage en Orient : anthologie des voyageurs français dans le Levant au XIXe siècle*, Paris, R. Laffont, 1985.

en français portant sur l'Asie fera partie de notre corpus, le choix de son identification ou de sa saisie est déterminé selon un tri scientifique, régi par une méthodologie.

Le plan d'ensemble

Composé de cinq chapitres, le présent ouvrage ambitionne de reconsidérer le phénomène francophone en Asie (hors de l'Indochine), sous diverses approches dont la première est l'historiographie du continent. En quête de l'origine des fiefs français, le chapitre I retrace les empreintes de la civilisation française en remontant à Macao – le point d'appui originel des Européens – puis à Pondichéry et à Canton. En suivant les premières missions catholiques qui frayent le chemin pour les expéditions économiques, nous évoquons l'ancrage des intérêts français en ces lieux jusqu'ici exclus de la sphère francophone. Puis sera souligné le réajustement stratégique français suite au déclin des comptoirs en Inde pour expliquer le report sur le marché chinois de l'ambition française rebutée. Ainsi les rapports intrinsèques Chine-Indochine, peu étudiés jusqu'ici, seront mis en relief pour montrer comment l'Indochine (les états vassaux de la Chine) est échafaudée pour compenser le dessein impérialiste français qui visait initialement les Indes et Cathay. L'origine des concessions qui érigent un Empire français dans l'Empire du Milieu constitue le point saillant du chapitre. Et le survol de la présence française au Japon et en Corée clôturera le chapitre en conduisant nos réflexions à un questionnement fondamental : existe-t-il une francophonie en Orient ?

Le chapitre II examine l'affirmation de la présence française en Asie à commencer par Shanghai qui se mue en « Paris de l'Orient » dès le milieu du dix-neuvième siècle. La présence française dans cette cité chinoise qui s'écrit avec l'implantation des Jésuites, sera analysée à travers une série d'évènements concourant à l'émergence du milieu francophone sur place. La pénétration de la culture française grâce aux établissements français qui fleurissent au rythme des lignes maritimes érigées entre Shanghai et l'Europe sera démontrée. Nous verrons que cette « ville des Blancs » culmine dans la création et le succès de la seule université française en Asie, l'Aurore, bref les emblèmes d'une culture transférée. Vient ensuite le cas de Guangzhouwan, une colonie française omise par l'historiographie occidentale. Les 43 ans de régime français au cours duquel la France se comporte comme nouveau Maître du lieu seront analysés pour mettre en corrélation la gestion du lieu et les conditions de francophonie. L'analyse des modes de colonisation en Asie clôturera le chapitre. Le cas de Macao qui évolue du comptoir à la colonie classique donne un exemple fort de modalités floues quant aux pratiques sur le terrain.

Le Chapitre III énumère les produits culturels français transférés en Asie en prenant le cas chinois comme échantillon. D'abord l'apparition dans les ports et concessions des établissements français, devenus des hauts lieux de rencontre, altère la culture locale homogène. Puis les conditions de la genèse des premiers Francophones en Chine/Asie découlant des écoles de langues, des séminaires et autres organismes de charité chrétienne seront analysées. Sera aussi abordée la propagation du milieu francophone qui prend de l'ampleur avec la vogue de la ruée vers la France. L'étude de l'apparition des livres français en Asie clôturera la démonstration des conditions d'émergence francophone. Vient ensuite la partie sur l'industrie de la traduction, amenant l'ère de la littérature française traduite. Le succès foudroyant qu'atteignent de nombreux romans français traduits forge l'horizon d'un lectorat de cohabitation. Seront alors présentées plusieurs figures prééminentes de la littérature chinoise d'expression française qui posent des repères dans cette francophonie.

La fin du chapitre soulève un phénomène littéraire propre à l'Asie : la littérature de cohabitation. Ce phénomène partagé au sein de plusieurs littératures asiatiques s'explique d'abord par le parcours migratoire des œuvres françaises dans leur transfert vers l'Asie, avec le rôle de tremplin et d'intermédiaire que le Japon joue. Sera mise en lumière la conjoncture similaire dans laquelle baignent les littératures locales, ayant rencontré la littérature française. Seront également soulignés les attributs communs de cette littérature de cohabitation axée sur la littérature française comme référent nouveau. Enfin sera étudiée la façon dont les œuvres traduites modifient le paradigme littéraire local en introduisant une poétique inédite des littératures asiatiques.

Le chapitre IV tente de cerner cette littérature de cohabitation avec les exemples d'œuvres locales. Ainsi *Fleur sur l'océan des péchés* (1903-1936) servira de prototype pour illustrer les éléments de cohabitation innés de cette littérature, l'héritière de la poétique romanesque française. L'œuvre de Zeng Pu montrera comment cette littérature, née de la rencontre avec la littérature française et ayant comme auteur un Francophone, lecteur et traducteur des Maîtres, franchit la sphère nationale et homogène. Les pastiches de *Madame Bovary* (*Rides sur les eaux dormantes*) et de *Jean-Christophe*[24] (*Rejetons d'hobereau*) font aussi partie de cette littérature de cohabitation.

24 Il s'agit de Li Jieren (*Si shui wei lan*, Shanghai, Zhonghua shu ju, 1936) et de Lu Ling (*Cai zhu di er nü men*, paru pour la première fois dans la revue *L'Espoir*, 1948).

D'abord la migration de *Madame Bovary* notamment ses conditions de transfert et son parcours triangulaire (Paris-Tokyo-Shanghai) seront étalés. Puis les qualités de pastiche de *Rides* qui forment en même temps la base du Réalisme chinois seront analysées. *Rides* sert de valeur d'indice (un invariant) à toute une littérature de cohabitation dans d'autres pays en Asie où sa présence serait identifiable suivant le même modèle d'analyse. Comme Li, les auteurs de pastiches (francophones et traducteurs) n'ont pas œuvré qu'en langue indigène, mais aussi en français, d'où l'existence de tout un corpus en expression française de ces mêmes auteurs. La fin du chapitre explorera des avenues susceptibles de retracer un tel corpus notamment le dépouillement des journaux/revues, ainsi que des collections de maisons d'édition. Ces pistes donnent tant un aperçu que des avenues quant à comment retracer le corpus d'œuvres d'expression française des auteurs asiatiques.

Le Chapitre V examine les croisements France-Asie, en sens inverse, à partir des œuvres du patrimoine littéraire français. Il y a d'abord une littérature de l'intime conçue depuis l'Orient qui s'exprime sous formes de journaux intimes, mémoires et récits de voyage, et ce, comme témoins oculaires de la France en Orient et non comme de l'orientalisme français. À côté de ce foisonnement d'écrits de témoignage, il y a une littérature de fiction d'inspiration orientale dont *Madame Chrysanthème, Le Soulier de satin* et *Comment Wang-Fô fut sauvé* offrent des exemples emblématiques. D'abord le transfert de *Madame Chrysanthème* en Asie, notamment son parcours triangulaire (Paris-Tokyo-Shanghai) sera abordé ; puis l'historique de la réception de cette œuvre sera analysé, depuis l'apologie du japonisme vouée par son premier lectorat jusqu'au pire dénigrement de ses détracteurs. Enfin sera évoqué le paradigme de l'Orientale qu'érige Loti sous le couvert du « mariage transculturel ».

Le Soulier de satin sera d'emblée éclairci par l'histoire de la « pantoufle oubliée » qui expose en pleine lumière le mythe de Cendrillon. Nous montrons l'origine inédite de ce mythe dont la première version daterait du neuvième siècle chinois. Le soulier brodé de Yang Kwei-fei dont nous réussissons à retracer la première apparition en France, viendra étoffer le sens du *Soulier de satin*. Finalement, nous expliquerons comment la légende de *Bouvier et Tisserande* explique le sens du sacrifice auquel renvoie l'œuvre. La fin du chapitre porte sur la nouvelle de Yourcenar, *Comment Wang-Fô fut sauvé*, qui reste un texte mésestimé faute de données de première main pouvant attester l'origine des sources taoïstes. De fait, limitées aux artifices qui effleurent les vocables de surface, les études yourcenariennes se cantonnent dans une compréhension superficielle du texte sans pouvoir aller au delà.

Or, nos recherches parviennent à exhumer le fond oriental jusqu'ici inconnu de l'œuvre grâce à une légende millénaire qui donne l'explication du « Fô ».

La conclusion générale assoit la francophonie en Orient sur l'axe de croisements France-Asie pour souligner les modes d'acquisition de langue et de culture françaises que privilégient ces pays non-francophones. Ceci renvoie à l'ensemble des espaces culturels qui n'ont pas été intégrés dans la sphère francophone classique malgré leur rencontre sinueuse avec la civilisation française. La prise en considération de l'Asie dans une francophonie élargie donnera un signal fort à la nécessité de redéfinir le monde francophone d'aujourd'hui non par la colonisation traditionnelle, mais par le transculturel.

En effet, depuis le début des concessions/territoires à bail à travers lesquels font souche les berceaux francophones dans différentes parties de régions d'Asie, la francophonie en Orient survit autrement que la colonisation du pays entier qui hisse le français comme « langue du pays ». Autrement qu'en Amérique du Nord ou qu'en Afrique, l'acquisition de la langue/culture française s'effectue dans ces lieux en Asie sous formes de croisements culturels. Si les auteurs francophones asiatiques (hors de l'Indochine) de la première génération ont su pasticher les œuvres françaises, nul n'a subi de colonisation officielle. Ils sont francophones par choix de culture tout comme de langue. De par le mode d'acquisition du français, le milieu francophone en Asie n'équivaut pas au monde francophone classique d'ailleurs, et par conséquent, la francophonie en Orient se distingue d'autres aires francophones dans son expression, sa manifestation et son identification. Enfin sans étendre nos recherches sur tous les pays asiatiques, ni prétendre apporter toute la lumière sur la problématique traitée, notre étude espère poser quelques jalons préliminaires sur l'origine de cette francophonie, sur son existence, et sa reconnaissance.

I La France aux portes de Cathay

1 Macao et Canton : les premiers accotements européens

La quête des premiers Français en Asie remonte indubitablement à l'établissement des comptoirs portugais à Canton et à Macao vers les années 1514 (He Yu ; Li Hua 8)[1] ou 1517 (2004 Meng Hua 160). Selon l'historiographie chinoise, ces deux postes de commerce incarnent l'origine du point d'accueil des Européens post-Marco Polo. Certes, de ces premiers accotements des voiliers européens à la manifestation de la francophonie orientale, plusieurs siècles se sont écoulés. Mais la remontée aux origines des établissements européens fera ressortir les positionnements initiaux de la France dans des cultures classées comme non-francophones. C'est ainsi qu'au début du seizième siècle, après deux ans de périple en mer, les Européens touchent finalement les côtes de Macao et y déposent les premières traces des Blancs en terre d'Asie, depuis l'ère Marco Polo :

> L'année de Dingchou sous le règne de Zhengde [1517], tandis que j'étais fonctionnaire au Service des Affaires Marines du Guangtong, deux grands vaisseaux surgirent et entrèrent directement dans le port de Huaiyuan au Guangtong [...]. (2004 Meng Hua 160)

Ce fut un temps où les pays dotés de hauts moyens maritimes pointent successivement leur nez dans ces contrées lointaines, naguère bannies des civilisations européennes. Leurs voiliers apparaissent à qui mieux mieux dans les eaux limitrophes de Canton et de Macao et s'aventurent à s'accoster aux alentours de leurs côtes. Ancrés dans l'imaginaire mythique de l'Occident, Cathay et les Indes forment le leitmotiv des expéditions légendaires vers l'Asie : « C'est pour chercher un accès nouveau à l'empire de Cathay que Christophe Colomb prit la mer [...] » (Homberg 687). Loin de concerner la future colonie indochinoise, les premières traces de la culture française en Asie viennent des expéditions dans ces deux pays, Cathay et les Indes, qui incarnent l'ultime objectif du périple maritime français.

Sur le terrain la situation progresse. Depuis l'apparition du premier vaisseau portugais, de multiples tentatives d'embarquement sous des subterfuges et des faux-fuyants de tout genre cherchent à établir un poste

1 Dans *La Chine en France au XVIIIe siècle* (Paris, Henri Laurens, 1910, 5), Henri Cordier considère aussi l'année 1514 comme date d'arrivée des Portugais à Macao.

de commerce en permanence. Au cours de ces premières tentatives d'établissement, Canton, aux côtés de Macao, se trouve sur le front des rencontres avec les civilisations blanches dont les débuts sont marqués par des rapports ingénus : « les Portugais arrivaient à Canton (1517), y étaient assez bien accueillis et obtenaient d'envoyer une ambassade à la Cour » (Courant 125). À partir de 1535 grâce aux pots de vin offerts aux mandarins de Canton, les Portugais présentent à la Cour des Ming la requête d'accoster à Macao pour y faire commerce. La situation évolue par la suite sur un fond émaillé d'incidents dus aux innombrables prétextes avancés par les Portugais pour s'accaparer les lieux : échouage de leurs navires, débarquement de leurs marchandises mouillées à assécher… Autrement dit, les Portugais continuent de manigancer afin de prendre pied à Macao et, finalement pour y résider illégalement (He Yu ; Li Hua 8). Tout l'enjeu de leur débarquement à Macao est d'avoir ouvert une brèche pour que d'autres puissances européennes en profitent. Dès 1550 leur comptoir sert de point d'appui et de tremplin à tout Européen pour avancer en Asie (He Yu ; Li Hua 9). La France y envoie ses premiers voiliers, préparant le terrain pour avancer sur le continent.

Mais la France apprend rapidement comme tout autre pays européen que cette pénétration ne va pas de soi. Car depuis l'ère féodale jusqu'à la guerre de l'opium (1840-1842), les empires d'Asie (Chine, Japon ou Corée) sont recroquevillés sur eux et fermés farouchement à toute influence extérieure. Une telle politique xénophobe heurte le dessein expansionniste des Européens pour qui ces empires lointains, si mythifiés soient-ils, représentent un potentiel de commerce et de prosélytisme chrétien prometteur ; d'où s'imposent les stratégies de réajustement de la France aux dix-huitième et dix-neuvième siècles. En ce temps de l'établissement portugais à Macao, la route maritime supplante dorénavant l'ancienne Route de la Soie de l'ère Marco Polo, devenue impraticable à cause des guerres alors en cours en Asie centrale. À la veille de l'implantation française en Asie, Macao, ce port antique donnant sur la mer Jaune et limitrophe de Hong Kong, devient ainsi pour les civilisations européennes un des premiers repères et la plaque tournante de tout transit venant d'Europe. Il est juste d'affirmer que cet accotement portugais crée une brèche qui fraie le chemin à l'afflux des navires dont ceux des Français. Dès lors, les missions évangélistes s'accroîtront aux côtés des missions commerciales et conjugueront leurs efforts pour faire avancer les expéditions vers l'Asie.

Les missions catholiques comme pierre de touche

De fait, cette période de gestation de la présence française en Asie voit arriver « deux catégories d'étrangers : les marchands et les missionnaires »

(Broc 40). Historiquement, ce sont les missions catholiques qui fraient le chemin à l'avancement des échanges commerciaux ; les uns comme les autres concourent à la dissémination de la civilisation française au sein des civilisations indigènes. Dans le cas de la Chine, l'arrivée et la pénétration de la culture française s'inscrivent à diverses époques dans des conjonctions favorables. Des 268 ans de règne des Qing (1644-1912) au cours duquel se succèdent d'incessants empereurs, la dynastie Mandchoue lègue à la postérité le règne légendaire (1662-1722) de Kang-Xi dont le penchant pour l'art et la science européens ouvre une brèche pour la propagation des Jésuites en Chine. Historiquement, il convient d'ores et déjà d'affirmer que la francophonie en Orient dépasse les seules frontières de l'Indochine française.

À l'aube des établissements français en Asie, le corps religieux joue le rôle de pivot et vecteur. Six Jésuites furent envoyés en Chine en 1663 et en 1685 dans le but de dialoguer (1990 Qian 4)[2]. Le christianisme pénètre et cherche à s'implanter à partir du seizième siècle avec l'envoi, par Louis XIV, de la première ambassade qui fait voile vers la Chine (Dufrenoy 272). De tels envois s'effectuent également vers d'autres royaumes : « en janvier 1791, la congrégation française des Missions Étrangères, que la persécution n'avait pas encore trop rigoureusement atteinte [...] parvint à envoyer six de ses membres dans l'Inde et la Cochinchine » (Veuillot 992). La fameuse « Querelle des Rites » rend compte de l'état des communautés religieuses dans leurs missions d'évangélisation vers l'Asie, notamment à travers la Chine. D'où apparaissent en premier lieu les Jésuites français et portugais alors en concurrence avec la Société des Missions Étrangères créée par le contrôleur général Colbert. Puis, c'est la pagaille dans les trois diocèses de Macao, Nankin et Pékin suite au décret du Pape (Shun-Ching Song 263). D'autres communautés emboîtent le pas aux Jésuites, comme les Sœurs de Saint-Paul de Chartres, ordre fondé en Beauce en 1696, et dont les premières fondations en Chine datent de 1848 (1995 Claudel 210-211). Ce pas significatif, qu'accomplissent ces œuvres fondatrices de diverses communautés chrétiennes sur le terrain, dessine une première image en faveur des Blancs au sein des sociétés indigènes. Ces bonnes œuvres favorisent ainsi la rencontre entre les Européens et les peuples locaux dans la propagation de la civilisation française en Asie.

La première ligne maritime Europe-Asie

Dans ce premier temps de présence européenne en Asie, les Anglais prennent aussitôt le devant. Dès 1637, leurs voiliers atteignent Canton et

2 Henri Cordier confirme pour sa part l'envoi des cinq Jésuites (1910 Cordier 29).

pénètrent avec force le fleuve perlé (Zhujiang) pour se diriger vers le chef-lieu Guangzhou (He Yu ; Li Hua 9), traçant ainsi les jalons des premiers itinéraires maritimes Europe-Asie : Lisbonne-Liverpool-Macao-Canton. Cette ligne crée inéluctablement une situation de relais à Canton où les Qing ordonnent à tout navire européen d'effectuer les transactions sur les lieux. S'amorce alors timidement à Canton et dans les ports maritimes limitrophes, un historique d'ouverture et de cohabitation avec les Européens. Or, vu l'intransigeance des Ming comme des Qing à l'égard de tout étranger, cette percée s'avère néanmoins modeste. De fait, les comptoirs à Macao et à Canton se soldent en activités restreintes et sporadiques avec l'Europe ; il en est de même pour le commerce de la soie venant du Japon. Ces quelques trafics de commerce ne modifient en rien l'enclavement des Européens à Canton, le seul port assigné avant la guerre de l'opium : « vers 1715, il n'arrivait encore que six bateaux par an à Canton » (Favier 8). C'est beaucoup dire sur la marginalité à l'époque du commerce entretenu avec l'extérieur par ce port exclusif ouvert à l'Europe. L'exclusion de tout Européen de la Chine profonde reste farouche ; rarissimes sont ceux qui ont pu accéder à Pékin. Même pour vendre le thé fabriqué à Fujian, une province voisine de Macao, les Chinois préfèrent le transporter eux-mêmes au Japon, aux Philippines, voire en Inde que de laisser les Européens venir le chercher chez eux (Favier 9).

Canton, la relève de Pondichéry

Un autre front déterminant l'avancement de l'expansion française en Asie est le sort des aventures aux Indes, dictées par l'appât du gain économique « C'est encore l'intérêt commercial que nous retrouvons en première ligne dans nos établissements de l'Inde » (Bouet-Willaumez 944). De fait, l'expédition dirigée par François Caron en 1667 atteint Surate, réussissant l'implantation d'un premier comptoir français aux Indes (Blerzy 140-141). Nommé Directeur Général par lettres patentes de Louis XIV en février 1701 (Blerzy 144), François Martin prend la relève et acquiert d'un chef indou un assez vaste emplacement au bord de la mer. Une soixantaine d'hommes s'y installent et réussissent, contre vents et marées, à fonder « une factorerie au village de Ponditcherri » (Camille 2). Cette nouvelle acquisition baptisée Pondichéry (Blerzy 142) supplante le comptoir installé à Surate et marque une avancée quant à l'implantation française en Inde. Hélas, ceci ne fut que de courte durée. Malgré son départ prometteur sous les règnes d'Henri IV et de Louis XIII en prenant la taille d'une compagnie privilégiée, la Compagnie française des Indes Orientales, qui avait écrit les premières pages de l'histoire coloniale française en Asie, fait banqueroute. Les vicissitudes de la

France aux Indes sont liées à la fortune ou l'infortune des décisions prises en métropole. Et la compagnie, mal dirigée en Europe, se ruine trente ans après sa création en 1708. Lorsque la guerre éclate à nouveau avec les Hollandais, François Martin doit capituler. Tout l'échec de l'établissement français aux Indes, c'est qu'il rebute l'ambition française initiale en rabattant les cartes et qu'il oriente le dessein colonial vers deux mouvements. D'une part le fief français se déplacera à Canton ; d'autre part la perte des intérêts aux Indes créera un besoin de compensation qui dictera la stratégie française en aval.

Au demeurant, pareil échec en ce haut lieu de l'Empire oriental français, influe et se répercute sur la ramification de la présence française ailleurs en Asie. Pondichéry, ce chef-lieu des établissements français en Inde, voire dans toute l'Asie de l'époque, n'évoquera désormais que des souvenirs glorieux d'antan. De sorte que ce nom sonore sitôt fané cède la place à Canton qui prend la relève pour se trouver dans la mire des expansions françaises. Officiellement c'est en 1698[3] avec l'Amphitrite partant pour Canton que sont inaugurées les relations commerciales franco-chinoises qui connaissent un bond en avant, suite à la création de la grande Compagnie en 1719. En fait, depuis le temps fort de la Compagnie des Indes Orientales, la ville chinoise résonne aux côtés de Pondichéry dans la mémoire collective européenne. La réputation de Canton est synonyme des lieux magiques d'où proviennent les produits que la Compagnie revend dans ses locaux en France (Dodille 33). C'est sans contredit, la première ville chinoise où s'imprègnent les traces de la présence française :

> Canton, première ville de ce pays où s'est arrêtée la mission française dont je faisais partie unit le mouvement d'une grande cité chinoise à l'animation d'une des places commerciales les plus considérables du globe. (Haussmann 298)

Dès l'époque de Colbert, les Français s'y aventurent grâce à la migration des colons installés aux Indes :

> Les Portugais, les Espagnols parurent les premiers, au XVIe siècle, sur le sol de l'Asie. [...] Dès l'origine cependant, sur les traces des Portugais, qui avaient pris pied à Macao, les colons de l'Inde s'étaient aventurés dans les eaux de la Chine, et ils avaient obtenu l'autorisation de créer des factoreries à Canton, où se vendaient la soie et le thé. (1883 Lavollée 189)

3 Remarquons que Numa Broc (41) et René Favier (9) confirment la même source alors que Henri Cordier (1910, 28) affirme que c'est en 1697.

Dès l'origine, l'avancée de la présence française aux Indes s'accompagne en parallèle de celui au Cathay, de sorte qu'après la défaite, les comptoirs à Pondichéry feront place aux comptoirs à Canton. Dans l'histoire de la colonisation française, il est juste de dire que Pondichéry est jumelée à Canton et que les deux villes posent côte à côte les premiers repères de la présence française en Extrême-Orient. Côtoyant les Européens dès le seizième siècle, Canton où la présence française est intimement liée au sort de Pondichéry, prendra sa pleine envolée après les guerres de l'opium. Elle deviendra une des premières cités cosmopolites d'Asie et un lieu de prédilection pour le commerce français post-Pondichéry. Nous verrons plus loin que cette tradition d'échanges avec les Européens est si ancrée à Canton que l'ouverture des cinq ports après 1842 ne parviendra pas à poser un frein : les affaires continuent d'y être traitées. Qui plus est, les Qing, dans le but de freiner l'ouverture forcée après la défaite, manigancent avec des manœuvres de politique fiscale interne afin de diminuer l'effet d'ouverture. Pour conclure, l'empreinte de l'Empire oriental français à Canton atteste la présence française hors des frontières indochinoises et le retrait des intérêts français aux Indes manifeste quant à lui une stratégie de repositionnement de la France.

L'esquisse des Concessions

Parmi les hauts et les bas de l'aventure française en Asie, un événement requiert toute son importance : le traité de Paris (1763) qui pose un tournant, marquant une chute irréversible. La dégringolade de l'avancement français assailli de surcroît par la suppression de la Compagnie des Jésuites depuis 1773 (Veuillot 992) affaiblit ultimement les intérêts français aux Indes. Et le coup de grâce que subissent les intérêts à Pondichéry impose un changement de stratégie de survie, qui plus est, le dix-neuvième siècle voit l'envolée de la Compagnie des Indes orientales anglaises. Cette nouvelle donne permet désormais aux Anglais une présence régulière en Asie. Devant une telle convoitise, le Japon et la Chine imposent un freinage. Le heurt que ressentent les Anglais est largement partagé par les Français qui jettent aussi leur dévolu post-Pondichéry sur le marché chinois. Si le Cathay et les Indes forment le dessein initial des expéditions françaises de départ, la perte ou le retrait des Indes rendra d'autant plus évident la nécessité de compenser par l'avancement des intérêts en Chine. Or, l'Empire du Milieu ne partage ni langue, ni culture, ni mentalité avec les Indes. Français et Anglais sont appelés à s'adapter aux modes d'agir et de penser propres au pays du Fils du Ciel. Ce qui n'est pas évident.

Car sur le terrain la situation est criante. Malgré la brèche ouverte depuis l'ère de Macao et jusqu'à l'installation des comptoirs à Canton, les relations entre les Européens et les Chinois se résument toujours en termes de « vexations constantes, des tracasseries administratives de la tyrannie et de l'avidité des mandarins et des interprètes » (Favier 81). Les étrangers se voient toujours interdire toute relation avec la ville même de Canton. Sans libre circulation, sans droit, sans statut, tout Européen subit donc humiliation et mépris de la part des Mandarins. Or, ce sort abominable réservé aux Étrangers va être pulvérisé à partir de 1840 par les canons anglais et français conjoints aux portes de Cathay. Cette main de fer des contraintes périphériques non négociables et d'oppression que fait peser l'Empire herculéen Qing sur les Blancs est à jamais tombée.

Le 25 janvier 1841, à huit heures quinze du matin, les Anglais envahissent le port de Hong Kong[4]. Cette prise symbolisera le revirement des rapports de force entre les Chinois et les Européens et, par le fait même, propulsera l'avancement de la présence française en Chine et dans les pays avoisinants. Tout le sens que requiert cette victoire sans précédent c'est qu'elle met fin au confinement de l'Empire chinois qui, jusqu'en 1715, ne reçut que six bateaux par an dans l'enclos de Canton comme tout échange avec l'extérieur[5]. Vent britannique en poupe, les expéditions françaises galopent dans la foulée des canons britanniques qui réduisent en miettes les remparts de la dynastie Qing, entraînant l'ouverture des cinq ports post-Macao. Les deux traités franco-chinois de 1842 et de 1844 enfoncent encore le clou marquant ainsi le regain de la France post-Pondichéry et sonnent le début de l'impitoyable dépècement de l'Empire du Milieu.

Une des répercussions historiques issue de ces guerres est l'aboutissement des concessions, instaurant la souveraineté européenne au sein même de l'Empire chinois. Des répartitions non négociables dessineront les premières délimitations des territoires segmentés. La division territoriale débute avec l'Angleterre qui fut le premier à accéder aux sites stratégiques : soit les ports maritimes suivant leurs anciennes relations avec l'Europe (1851 Lavollée 741). Sont désignés en premiers lieux les ports comme Shanghai, Hong Kong, Ning-po et Amoy (Xiamen), capables de recevoir les pavillons anglais. Et les Français lui emboîtent le pas. L'histoire donnera raison au choix de Hong Kong qui n'est qu'un rocher en 1842, mais bien un accès à la mer – un poste

4 Mémoires d'un marin anglais appelé Edward à bord du bâtiment de guerre *Soufre* au tour du monde, cités dans Li Wenhai (vol. I 33).

5 Voir la note 8. L'extrême confinement des Occidentaux à l'époque est aussi confirmé par d'autres chercheurs (1910 Cordier 29).

d'observation prenant – offrant un relais idéal à toute flotte européenne à proximité de Canton.

Le début de l'Empire oriental français

Grâce aux canons victorieux des Anglais ayant terrifié la Cour de Pékin, les Français obtiennent leur part du gâteau sans faire couler une goutte de sang, réussissant à négocier les mêmes avantages que l'Angleterre. Ainsi la France accomplit un pas de géant susceptible d'affermir sa présence post-Pondichéry en Asie. Les 36 articles du traité de Huangpu (Whampou) signé le 24 octobre 1844 donnent feu vert à la pénétration massive des intérêts français en Chine. Accordant des avantages au commerce et au prosélytisme catholique, ce traité contrebalance en quelque sorte la perte des intérêts français en amont de ses expéditions aux Indes et ailleurs en Asie. La France se voit octroyer d'une part la Concession coloniale à Shanghai, et de l'autre le titre de Pays favori d'échanges commerciaux. Ceci facilite le démarrage d'une série de constructions d'hôpitaux, d'églises, d'écoles, de cimetières, dans les régions stratégiques à travers la Chine impériale[6]. Par exemple, les premiers séminaires à Pékin et à Shanghai (Charles Maybon 15 et 54)[7], les orphelinats (l'orphelinat de la Sainte-enfance), les nombreux collèges, les œuvres des missions (Piolet 65-131)[8], sont autant de preuves de la pénétration, de la diffusion et de l'ancrage de la France implantée au cœur du paysage impérial chinois.

À l'émancipation par des œuvres chrétiennes, à caractère catholique, s'ajoute la mission commerciale qui est aussi à pied d'œuvre. L'implantation et l'infiltration des investissements français s'amorcent avec le traité de Tianjin (1858) – premier traité de navigation – qui vise à transférer la technologie maritime aux Chinois. Faisant figure d'amie et de puissance bienveillante, la France s'engage à former les travailleurs chinois, ce qui fait passer du même coup la langue, la culture et le savoir-faire français. Au sein des œuvres de coopération, mentionnons plus particulièrement la mise en chantier du fameux arsenal à Fuzhou grâce à la convention de 1866. Avec les sous-traitants qui y sont liés, l'arsenal fait de cette ville un

6 On trouvera les différents projets des Français dans *Documents des Qing*, cités dans He Yu ; Li Hua Li (48).

7 Prononcé à Pékin le 19 janvier 1924, le discours de Charles Maybon (1872-1926), retraçant l'accomplissement de Benoît Edan, fait mention du Séminaire de Tsang-ka-leu en 1853.

8 Telle la Maison de l'Immaculée-conception ou encore la Maison du Sacré-cœur fondées par les Lazaristes, elles avaient pris la relève des Jésuites après le dix-huitième siècle.

véritable creuset et « la colonie d'essai »[9] (1997 Weber 93) qui ne tarde pas à se muer en « l'une des plus importantes colonies françaises à l'étranger » (Weber 93). Ainsi font souche les premiers berceaux du milieu francophone en Chine. Si le port de Fuzhou est qualifié de « colonie », voire d'« une des plus importantes colonies françaises », c'est tout dire sur l'implication du dynamisme au Sud-Est de l'Asie dans la naissance de l'Indochine.

Sur le terrain, d'autres accords de coopération sont conclus, notamment les échanges et envois bilatéraux, ainsi qu'une série de projets d'arsenal mise en œuvre dans plusieurs ports. En concordance avec l'arsenal à Fuzhou, une école maritime est créée pour former les élites chinoises, à commencer par l'apprentissage du français (2005 Claudel 161). Dans l'histoire de la francophonie en Asie, cette école revêt un sens mythique, tant pour son rôle de pionnier au titre d'une des premières écoles françaises en Asie, que pour l'éminence de ses diplômés devenus la première génération de Francophones chinois. Pensons à Yen Fu (Yan Fu, 1854-1921) réformateur et instigateur de l'ouverture à la fin de la période des Qing, ou encore au général Chen Jitong, premier diplomate francophone. Nous verrons plus loin que la première manifestation de la littérature chinoise d'expression française émane de ce berceau francophone.

Avec le comptoir de Macao, s'ouvre à jamais une brèche pour la présence européenne en terre d'Asie, dont la fortune comme l'infortune des aventures françaises qui se soldent par des pertes aux Indes. Et le retrait des Indes redistribue les cartes de la France en Extrême-Orient, d'où s'amorce l'affirmation de la présence française en Chine après les guerres de l'Opium. Ce nouveau positionnement entraîne dans sa foulée de nombreux accords avec les Qing, dont l'implantation d'un premier arsenal à Fuzhou, voisin de la future Indochine. L'arsenal deviendra un des premiers fiefs français en Asie. Le déplacement de l'axe français de l'Inde au Sud de la Chine concorde aussi avec la volonté de la dynastie herculéenne Qing de vouloir bâtir une flotte moderne, capable de symboliser la souveraineté chinoise face à l'empiètement européen. Cette conjoncture donne lieu à un épanouissement des intérêts français sur le sol chinois. Pour l'historiographie chinoise contemporaine, cette période de l'envolée française au sein de l'expansion européenne qui établit ses intérêts dans les comptoir, concession, territoire à bail, arsenal et école française, est qualifiée communément de semi-colonisation. Ces repères historiques irréfutables continuent de démontrer que l'Indochine ne se situe pas à l'origine des exploits français en Asie, ni ne

9 Christophe Dubois, « L'arsenal de Fuzhou et la présence militaire française au Fujian (1869-1911) », Jacques Weber éd. (1997).

constitue leur point de mire, mais bien qu'elle est ultérieure et se développe à titre compensatoire face aux pertes de leurs intérêts en amont : « [...] que notre Empire Indo-Chinois a, jusqu'à un certain point, compensé les pertes du siècle dernier » (Camille 1). À proximité de la future Indochine, les intérêts français à Fujian et plus tard à Guangzhouwan serviront de base arrière et de financement à l'avancée de la ramification française dans toute l'Asie.

2 Les rapports intrinsèques Chine-Indochine

Les Français n'opèrent pas seulement en Chine, ils s'aventurent aussi dans ses États vassaux. Bien que les Jésuites, de même que la Compagnie orientale des Indes, aient exploré les contrées de la future Indochine, ces régions ne se posent pas, a priori, comme priorité dans la mire des exploits français. L'origine des premiers Français pénétrant l'Empire de l'Annam remonte aux années 1585 au temps où les Jésuites mettent les pieds aux royaumes du Cambodge et de l'Annam. Dès 1610, leurs célèbres *Relations* présentent ces royaumes au lectorat européen, préparant le grand public à ces pays inconnus impliqués dans le dessein expansionniste. Dans ces premiers temps de tâtonnement en Extrême-Orient, la Compagnie des Jésuites tient le rôle de figure de proue, ses missionnaires, les pionniers. Tel le Père P. Alexandre de Rhodes parcourt la Cochinchine en 1624 et le Tonkin en 1626 (Cultru 1). Il faudra cependant attendre les guerres de l'opium pour voir un tournant dans l'avancée de la France qui commence à s'intensifier dans ces royaumes et, pour qu'enfin, la ramification française en Asie prenne vraiment forme.

L'Indochine comme tremplin et les préparatifs

Aux yeux des historiens chinois, même si l'avancée française en ces lieux est à mettre en parallèle avec celle aux Indes et au Cathay, les états vassaux de la Chine devenus la future colonie indochinoise, servent de compensation pour réparer la perte de la France aux Indes sans constituer un but en soi (Li Wenhai vol II 429). Ainsi malgré une avancée indéniable en ces lieux, pour l'historiographie chinoise, la future Indochine française ne joue qu'un rôle de second violon dans l'expédition orientale française :

> [...] le but ultime pour la France d'envahir l'Indochine, ce n'est évidemment pas pour s'emparer du petit Viêtnam, mais plutôt de la Chine, dans son

> intention de prendre Yunnan, afin de pénétrer Sichuan, suivant le fleuve Yangzijiang, et ce, conjuguant les villes maritimes chinoises comme un filet afin de dépecer la Chine avec d'autres puissances européennes (Li Wenhai vol II 451)[10].

Et ce n'est pas tout. Les Chinois citent encore la menace que profère le Consul de l'époque : « La France se doit d'occuper le Tonkin comme une base d'avancée idéale ; car le jour où les puissances européennes se mettraient à dépecer la Chine, nous serions le premier au cœur de la Chine » (Li Wenhai vol II 232). En clair, l'Indochine française sert de tremplin et de préparatifs à la pénétration dans le sud-ouest chinois (2000 Lei 193). Ainsi dans le but de se frayer une voie fluviale vers la Chine et sous prétexte de l'assassinat d'un Jésuite, la flotte française conquit le Tonkin en 1856 pour ensuite s'emparer de la péninsule du Mékong (appelée Lan Changjiang dans sa partie chinoise). Au traité de Saigon en 1862, la France s'installe donc au Tonkin et en Annam. Mais on est loin d'envisager une Union indochinoise et la nouvelle posture de la France en ces lieux est grandement liée à son avancée en Chine.

De fait, où que ce soit en Asie, quelles que soient les guerres apparentes qu'elles mènent, les nations européennes ont toutes les yeux rivés sur l'Empire chinois. Et la France n'y échappe pas. Sa guerre livrée sur le terrain en Indochine est conditionnée par l'état dans lequel se trouve l'Empire français en Chine :

> Mais, il est un fait que nous pouvons constater : les conflits qui agitent l'Extrême-Orient, quels qu'en soient les apparents motifs ou les causes immédiates, ne sont en réalité que des épisodes de la lutte pour la suprématie de la Chine. [...] C'est autour d'elle que les colonies européennes se sont installées ; accrochées à ses flancs, elles s'y cramponnent avec l'énergie d'un appétit en éveil. (1904 Pinon 628)

Si l'historiographie chinoise interprète « la pénétration française en Indochine comme tremplin et accès à l'Empire du Milieu qui demeure le but ultime du projet de l'Empire oriental français » (Li Wenhai vol. II 438), elle n'est pas la seule à y croire. Cet avis est largement partagé au sein des chercheurs occidentaux. Dès 1680, lorsque les premières installations de la Compagnie orientale mouillent en mer de Chine, la compagnie jette son dévolu non sur la future Indochine, mais sur « les provinces chinoises limitrophes du

10 Dorénavant toute citation provenant de cet ouvrage relève de notre traduction.

Tonkin, qu'elle songera un temps à s'approprier pour se ménager un accès aux bassins de la Chine centrale » (Wasserman 22). C'est dire que dès le départ les expérimentations au Tonkin et en Annam sont menées dans le but d'aboutir en Chine qui, elle, constitue l'ultime ambition de la présence française dans la région. Ainsi la signification de la France en Annam comme au Tonkin est d'« utiliser la nouvelle possession comme tremplin pour la pénétration en Chine qui constituait l'objectif principal » (Fourniau 6).

La ligne maritime France-Chine-Indochine

D'ailleurs le tout premier projet après la conquête du Tonkin est révélateur de la véritable ambition française : « Nous avons pour instructions de chercher un passage de l'Indo-Chine en Chine » (De Carné 6), rappelle De Carné. Cependant l'exploration du Mékong par la mission (1866-1868) de Doudart de Lagrée prend tout le monde de court : il n'atteint pas la Chine (Fourniau 6). À son tour, François Garnier surprend tout le monde en s'aventurant dans le fleuve Rouge pour atteindre les provinces méridionales de la Chine. Pour la France c'est un tournant. Opérant simultanément au plan politico-économique sur plusieurs fronts, la France transite avec la Chine, la Cochinchine, le Cambodge et l'Annam, même si ces contrés ne sont pas prioritaires à ses yeux. Les listes des échanges commerciaux effectués entre France et Chine et entre France et Cochinchine de 1841 à 1849 (1851 Lavollée 746)[11] offrent un exemple incontestable du poids économique colossal que représente le marché chinois comparé aux futurs marchés indochinois, et par conséquent, la non priorité de ces empires pour la France.

Dans la même veine, la liste des marchandises importées de l'Europe reçues par les villes chinoises, telles Shanghai, Hong Kong, Canton, Tianjin et Fuzhou (Gadoffre 71)[12] dans l'attente d'être réembarquées pour ailleurs en Asie, donne une idée de la quantité importante d'échanges entre la France et la Chine qui ont lieu au quotidien. À l'aune de ces échanges se mesure l'importance des villes chinoises dans l'avènement de la présence française en Asie. Et cette primauté du marché chinois se maintient tout au long de la seconde moitié du dix-neuvième siècle :

> [...] la France était devenue le premier pays importateur de soie grège chinoise. L'immensité du pays et l'intérêt d'en pénétrer l'intérieur aidant,

11 Voir l'énumération par Charles Lavollée des marchandises et les statistiques de leurs échanges.

12 Voir les chiffres évoqués par Gilbert Gadoffre.

> la troisième République finit donc dans ces années-là par compter en Chine une quinzaine de consulats [...]. (Wasserman 23)

En plus de la taille colossale qu'occupe le marché chinois, le potentiel du pouvoir économique prometteur dont dispose la Chine par rapport aux royaumes d'Indochine s'explique encore par d'autres causes. D'emblée un élément factuel aussi capital que révélateur est qu'il n'y a pas de ligne directe entre la France et l'Indochine ; tout passe par Shanghai, Hong Kong ou Fuzhou. Le rôle de plaque tournante et de relais incontournable qu'entretiennent ces cités chinoises dans la mise en œuvre de l'Empire français en Indochine relève des faits historiques.

L'inverse est également vrai. Les hostilités entre la France et l'Angleterre impliquent aussi les ports indochinois en première ligne dans les transactions entre la France et la Chine, souvent difficiles à réaliser à cause des bâtons dans les roues mis par les Anglais. Ce qui explique le conseil donné par Claudel à Doyère (1995 Claudel 104)[13], alors directeur de l'Arsenal de Mamoï, de détourner l'itinéraire des canons français frappés d'embargo (destinés à l'Arsenal de Fuzhou retenus à Hong Kong), le faisant passer par l'Arsenal de Saïgon. Le détour de ces canons par l'escale à Saïgon fait foi des liens entrelacés de ces lieux dans l'acheminement des transactions entre la France et la Chine. Autrement dit, la présence des intérêts français en Chine nécessite aussi l'apport des cités indochinoises.

La Chine comme base arrière de l'Indochine

Vers les années 1880 lorsque la France est amenée, après son retrait définitif des Indes, à choisir un lieu de stratégie et de permanence en Asie, la mise en œuvre de l'Indochine devient impérative. Face à l'emprise des établissements anglais notamment à Hong Kong, l'enjeu des intérêts français en Chine dans la destinée de l'Indochine est qu'on ne peut plus clairement :

> Si Indo-Chine sera un marché dont profiteront nos industriels et nos commerçants, si elle sera une terre où nos nationaux pourront coloniser et trafiquer en toute sécurité pour le présent et pour l'avenir, si elle sera le point de départ, la « base d'opérations » de la pénétration commerciale française dans l'Empire du Milieu, c'est, dans le débat actuel, la véritable question. (1903 Pinon 573)

13 Voir la lettre de Claudel à Doyère datée du 10 mai 1902 à Fuzhou.

La Chine devient un acteur essentiel dans le devenir de l'Indochine, non seulement au niveau des transitions commerciales et matérielles, mais aussi au niveau humain. La province de Fujian devient l'arrière-pays de l'Indochine, affirme Claudel dans sa lettre au Ministre des Affaires Étrangères : « tout ce que j'ai pu faire au cours de l'année dernière : la signature d'un contrat ouvrant le Foukien comme un champ de recrutement de travailleurs pour les colonies françaises [...] » (2005 Claudel 179).

Le développement des intérêts français en Indochine est freiné dès le départ par une carence irrésoluble sur le terrain : la pénurie de main-d'œuvre. Fujian et ses deux ports voisins, Amoy et Swatow, sont alors mobilisés pour servir de comptoir de recrutement des travailleurs enrôlés depuis la Chine profonde vers l'Annam et le Cambodge :

> L'État possède dans ce pays, surtout en Annam et au Cambodge, d'immenses réserves domaniales disponibles. [...] La main-d'œuvre fait défaut pour l'exploitation de ces immenses régions. [...] Il faut donc faire appel à la main-d'œuvre chinoise. [...] Ce mouvement d'émigration est limité actuellement aux deux ports d'Amoy et de Swatow qui expédient chaque année aux destinations indiquées plus haut près de 80.000 coolies[14]. (2005 Claudel 179)

Aussi restreinte que mineure, l'Indochine s'avère incapable d'offrir en abondance les matières premières, ni d'absorber en échange la consommation des produits manufacturés en France. Tant s'en faut qu'elle puisse alimenter et subvenir à un marché conçu par l'ambition coloniale française. Ainsi de toutes les phases de la conquête française en Extrême-Orient, l'Indochine n'a pas été en mesure d'assumer un rôle en soi, mais a fonctionné comme un complément et un plan « B » pour la France en Asie. Pour y remédier, « il va donc s'agir de faire fructifier l'or français en liant le développement économique du Tonkin à celui de la Chine » (Gadoffre 18).

Au cours des diverses périodes de la France coloniale en Asie, il est indéniable que l'implication de la Chine dans l'Indochine s'échelonne à plusieurs niveaux, tels le politique, l'économique et le géographique. Après tout il n'existe pas, a priori, de pays ni de nation portant le nom d'Indochine ; l'Indochine n'est qu'une dénomination administrative artificielle venant du géographe franco-danois Malte-Brun, fondateur de la Société de géographie de Paris :

14 La traduction chinoise de coolies est : main d'œuvre de misère.

> Mais comme ces pays ont été quelquefois soumis à l'empire de la Chine et comme la plupart des peuples qui les habitent ressemblent beaucoup aux Chinois [...], nous avons proposé, il y a plusieurs années, de désigner cette grande région du globe sous le nom nouveau, mais clair, expressif et sonore, d'Indochine[15]. (Ajalbert 219)

Ainsi se construit « géographiquement » l'Indochine ! La naissance officielle de l'Union indochinoise en 1887, enrichie du Laos en 1893 et du territoire à bail de Guangzhouwan en 1898, ne fait que consolider et intensifier son lien avec la Chine.

Plus encore, l'installation d'un câble télégraphique reliant les provinces chinoises Guang-Xi et Yunnan au Mékong donne une poussée inestimable aux relations et aux échanges existants entre l'Indochine et ses régions limitrophes chinoises :

> Il n'avait pas fallu moins de neuf ans, de 1885 à 1894, pour achever les travaux d'abornement entre Mon-Kay et les limites communes du Kouang-si et du Yun-nan. La section infiniment plus étendue comprise entre la frontière commune du Kouang-si et du Yun-nan et le Mékong, a été tout entière abornée en moins de dix-huit mois. (1991 Claudel 321)

Véritables « fabriques » de ressources humaines et relais de multiples transactions commerciales, les ports au Sud de la Chine, dont la vie économique est intimement liée au devenir de l'Indochine, sont dotés de moyens de communication, dernier cri. Ces dispositifs peuvent stimuler davantage leurs liens commerciaux avec la colonie française comme l'écrit Yves Bachelier :

> L'arrivée de Bernard dans le port d'Amoy, en février 1902, fait suite à la décision prise par la France d'ouvrir un bureau télégraphique à Kulangsu [aujourd'hui Gulangyu, Sud de la Chine] destiné à l'exploitation du câble Tourane-Amoy récemment posé. Ce câble, qui rapproche la Chine du Sud de l'Indochine, doit faire connaître aux navires français mouillant à Tourane les possibilités offertes au commerce maritime par la région d'Amoy[16]. (1997 Weber 181)

15 Citée par Jean Ajalbert en 1909, cette dénomination a été abondamment citée tout au long du vingtième siècle. Cependant aucun chercheur ne daigne signaler l'origine de cette désignation. Voir par exemple, Yves Clavaron (23).

16 Yves Bachelier, « Les Français à Amoy et Kulangsu du milieu du XIXe siècle à 1937 », Jacques Weber éd. (1997).

Bien qu'officiellement le Sud de la Chine ne soit pas intégré dans l'Empire indochinois, sur le terrain tout est intimement lié : Guangzhouwan, Fujian et Amoy (Xiamen) fonctionnent comme agent essentiel dans l'avènement de l'Indochine française.

Il serait toutefois naïf de croire que leur rapport étroit soit le fruit de la France qui, dans sa fièvre coloniale, s'évertue à lier le Sud de la Chine à l'Indochine. Comme États vassaux, ces régions s'assujettissent à l'Empire du Milieu avec qui elles entretiennent des relations séculaires qui génèrent des ramifications multiples. Un tel lien se maintient après leur annexion au protectorat français. Un exemple qui en fait foi est l'usage du code annamite qui « est emprunté aux lois chinoises de la dynastie des Ming. [Et qui plus est,] l'écriture et la littérature chinoises sont seules adoptées, du moins par les hautes classes. La langue annamite n'existe que comme langue parlée »[17] (Bellecourt 440). Dans ces royaumes, il n'y a que deux genres en littérature, soit le contretype direct et grossier de la littérature chinoise, soit la littérature locale. On ne s'étonne donc pas que les élites annamites ne reconnaissent que la littérature chinoise (1931 Lévi 157).

Certes, le panorama de la France en Asie s'étend sur plusieurs royaumes du Levant qui ne seront pas tous énumérés dans le présent chapitre. Toujours est-il que les relations historiques nouées entre la Chine et ses états vassaux (l'Indochine future) attestent pour leur part des liens profonds qui se poursuivent après leur annexion comme colonie ou protectorat français. De tels liens intimes historiquement tissés font ressortir d'autant plus la prééminence de l'Empire français en Chine. Si l'Inde et le Cathay forment initialement le point de mire des expéditions françaises orientales, l'Indochine n'est que l'aboutissement des mésaventures subies en amont par la France en ces lieux.

3 Les ramifications de la présence française

Sur le chemin de la conquête des Indes et du Cathay, l'expédition française repère d'autres royaumes qui tombent sur l'axe de son ambition, tels la Corée et le Japon. La présence des cultures européennes au Japon semblerait dater de la même période que celle en Chine, soit au seizième siècle avec l'arrivée des jésuites, puis de franciscains (Hideichi 1). Depuis cette époque,

17 Par ailleurs, l'ouvrage de Bailly (*Cochinchine française. Dictionnaire chinois-français* (Saigon, Imprimerie commerciale Rey & Curiol, 1889) atteste pour sa part l'ancrage de la pratique du chinois en Cochinchine.

l'influence française dans les pays voisins de la Chine est très limitée, et ce, jusqu'à la veille des guerres d'opium. De fait, « la France ne jouera aucun rôle au Japon avant la réouverture du pays qui aura lieu au milieu du XIXe siècle » (Furansugo vii). Notre hypothèse est que la survie de l'héritage français au Japon se fait de la même façon qu'en Chine, de sorte que les manifestations francophones dans plusieurs royaumes d'Asie pourraient être identifiées suivant le même modèle d'analyse que celui appliqué au cas chinois. Certes, la démonstration de la francophonie japonaise ou coréenne dépend d'études de fond de longue haleine sur l'ensemble des aspects de cette francophonie ; nous ne nous en tenons ici qu'à un aperçu succinct en concordance avec l'exemple de la francophonie chinoise. Car un aperçu, fût-il panoramique, de la répartition française dans ces pays stratégiques en Asie, fera encore ressortir les ramifications francophones sur le continent, et en son sein, les creusets de la francophonie asiatique d'aujourd'hui.

La présence française au Japon

Situé sur l'itinéraire maritime des expéditions européennes, le Japon n'échappe pas au dessein colonial et fait partie de l'ambition extrême-orientale de la France qui vient de mettre la main sur quelques ports chinois. Si Canton est le seul lieu en Chine réservé au commerce avec les Européens, au Japon, il est interdit à tout étranger de circuler à l'intérieur sans faire la demande d'un passeport. Et la libre circulation des étrangers n'est possible qu'à partir de 1899 (Blanchon 153)[18]. À l'instar de l'Empire du Milieu, cette farouche cloison mise en place par les Japonais donne un air de déjà vu. Mais la posture que va adopter le Japon fait preuve d'un pays averti (du précédent chinois). C'est que l'obscurantisme de la Chine causé par son isolement millénaire, et surtout sa vaine résistance contre les tentatives des Européens, ébranlent le pays et font rage dans l'esprit des Japonais. Entre résister à l'Occident ou s'incliner, après maintes tergiversations, l'esprit d'ouverture l'emporte. Cette ouverture aux pays étrangers, le Japon la doit d'abord à l'un de ses ministres influents à la Cour : Midzouno Etkisennokami qui « eut la hardiesse de proposer à ses collègues d'ouvrir le Japon aux hommes de l'Occident » (1863 Lavollée 880). Cette lignée de pensée est par la suite partagée au sein des élites japonaises du temps, y compris plusieurs princes Kanga qui multiplient des pamphlets pour exhorter le Japon à ouvrir

18 Gérard Siary, « La présence française au Japon depuis l'ère Meiji (1868-1912) », Flora Blanchon (éd.).

ses ports à l'Occident avant que celui-ci ne vienne les réclamer par la force (1863 Lindau 76).

Et l'histoire ne tarde pas à leur donner raison. En 1853, les Japonais apprennent avec stupéfaction l'arrivée de la flotte américaine sous les ordres du commodore Perry (1863 Lindau 77). L'invincible commodore fait signer par les Japonais le premier traité avec l'Occident permettant les échanges de commerce et l'établissement d'un consul-général des États-Unis au Japon. La facilité et la rapidité avec lesquelles l'Occident foule le sol japonais font grandement penser au précédent chinois. Le sort de dépècement que subit l'Empire Qing résultant de sa défaite cuisante continue de faire rage chez les esprits les plus résistants :

> La Chine, explique Perry à la cour japonaise, était complètement vaincue ; il avait suffi que l'Angleterre et la France envoyassent une faible partie de leur puissante flotte et de leur nombreuse armée pour subjuguer l'Empire du Milieu, dix fois plus grand et plus peuplé que le Japon. (1863 Lindau 79)

La déconfiture irréversible du géant voisin face aux puissances « civilisées » – ce qui vaut le dépeçage de l'Empire du Milieu – donne une leçon effroyable au Japon qui en tire sa propre conclusion. Tout permet de croire qu'en évitant le rôle de vaincu que subit la Chine, les Japonais éviteront de faire subir à leur pays l'emprise coloniale avec son lot de dédommagement en concessions et en territoires à bail.

Cette pénétration à l'amiable des Européens – sans colonie ni concession – sur le territoire japonais fait en sorte que l'acculturation française reste modérée, et ce en comparaison du cas chinois. Il va de soi que, si les investissements français s'avèrent moindres dans plusieurs régions au Japon, le phénomène francophone semble conséquent aussi. Par contre, même si l'ouverture du Japon se fait sous un visage différent de celle de la Chine, ce dont le Japon traditionnel a besoin est similaire à ce que veut la Chine, soit le savoir des techniques maritimes et la modernité. De sorte que la modalité des échanges franco-japonais est plus ou moins calquée sur le modèle de la présence française en Chine. Pensons à l'Arsenal à Yokosuka et à la fonderie à Yokohama que réalisent les professionnels français, recrutés par le gouvernement Meiji entre les années 1854-1868 pour apprendre aux Japonais à construire et à réparer leurs bateaux (Blanchon 155)[19]. Ces deux sites maritimes construits par des ingénieurs français attestent le même

19 Voir également Felice Beato ; Pierre Loti ; Raimund Stillfried ; Baron von ; Chantal Edel (éd.) (20).

mode d'implication française au Japon qu'en Chine. C'est-à-dire l'apport français se distingue surtout dans l'armée et la construction navale : « L'ère Meiji voit la réalisation, dans nombre de domaines, de grands projets gouvernementaux menés par des Français » (Blanchon 157).

Inéluctablement, l'installation des intérêts français au Japon amène dans sa foulée l'infiltration de la culture française, même si par rapport à la Chine, où la France possède colonie, concession et comptoir, les faits français se montrent modestes. Toujours est-il que l'ancrage et la manifestation de la vie française au Japon suivent grosso modo le modèle chinois dans une envergure relativement moindre[20]. Tout donne à croire que la naissance et l'émancipation de la sphère francophone en Chine offriront un modèle applicable aux autres pays asiatiques ayant connu le même phénomène, à quelques exceptions près. Car au cours de la même période, plusieurs pays du Levant sont confrontés au même dilemme face à l'Occident, et qui plus est, ce dont ces pays ont besoin est également similaire.

La présence française en Corée

À l'instar du Japon, un autre royaume d'Orient tombe aussi sur le chemin de la flotte française. La Corée se trouve elle aussi sur le front de la rencontre avec la civilisation française. Le fait que les premières apparitions des navires français *La Boussole* et *L'Astrolabe* mouillent près des côtes de Corée à partir de 1787 (Jong 66-67) permet d'avancer que le royaume entre, après la Chine, dans le collimateur des colonisateurs français. N'empêche que le dilemme reste le même. Résister à l'Occident ou céder à sa pénétration ; le royaume doit trancher. Repliée sur elle-même, la Corée qui entretient des échanges « sporadiquement avec les Occidentaux dès le XVIIe siècle » (Jong 11), redoute elle aussi toute intrusion extérieure. C'est par l'intermédiaire de son voisin géant que le Royaume ermite, dont la constitution remonte à l'an 669, tâtonne sur l'Occident. Des livres de philosophie occidentale, de mathématiques, d'astronomie et de religion chrétienne composés en chinois par les missionnaires européens pénètrent en Corée depuis Pékin :

> Chaque année, des ambassadeurs coréens allaient à Pékin verser le tribut à l'Empereur [...] rencontrer les Jésuites en résidence à la Cour. Ceux-ci leur remirent des livres chinois, composés par eux, et qui traitaient des sciences naturelles et du catholicisme. (Destombes 18)

20 Nous aurons l'occasion de développer davantage ce sujet dans la section 3 du chapitre IV.

Entre l'ouverture et l'isolement, le royaume coréen tout comme ses voisins tergiverse devant ce dilemme inédit. Pendant que la Cour vacille, la présence des flottes occidentales s'accroit, et ce, particulièrement après les guerres de l'opium. Quand, enfin la Corée sort de son isolement, le premier traité commercial qu'elle signe n'est pas avec l'Occident mais avec le Japon en 1876. N'empêche que cette brèche vers l'extérieur permet aux pays européens d'arracher eux aussi des traités dont celui avec la France en 1886 (Jong 11)[21].

Encore plus isolée et enfermée que la Chine et le Japon à cause du peu d'étendue de son écriture, la Corée jusqu'au dix-huitième siècle ne dispose pas de moyens de communication avec la langue française. Tout passe par le détour de l'écriture chinoise dont elle partage les mêmes caractères, moyennant une prononciation différente à l'oral. C'est grâce à ce truchement linguistique que les Jésuites de Chine ont pu s'implanter en Corée (Jong 41). Il en résulte que la première trace de la présence française en Corée est teintée fortement de prosélytisme chrétien tout comme le cas chinois. Si Yi Sûng-hun, le premier chrétien coréen fut baptisé en 1784 et que l'historiographie coréenne retient Chông Ha-sang comme le premier Coréen à avoir appris le français, il convient de constater que le français n'y est nullement diffusé avant l'ouverture de la Corée aux pays étrangers. Ainsi la première école française à Séoul date seulement de 1896 (Jong 192-193), l'époque où la France œuvre à Shanghai et dans d'autres citées asiatiques depuis presqu'un demi-siècle. Par ailleurs, si le fait français (ou la francophonie en Corée) a été freiné ou a pris du retard dans son envolée au cours de l'histoire contemporaine de la Corée, cela est dû à l'interruption des relations diplomatiques franco-coréennes pendant 41 ans (1906-1947), elle-même due à l'annexion du royaume par l'Empire japonais (2005 Thiébaud 81).

Aussi succinct qu'il soit, le survol panoramique de la présence française aux pays et royaumes limitrophes de la Chine donne une idée sur l'ensemble de l'avancée française en Extrême-Orient. Sans doute, la disposition à l'amiable qu'adoptent le Japon et la Corée vis-à-vis de la pénétration française sur leur sol aura une répercussion sur la vie francophone dans ces deux cultures qui n'ont pas connu de concession coloniale. Sans aller plus loin dans la démonstration, notre tour d'horizon succinct aura le mérite d'avoir signifié qu'il y a un différent degré de francophonie dans les pays du Levant, ce qui est dû à l'ampleur de la présence française en ces lieux.

21 Voir également Kim Hwa-Young, « Introduction et réception de la littérature française en Corée : autour d'Albert Camus », Cheng Pei éd. (134).

Existe-t-il une francophonie en Orient ?

Le survol rapide de l'histoire de la présence française, son origine, sa pénétration et sa répartition en Chine, aux Indes, et à un degré relativement moindre, au Japon et en Corée, nous amène à poser une question essentielle : existe-t-il une francophonie en Orient au-delà de l'implantation française en Indochine ? Quelle que soit la conclusion, vu l'état actuel des réflexions en la matière, la réponse à cette question se doit de tenir compte des fiefs français dans l'ensemble des lieux jadis imprégnés de la culture française. Comme l'Empire du Milieu fait l'objet de convoitises des huit pays « civilisés » à l'époque, la France avait tout intérêt à s'y tailler sa propre place. De fait le dépècement de la Chine par les puissances européennes et, plus particulièrement, la cessation de Hong Kong à l'Angleterre amènent la France à consolider son positionnement et à concevoir une stratégie d'équivalent dans le Sud de la Chine. D'où s'accroît l'intérêt français en Indochine. D'ores et déjà, le phénomène des faits francophones en Asie, à savoir s'il y a bel et bien une francophonie en Orient au-delà d'Indochine, s'avère sans équivoque.

D'autre part l'infortune de la France aux Indes sert de catalyseur à sa percée ailleurs en Asie en tant que contrebalance et compensation. Ainsi le sort en amont de l'aventure française aux Indes et en Chine influe sur la fortune comme l'infortune en aval de la destinée indochinoise. Comme réaction et conséquence des pertes subies en amont, l'enjeu de l'Indochine réside dans son rôle de dernier retrait de la France en Asie. Si les premières pages de l'Empire français en Extrême-Orient appartiennent aux Indes, Cathay fait relais et l'Indochine, sa perdition, incarnant le dernier soubresaut des intérêts français post-Cathay, sorte de « chant du cygne » de la colonisation orientale française. Comme ultime espoir et désespoir de la France en Asie, l'Indochine ne renferme pas en soi l'apothéose du temps colonial français en Orient, s'inclinant devant Shanghai, le creuset et le temps fort de la vie française post-Pondichéry. Notre conviction est que le phénomène francophone qui n'a pas été traité, dans ces régions/territoires d'Asie classés comme non-francophones, mérite d'être réexaminé sous l'approche transculturelle. Historiquement exclue de la sphère francophone et omise du champ d'études francophones, l'Asie n'a pas droit de cité dans la francophonie. Il en résulte que les études de fond sur la reconnaissance de l'aire francophone asiatique, et en son sein, le caractère distinctif de cette francophonie, sont très souhaitables. Au demeurant, notre survol aura souligné la position et l'attitude de la France dans ces régions/cultures jadis hôtes de la civilisation française.

Ainsi depuis l'établissement des comptoirs/relais à Macao ou à Canton, jusqu'à l'ouverture des ports/concessions à Shanghai ou à Fuzhou, en passant par le temps fort de la Compagnie des Indes orientales aux Indes, la carte de « l'exploit français » indique des espaces jadis moins traités. Or ces jalons dessinent intégralement la présence de l'Empire oriental français antérieurement à l'Indochine. De Pondichéry à Shanghai en passant par Guangzhouwan, les replis de la route de conquête rendent compte des avatars subis par les peuples de ces anciens fiefs greffés sur des cultures non-francophones. Les hauts et les bas de ces lieux dans leur rencontre avec la culture française conduiront à la mise en place en aval de l'Indochine. À fortiori, ces lieux aux noms sonores témoignent par dessus tout de l'accomplissement d'une francophonie transnationale où se croisent la culture française et les cultures locales à son contact.

Et l'histoire de ces lieux mentionnés plus haut ne fait que conforter la pertinence de notre hypothèse sur l'existence d'une francophonie orientale élargie et protéiforme. D'ores et déjà, l'équivalence omniprésente entre l'Indochine et la francophonie en Orient vole en éclats et conduit le débat vers un horizon jusqu'ici insoupçonné. Du coup, cela exige une nouvelle approche. Car les faits francophones en Asie auront besoin d'être éclairés suivant une méthodologie reflétant la multiforme que revêt la manifestation francophone de ces cultures classées, a priori, comme non francophones. En d'autres termes, la reconnaissance des aires francophones de formes et de natures hétérogènes aux Indes, en Chine, au Japon ou en Corée aurait besoin des études qui se démarquent de l'ancienne méthodologie, telle la trilogie. Car les faits français dans ces espaces culturels ne s'appliquent pas au pays tout entier mais aux ports, comptoirs et territoires au contact de la culture française. Autrement dit, le français ne sert pas de médium linguistique en tant que langue officielle, mais il est une langue parmi d'autres langues de cultures. Bref, dans un pays qui échappe à la colonisation et dont la culture locale des régions tisse un rapport de cohabitation avec les nouveaux maîtres sous diverses formes, les faits français requièrent une reconnaissance autre que l'application uniforme de la méthode trilogique. Ces cités lointaines qui ont laissé leur empreinte dans la mémoire francophone collective, que ce soit Canton, Pondichéry, Shanghai ou encore Guangzhouwan, portent chacune en elle, les vestiges de la présence française au cours de l'histoire contemporaine. Même si le degré et la nature de leur acquisition francophone s'avèrent hétérogènes, à cause des vicissitudes que subissent ces lieux dans leur cohabitation avec la civilisation française, cela n'enlève en rien leur appartenance au monde francophone d'Orient.

Ce constat au plan historique est renforcé de surcroît par le volet littéraire. Le vingtième siècle aura témoigné de l'émancipation de la littérature chinoise/japonaise d'expression française qui sera l'objet des chapitres IV et V. Au terme de ces analyses, nous serons en mesure d'affirmer que ni le concept de l'Indochine comme référence de la francophonie orientale, ni la colonisation comme seul accès au monde francophone, ne sauraient tenir dorénavant. De nombreuses œuvres parues en France, au Québec et ailleurs, provenant des littératures appelées non-francophones, signées par des auteurs francophones d'origine asiatique, attestent avec force que la littérature francophone ne se cantonne pas dans les pays francophones. Ces littératures (chinoise/japonaise/coréenne) d'expression française provenant des lieux jadis porteurs de la culture française en Asie méritent qu'on y regarde de près avec l'espoir de reconfigurer la littérature francophone d'aujourd'hui.

II L'affirmation de la présence française en Asie

1 Le « Paris de l'Orient »

La trace des premiers Français qui mettent le pied au port de Changhaï[1] remonte à janvier 1849. Ils y arrivent à bord de La Bayonnaise en provenance de Macao (Gravière 1104). À l'embouchure du Delta de Yangtze et à la rencontre du fleuve Wu Song lui servant d'avant-port, ce hameau de pêcheurs et de roturiers se distinguera de tout autre colonie française en Asie par son emplacement de choix. Non seulement Shanghai se situe au carrefour de l'axe Nord-Sud de l'Empire du Milieu, mais aussi donnant sur la mer, elle fait relais maritime entre la France et l'Asie. De sorte que sitôt après les signatures des traités et sans prendre de répit, elle se métamorphose en espace cohabité créant un précédent de modèle de cultures mixtes. Le prodige de Shanghai c'est sa transformation. Port délabré depuis le seizième siècle, elle n'avait rien que quelques jonques de misère qui croisaient quelques voiliers de misère avant que les Européens/Français n'y abordent. Le port dès lors se mue vertigineusement en « Paris de l'Orient », embrassant la culture française et s'incline devant une cohabitation avec la civilisation européenne. Située au confluent des carrefours fluviaux qui affluent au milieu de l'Empire du Milieu, Shanghai réunit ainsi tous les atouts pour se hisser comme relais de prédilection entre l'Europe et l'Asie.

La ligne France-Shanghai

« *De facto* nous sommes déjà maîtres de la Chine » (1861 Lindau 772), ce constat flamboyant que dresse en 1861 un des acteurs de l'Empire oriental français en dit long sur l'émancipation de la présence française en Asie. Si Macao et Canton posent aux côtés de Pondichéry les premiers repères de la France aux pays du Levant, d'autres lieux magiques, tels Fuzhou et Shanghai, incarnent plutôt l'âme de la vie française en ces lieux. Le tableau

1 Le nom propre des Chinois tout comme celui des lieux est épelé tantôt suivant la phonétique française tantôt en diction chinoise, tantôt encore en ping-ying, tel Tcheng Ki-Tong vs. Chen Jitong, Pékin vs. Beijing, Kouang-théou-ouan vs. Guangzhouwan, Fuzhou vs. Fou-Tchéou. D'autres toponymes évoluent au cours de l'histoire, tels Changhaï vs. Shanghai, Formose vs. Taiwan, Thibet vs. Tibet. D'autres encore portent de multiples orthographes, telles Zikawei vs. Ziccawei.

que dresse Rodolphe Lindau pour l'année 1860, relatif aux exportations de soie et de thé depuis la Chine vers l'Angleterre, la France et les États-Unis, est à l'image de l'emprise européenne dans l'Empire du Fils du Ciel (1861 Lindau 772). Dans une telle conjoncture économique favorable à l'Europe et au titre de la plus ancienne concession française en Asie, Shanghai s'éveille au commerce extérieur dès le lendemain de l'ouverture des ports et s'apprête à se livrer à un vaste chantier au profit des œuvres coloniales. De par sa géographie aux confluents des fleuves, elle tiendra un rôle prééminent dans l'histoire de la France en Asie, en jouissant des privilèges en matière de communication et d'échanges.

Grâce à la *Peninsular & Oriental Steamship Navigation Compagny*, la Chine est reliée à l'Europe par des lignes régulières dès les années 1840 (Lévy 49). Autre fait historique : précédant les Messageries maritimes, la Compagnie des Messageries impériales (Charles Maybon 43)[2] prend sa part dans les communications en reliant la France à Shanghai dès 1861 (Siegfried s.p.)[3]. Un pas de géant est ainsi franchi par Shanghai en se posant comme première ville asiatique en lien direct avec la France. Un pas qui la propulsera au premier rang dans toute communication à venir sur la carte de la France en Asie. Il est juste de constater que les années 1860 demeurent l'âge d'or de l'Europe sur le continent. Des progrès colossaux s'accomplissent, tels le passage du canal de Suez en 1869 qui apporte un coup de main inestimable au trajet Europe-Asie, assurant une sécurité et une rapidité sans précédent. Pour atteindre la France, les voyageurs en Asie prennent alors les Messageries maritimes qui inaugurent en 1862 la ligne Marseille-Hong Kong (Lévy 49). Vient ensuite l'installation en 1880 de la station de télégraphie sans fil qui rend possible la communication directe entre la Concession française et le gouvernement général de l'Indochine (Brizay 350). L'effervescence que crée l'avènement de tous ces progrès propulse, il va sans dire, les développements à Shanghai :

> Shanghai a été ouvert au commerce européen par le traité de 1842. Les trafiquants arrivèrent bientôt pour s'établir. On choisit pour eux, en dehors de la ville chinoise, de vastes terrains qu'on partagea entre les

2 Mentionnons que le prix du terrain nécessaire à l'installation de la compagnie en 1861 à Shanghai est évoqué dans la lettre d'Edan datée du 1er juin 1862 à M. Girette (inspecteur général des Services maritimes des Messageries Impériales).

3 Dans l'appendice intitulé « Au cours d'un siècle… », on lit ceci : « Le 22 avril 1861 signature de la convention organisant le service postal français sur l'Inde, l'Indochine, la Chine et les Îles Mescareignes ». Cette liaison maritime est aussi confirmée par Jean-Marie Thiébaud (2008 Thiébaud 69).

> différentes nationalités, et qui devinrent ce qu'on appelle les concessions françaises, anglaises, américaines. [...] En 1860, époque où nous arrivâmes, on pouvait dire qu'il y avait à Shanghai, la ville européenne et la ville chinoise. (Hérisson 69-70)

L'appellation de « la ville européenne et la ville chinoise » résume en soi le caractère de cohabitation qui distingue Shanghai de toute colonie traditionnelle. Dans la mémoire collective de cette ville dont les premières pages s'écrivent avec les traités inégaux, la réputation de « Paris de l'Orient » lui est historiquement attribuée :

> Quand, dans les années 1860, la « royale » jette son dévolu sur cet emplacement, bien situé sur la route maritime qui relie Singapour à Hong Kong, Shanghai était déjà la plus grande ville « française » en Asie[4]. (Blanchon 169)

Située au milieu de la Chine, Shanghai sert de relais pour tout transport vers l'arrière-pays. Cet atout géographique dont jouit la ville, se consolide d'autant plus qu'il y a stabilisation des colonies anglaises à Singapour et à Hong Kong. De fait, l'établissement de la ligne maritime Liverpool-Hong Kong-Shanghai influera sur le sort de l'Empire français dans la région, et, par dessus tout, sur le sort de la future Indochine qui verra le jour quelques décennies plus tard.

Le prosélytisme chrétien à Shanghai

L'envolée que prend Shanghai comme cité européenne s'effectue à plusieurs niveaux notamment avec la propagation chrétienne dans cette ville chinoise. Comme ce fut le cas dans beaucoup d'autres villes asiatiques, l'origine de la présence française à Shanghai revêt le visage classique du prosélytisme chrétien. Installés dans leur fief Ziccawei[5] dès la fin du seizième siècle, les Jésuites ont su proliférer au temps où l'Empereur Qian Long (1711-1799) s'incline devant le christianisme. Nul doute, le prosélytisme pose le premier jalon du fait français à Shanghai. Baptisé Paul Xuy (ou Paul Siu), la conversion en 1603 d'un ministre des Ming, Xu Guang-xi (1562-1633), dont la statue existe

4 Hugues Tertrais, « La présence française en Asie du Sud-Est, d'hier à aujourd'hui », Flora Blanchon (éd.).

5 En chinois cela signifie la confluence de la famille Zi. Le bled est transformé aujourd'hui en une agglomération gigantesque appelée Xiu Jiahuei, un des creusets commerciaux de Shanghai.

encore sur les lieux (Zhu Zhao-ning 19), indique combien l'influence des Jésuites pénètre les mentalités. Guy Brossollet confirme dans le même sens, avec le souci d'épeler le nom du ministre suivant la diction shanghaienne :

> Des membres de sa famille l'imitent et fondent une communauté chrétienne près de Shanghai. [...] après la mort de Paul Zi (1633), la province de Shanghai compte environ 40.000 chrétiens placés sous la houlette de Jésuites, on y recense deux églises et soixante-dix chapelles. (Brossollet 12)

Ces milliers de fidèles avec leurs deux églises et soixante-dix chapelles constituent des effectifs faramineux pour les années 1633 dans une contrée a priori chinoise et à cent mille lieux de la France. C'est beaucoup dire sur l'ancrage profond de la présence catholique française en Chine et dans une large mesure en Asie.

Tout le sens de l'œuvre magistrale des Jésuites sur le terrain, c'est qu'elle crée un précédent chez les sujets du Céleste Empire fermé depuis des millénaires, une civilisation, une croyance, une race et une langue, autres que le Han. Les Jésuites œuvrent sur plusieurs fronts dans des actions sociales notamment avec leur implication dans la fondation des collèges et séminaires à Shanghai. Pensons aux hôpitaux et aux orphelinats qui concourent aux côtés des développements commerciaux français, à l'implantation et à la propagation de la culture française en Asie. Un tel prosélytisme reprend de plus belle à Shanghai après 1844 à la veille de la création de la concession. Ainsi une cathédrale et un collège y sont construits dès 1851 sous le nom de Saint-Ignace, de même que des séminaires, des orphelinats, des bibliothèques et des observatoires y voient le jour sous la conduite des Jésuites (Shieh 22).

L'Empire français dans l'Empire du Milieu

Un autre élément qui a servi de catalyseur pour le progrès français à Shanghai, est l'avancement stratégique des Anglais dans la ville. Ils sont les premiers à avoir jeté leur dévolu sur cet îlot de pêcheurs doté d'abondantes voies fluviales : « En désignant Shanghai, Sir Henry Pottinger a eu la main heureuse. Le commerce anglais dans ce port a atteint, dès 1847, la valeur de 61 millions » (1851 Lavollée 741), écrit Charles Lavollée. Il revient encore aux Anglais d'avoir franchi le premier pas vers une partition coloniale en obtenant en 1845 environ 830 mo[6] de terrain qui seront assujettis exclusivement au droit anglais. Ce segment territorial crée à jamais un précédent

6 Un mo équivaut à 666.6666 mètres carrés.

quant au mode colonial au sein de la souveraineté chinoise. L'administration et la gestion sont toutes à l'anglaise, dotées de surcroît de tous les leviers nécessaires au fonctionnement de cette agglomération. Tombé sous la bannière anglaise, cet espace colonial fait des jaloux chez les Français qui ne tardent pas à emboîter le pas aux Anglais. À l'instar de ceux-ci, le premier Consul-général Montigny obtient en mars 1849 un îlot de 940 mo, destiné à la création de la Concession française (He Yu ; Li Hua 58)[7], inaugurant dès lors l'Empire français dans l'Empire du Milieu.

On ne se leurre pas sur la nature ni la proportion que vont prendre ces concessions qui sont en passe de devenir un territoire de la République française. Devant la dynastie Qing timorée, aux mains molles et à la conscience élastique, les territoires qui ne sont que concédés au départ à la communauté française, composée d'une poignée de Français, prennent rapidement l'allure d'un État autonome, doté d'une souveraineté intégrale :

> [...] les puissances européennes furent tacitement autorisées par le gouvernement des Qing à y organiser une police indépendante, puis une administration municipale, de telle sorte que la colonie étrangère passa progressivement du stade de « zone d'habitation étrangère » à celui de « concession ». (Shieh 51)

Pour certains chercheurs occidentaux, la Concession française à Shanghai « fonctionne comme une municipalité française transplantée en territoire chinois [...]. C'est pourquoi il sera convenu de parler de semi-colonie chinoise sous tutelle de l'Occident » (Blanchon 57). Ainsi les voies sont désormais ouvertes à l'installation d'une municipalité française, d'un corps de police, des commerces, des écoles, des appareils médiatiques (journaux/revues), entraînant par conséquent un changement de décor à Shanghai désormais cohabitant avec les Européens. Au dix-neuvième siècle, les concessions françaises telles celles de Shanghai (1849), Tianjin (1861), Canton (1861) et Hankou (1886) ne sont pas sur la même longueur d'ondes. C'est celle de Shanghai qui ne tarde pas à se métamorphoser en acquérant les caractéristiques propres à la colonie. Ainsi un Secrétariat des affaires (Gongbuju) est créé en 1854, à l'effet de représenter l'autorité de la ville de Shanghai en matière de Concession (Mei 109). À vrai dire, cette autorité impériale des Qing demeure une voie de promotion de la vie française à Shanghai. La création sous sa bannière d'un Cabinet d'éducation, à qui sont alloués une

7 Christine Cornet, « Système concessionnaire et police française : un exemple original de la politique coloniale de la France à Shanghai ».

bibliothèque, un orchestre (Mei 109)[8] et d'autres organisations parallèles, en est une preuve évidente.

La vie française à Shanghai se déroule donc en plusieurs volets à travers lesquels se fait sentir le garant de la souveraineté française, notamment la Concession avec une administration dotée de tous les leviers nécessaires. En sont pour preuve, les lois extraterritoriales qui cristallisent en soi l'emblème d'une souveraineté intégrale jouissant de distinctifs coloniaux. Les droits dont jouissent les Européens sont sans appel, réitère le Consul Eden dans sa lettre du 24 novembre 1861 : « [...] les autorités chinoises sont tenues, par les stipulations du même traité, de protéger lesdits citoyens dans la paisible jouissance de leurs droits »[9] (Charles Maybon 53). Le rouage administratif de la Concession est sous la responsabilité de « trois directeurs [qui] se partagent les responsabilités municipales : le directeur administratif, le directeur technique, le directeur général des services » (Blanchon 58). Quant à la police de la Concession dont le détachement est composé de tirailleurs tonkinois, des contingents européens, voire d'une section de chars légers et d'artillerie, elle dépasse largement le cadre d'une police municipale, comme le souligne Guy Brossollet : « au total, deux bataillons, l'un à majorité européenne, l'autre tonkinoise, regroupés au sein du Détachement français de Shanghai » (Brossollet 124).

La Concession française est inclusivement un espace de la République française : elle coexiste avec le reste de la cité qui fonctionne à la chinoise. Bref, cette Shanghai où l'on cohabite est profondément imprégnée d'influences françaises dont la présence se repère aisément aux quatre coins de la ville : « la dénomination des rues est le symbole [même] de cette identité française » écrit Christine Cornet (Blanchon 57-58). Avec ses rues nommées Lafayette, Colbert, Molière qui toilent les grandes artères (Brossollet 311-312)[10], il serait difficile de sauvegarder l'intégrité et l'authenticité chinoises face à une emprise française si ostentatoire. Même si le début de l'implantation française s'avère modeste, Shanghai ne tarde pas à endosser l'habit de « Paris de l'Orient » :

> Elle [Shanghai] est la plus ancienne des concessions nationales : les Anglais y sont depuis 1845, les Français depuis 1849 [...]. La présence et l'argent étranger ont fait [de Shanghai] le centre commercial le plus important de l'Extrême-Asie. (Gadoffre 71)

8 Créé en 1879, cet orchestre symphonique à l'occidental demeure le premier orchestre en Chine.

9 Lettre de Benoît Edan à W. L. G. Smith, consul des Etats-Unis à Shanghai, le 24 novembre 1861.

10 Guy Brossollet donne une liste des rues à Shanghai avec leur nom initial en français et leur nom chinois d'aujourd'hui. Voir à ce sujet, Annexe III « Rues d'hier et d'aujourd'hui ».

Les emblèmes d'une culture de cohabitation

Historiquement, l'acculturation européenne ou française fait partie de la mémoire collective de Shanghai, de sorte que la vie européenne rivalise avec la vie française. Pensons au collège Saint-François-Xavier du district Hong Kew dirigé par les Anglais ; retenons encore le collège Saint-Ignace, une des trois écoles pilotes sous la direction des Français, qui forme à lui seul près de 100, 000 élèves (Shieh 25). Ces collèges imposent un climat de cohabitation culturelle. Sous l'autorité des Anglais, la Concession internationale qui regroupe en son sein huit pays, possède une centaine d'autres écoles secondaires dont les écoles pilotes, telles l'École polytechnique, qui forment des centaines de milliers de Chinois anglophones. D'une échelle plus modeste, deux écoles secondaires françaises desservent près de 840, 000 habitants (Shieh 26) dans la Concession française. Cependant une telle donnée apparemment modérée du côté français est à prendre avec prudence. Car d'autres instances éducatives œuvrent en parallèle en dehors de la Concession française sous l'égide de la charité chrétienne. Citons à titre d'exemple, l'École du Sacré-Cœur située dans le district de Songjiang, non loin de Shanghai (Shieh 31).

Dans cette conjoncture de l'affirmation de la culture européenne, la circulation des revues et journaux chinois, anglais ou français s'avère emblématique d'un temps de cohabitation. Joseph Shieh s'en rappelle plusieurs dans son ouvrage autobiographique (Shieh 35), tels *Le Nouvelliste* (1870-1872), le *Progrès* (1871-1872), le *Courrier de Chine* (1896) et *L'Écho de Chine*[11] (1900-1919). L'historique des revues et journaux étrangers à Shanghai qui affirment la cohabitation des cultures est ainsi décrit par le diplomate et collègue de Claudel, Soulié de Morant :

> En réalité, il n'y eut pas de journal en Chine avant l'apparition à Changhaï, en 1872, du Chen-pao (Journal de Changhaï, avec le sous-titre *Chinese Daily News*). [...] En 1880, les Japonais fondèrent le *T'ong-wen-wou-pao* (journal pour Changhaï des langues pareilles). Le gérant était japonais. Les Américains fondèrent le Sin wen pao (*Le Nouvelliste*) en 1892. Ce fut qu'en 1897 qu'un journal purement chinois fit son apparition sous le titre *Tchong wai Je pao* (Quotidien de la Chine et de l'étranger). Nous ne donnerons pas le détail des vingt à trente journaux qui parurent depuis cette date à Changhaï, T'ien-tsin et Pékin, mais toujours sur des concessions étrangères où la justice chinoise ne pouvait atteindre les rédacteurs ni saisir les éditions. (1912 Morant 368)

11 Voir son titre en chinois *Fa wen Shanghai ri bao* : le quotidien français de Shanghai.

Il va sans dire que les journaux français cherchent à pénétrer le marché local. Et leur diffusion atteste de par leur présence, les faits culturels français du lieu[12]. Sans doute, un dépouillement systématique de leur contenu, l'échelle de leur diffusion et l'horizon de leur lectorat procurera des données de première main pouvant indiquer le degré de francophonie dans cette ville chinoise. Hélas, la plupart des archives sont aujourd'hui hors de toute traçabilité du côté chinois, à cause des avatars qu'a traversés la Chine populaire, victime du nettoyage maoïste, notamment avec les Gardes Rouges qui ont farouchement purgé la mémoire collective. Les rares archives préservées qui restent disponibles ne proviennent que du côté français. Et leur dépouillement ne laisse aucun doute sur la vie culturelle française émancipée dans la cité chinoise. Citons à titre d'exemple, *L'Écho de la Chine*. Hebdomadaire paru tous les mercredis, *L'Écho* est un journal d'envergure doté de correspondants aux quatre coins du monde qui tiennent des rubriques exclusives sur l'actualité des pays où ils sont envoyés. Rien que sur la Chine, le journal multiplie ses rubriques, telles « Nouvelles de Chine », « Nouvelles de Shanghai et de Chine », « Revue de Presse », « Spéciaux à Shanghai ». C'est dire que *L'Écho* et ses émules brossent en temps réel un tableau fidèle des actualités des Français à Shanghai, en Chine, voire dans toute l'Asie.

Le commerce français à Shanghai

Derrière une culture montante, se dessine la force de l'économie. Dans les années 1860-1880 culmine l'âge d'or des investissements français en Chine (Hérisson 66)[13] avec la présence de neuf sociétés (Brizay 72). L'installation du Comptoir d'Escompte de Paris, de la Poste française, des Messageries Impériales (Charles Maybon 38)[14] auxquels se joignent les compagnies Olivier (1875-1955), Racine et Cie (1895-1950) et Rondon (1898-1949) (Brizay 72) sont autant d'activités qui attestent le développement de l'économie française sur place. Et un coup d'œil sur la liste des édifices signés par des architectes français notamment Paul Veysseyre, tels l'hôpital, l'école,

12 On serait tenté de faire un parallèle avec la situation au Japon où le premier journal étranger paraît en 1861 à Nagasaki sous le titre de *Nagasaki Shipping List and Advertiser* (Séguy 12).

13 Mentionnons que le premier commerce français est au nom d'un certain Remy dirigé alors par son neveu Édouard Schmidt.

14 Voir aussi la nomination des cinq commerçants français notables au Conseil d'Administration municipale française à Shanghai dans une lettre de Benoît Edan datée de l'année 1853. (Charles Maybon 44)

la douane, la Poste, l'hôtel de ville (Brossollet 316)[15], implantés aux quatre coins de Shanghai, ne fait que le confirmer. Les chiffres des importations donnent aussi un indice sur l'envergure des transactions qui ont lieu à Shanghai. Ainsi pour l'année 1896, Shanghai dépasse d'emblée toutes les villes asiatiques telles Hong Kong, Canton, Tianjin et Fuzhou, comme port d'accueil des marchandises européennes (Gadoffre 71)[16]. C'est là son rôle de « centre commercial le plus important de l'Extrême-Asie. C'est là qu'arrivent les bateaux d'Occident bourrés de marchandises réexpédiées par voies d'eau jusqu'au centre de la Chine [...] » (Gadoffre 71). Il va sans dire que des entreprises françaises d'envergure tout comme des commerçants particuliers cherchent à percer le marché économique local. C'est notamment le cas de la Compagnie française d'électricité et des tramways dont la puissance est indéniable (Blanchon 62).

Une telle floraison de l'économie française conjuguée aux événements culturels français à Shanghai n'est néanmoins possible que grâce à la conjoncture favorable créée par les Anglais. En effet, la suprématie que va prendre Shanghai dans le giron de l'Empire français en Asie dépend étroitement de la montée de la colonie anglaise, reliée à la cité de « Paris de l'Orient » par voie maritime :

> L'îlot de Hong-Kong [...] est le centre des opérations commerciales de l'Extrême-Orient. La tête de ligne des paquebots à vapeur et des services postaux, le port de relâche des navires qui font intercourse entre l'Asie et l'Europe ou l'Amérique. (1871 Blerzy 55)

Plus tard, devant l'imminence d'une Indochine française, la dynamique que va créer la ligne Shanghai-Hong Kong-Indochine jouera le rôle de pivot. Puisque la place incontournable de Shanghai a ceci de particulier : il n'existe pas de circuit binaire entre la France et l'Indochine, mais il est triangulaire France-Shanghai (ou Hong Kong)-Indochine. Tout passe par Shanghai pour être déchargé, trié et réembarqué, marchandise ou personnel, y compris les produits culturels (livres/journaux) et autres :

15 Les 16 édifices majeurs à Shanghai construits par le groupe français Léonard & Veysseyre font rayonner le paysage français au sein de la ville chinoise. Par ailleurs, l'énumération par Claudel des commerces français installés à Shanghai conforte encore le volet économique français dans la vie shanghaienne, telle l'épicerie Mondon est évoquée comme la plus grosse maison française du genre à Shanghai. (2005 Claudel 229)

16 Le tableau dressé par Gadoffre donne les détails sur les quantités de transactions qui ont lieu pour l'année 1896.

> Il n'existe aucune ligne de navigation directe entre la France et l'Indochine d'une part [...]. Les importations françaises transitent donc par Hong Kong ou Shanghai. Les marchandises y sont déchargées pour y être rembarquées sur des navires étrangers, britanniques le plus souvent, qui desservent Amoy. (1997 Weber 186)

Comme plaque tournante, Shanghai est non seulement le centre de distribution pour l'Asie, de tout ce qui afflue de l'Europe, mais surtout un relais incontournable dans le parcours maritime Europe-Asie. Et les chiffres restent éloquents : « En 1900, trois mille vapeurs transitent par le port, avec un fret total de quatre millions de tonnes » (Brizay 343).

Hangar de l'Europe, port d'accueil et plaque tournante de toute transaction, Shanghai entrepose tout ce qui y arrive par la voie maritime dans l'attente d'un rembarquement vers ailleurs. Inutile d'écrire combien y affluent les investissements européens faisant d'elle la base arrière des intérêts européens en Asie. Longtemps avant la Banque de l'Indochine, créée en 1875 dont la succursale à Shanghai n'ouvre qu'au 1er juillet 1898, de multiples banques internationales (américaine, russe, anglaise) ouvrent des succursales à Shanghai pour répondre au va-et-vient du trafic maritime qui requiert un système bancaire adéquat. Carrefour du trafic France-Asie, Shanghai embrasse le temps fort de la semi-colonisation[17] française en Chine pendant près d'un siècle (1840-1940).

Shanghai : une ville métisse

Un autre élément révélateur de la vie française/européenne à Shanghai, c'est le changement de décor perceptible dans le paysage, voire dans les mentalités. L'ouverture des ports entraîne dans la foulée l'implantation des concessions aux rythme et appétit des ambitions européennes. Ce climat de cohabitation forge et influe indubitablement sur le paysage séculaire de ces lieux, naguère sous l'empreinte des Qing. La vie européenne s'implante dans la vie locale et concourt à l'avènement d'un épanouissement. Le Café parisien, le Night club et le Cinéma de Paris[18] longent le fameux *Park Lane* (rue de Nanjing aujourd'hui) qui symbolise à lui seul l'effervescence des

17 Chinois ou Français, au-delà des points de vue irréconciliables les opposant devant les déboires qu'ont subis les Qing, tous désignent cette période en termes de « semi-colonisation ». Voir par exemple Yvan Daniel (297).

18 Après l'intronisation des Communistes, l'établissement prend le nom de Cinéma Da Guangming (Grande clartée).

commerces étrangers et en son sein une vie française florissante. Ces commerces européens côtoient paisiblement des maisons de thé, des ateliers de gâteaux de riz et des boutiques de soie, bref l'âme chinoise.

Un tel métissage trouve aussi écho dans la mentalité locale. Inéluctablement, à Shanghai, Fujian et Tianjin – phare des ambitions coloniales françaises – érigées sous la signature des traités, c'est dans ces cités que se forgent des mentalités européanisées :

> Hong Kong, Shanghai, Tien-Tsin [...] les populations de ces grands centres, où nous avons introduit la fièvre des affaires, ont subi à notre contact une sorte de métissage moral, qui a détruit en grande partie leur caractère originel. (Nesles 291)

À l'origine un port de pêcheurs au pays du Levant, Shanghai se mue en cité occidentale où l'afflux des Européens altère et imprègne les mentalités locales qui, à leur tour, le mélangent en un « cocktail » culturel. Au tournant des années 1890, la montée de cette ville au bord du fleuve Huangpu dépasse haut la main la prospérité de bien des villes de la métropole :

> [...] dans ce carrefour cosmopolite où les capitaux affluaient de tous les coins du monde, faisant du Changhaï des années [18]90 une ville bigarrée, trépidante, où l'argent était gagné et dépensé dans une atmosphère d'euphorie. (Gadoffre 72)

Depuis la signature des traités jusqu'avant la prise de pouvoir des Communistes, Shanghai est, en somme, une ville métissée qui ne laisse pas appréhender de prime abord un lieu asiatique. Ville côtière, sa façade – l'œuvre des Européens – est érigée avec les édifices au style de la Renaissance, gothique ou victorien qui longent le fleuve Huangpu. Cette « Promenade des Anglais » est baptisée fièrement *The Bund*[19]. Avant d'accoster à Shanghai, le premier symbole qui frappe, c'est l'étendard anglais de la Concession internationale qui flotte aux côtés d'autres drapeaux étrangers sur ces édifices emblématiques qui abritent les institutions européennes : telles banque, poste, douane et hôtel. Appelée *International Settlement*, la Concession internationale placée sous le contrôle du *Shanghai Municipal Council* et de la *Shanghai Municipal Police* est dirigée par les résidents étrangers à la solde du corps consulaire (Shieh 52). Cette concession affiche ostensiblement son

19 Mot d'origine hindi signifie le quai. La promenade est construite sous l'initiative du consul Benoît Édan. Voir à ce sujet (Shieh 51).

allégeance européenne et altère par-là même l'accent de la ville de pêcheurs que fut au départ Shanghai :

> Shanghai est devenue une des plus belles villes de l'Extrême-Orient, une des reines du cosmopolitisme. [...] La concession internationale, qui borde une partie du rivage, possède les grands hôtels, les banques, les maisons de commerce, des magasins de luxe. Elle se prolonge par la concession française, plus modeste, moins animée [...]. (Bellessort 6)

L'implantation de l'Université Aurore

Dans ce contexte de cohabitation culturelle, un fait historique ressort quant à la pénétration de la culture française en Asie : l'implantation par les Jésuites de l'Université Aurore à Xujiahui en 1903. Comme première université française en Extrême-Orient, l'Aurore est le baromètre pour mesurer le degré de francophonie en Asie. L'historiographie française ne pose aucun doute sur cette œuvre qui est de la main des Jésuites. D'ailleurs les chercheurs français sont nombreux à le confirmer (Blanchon 75-88)[20]. Cependant le côté chinois donne un son de cloche différent. Dans un sentiment de dépit vis-à-vis de l'empiétement des Européens qui culmine à la fin des Qing, les Chinois écartent du revers de la main l'initiative des Jésuites. De nombreuses biographies retraçant la vie et l'œuvre de Ma Xiangbo (1840-1939, premier docteur en théologie) dénient à l'unisson le mérite des Jésuites dans la fondation de l'Aurore[21]. L'érection de cette université serait l'œuvre de ce seul homme, francophone converti au christianisme. Quel que soit le juste mérite de part et d'autre dans cette affaire, l'antipode du point de vue n'atténue en rien la nature française de l'établissement, de même que l'ancrage francophone dont il sert. De création catholique française, l'Aurore est non seulement la première, mais sans doute une des seules universités françaises en Asie, et de ce fait, détrône tous les autres établissements du genre, y compris l'École française d'Extrême-Orient implantée en Indochine en 1890.

Dirigée par Ma et ses amis jésuites, l'université, répartie en trois grandes divisions (droit, médecine et sciences), est régie par les lois françaises et

20 Voir par exemple l'étude d'Alain Roux, « Notables chinois et autorités françaises dans la Concession française de Shanghai », Flora Blanchon (éd.).

21 Voir à ce sujet, Zhang Ruogu, *Ma Xiangbo xian sheng nian pu*, Changsha, Shang wu yin shu guan, 1939 ; Ma Liang, Fang Hao, *Ma Xiangbo xian sheng wen ji*, Beiping, Shang zhi bian yi guan chu ban, 1947 ; Zong Youheng, Xia Lingen, *Ma Xiangbo yu Fu dan da xue*, Taiyuan, Shanxi jiao yu chu ban she, 1996.

non chinoises (1988 Zhou 104), accentuant encore le caractère francophone de l'établissement. Couronnant ses premiers diplômés en 1912, l'Aurore impose des cours de littératures chinoise et française obligatoires pour tous (1988 Zhou 85), et ce, tout au long des études qui durent sept ou huit ans. Les candidats au doctorat suivent, quant à eux, leurs cours à Shanghai et parachèvent leur thèse dans des universités françaises qui les accueillent à bras ouverts[22]. Les nombreux cours répertoriés dans le *Bulletin de l'Université Aurore* attestent un cursus aussi riche qu'avancé dispensé par l'établissement. Le renom et le prestige de l'université vont aussi de paire avec ses acquis imposants. La faculté de médecine dispose sous sa juridiction de deux hôpitaux français à Shanghai : l'Hospice Saint-Antoine et l'Hôpital Sainte-Marie (1988 Zhou 93). Comme toute université de renom possède ses propres presses universitaires ; l'Aurore l'est également. La succursale shanghaienne de l'Imprimerie de la Compagnie de Jésus, propriétaire des Presses de Ziccawei[23], sert de Presses universitaires de l'Aurore. Cette maison assure de nombreuses publications dont des thèses de doctorat et des revues, tel le *Bulletin de l'Université Aurore*, disponible dans plusieurs institutions européennes et nord-américaines[24].

La montée soutenue de l'Université Aurore un demi-siècle durant, permet de mesurer l'importance que prend l'envergure de la francophonie à Shanghai à une époque où une partie significative de la population locale reste illettrée. Ayant formé entre 1903-1952[25], des centaines de milliers de Francophones à travers la Chine, voire dans toute l'Asie, l'Aurore exprime par sa seule présence l'existence et la manifestation francophones à Shanghai, voire un épanouissement hors d'Indochine. Un tel succès est sans doute dû aux multiples collèges, séminaires, écoles françaises ou sino-françaises à Shanghai et ailleurs, qui fournissent des effectifs pour non seulement démarrer mais surtout propulser la première université française en Asie :

> [...] la concession abrite six écoles municipales, qui scolarisent plus de trois mille élèves. [...] La présence culturelle de la France s'affirme encore

22 Voir la publication systématique de leur thèse par des maisons françaises au chapitre III.

23 Cette presse porte aussi le nom de l'Imprimerie de l'Orphelinat de T'ou-Sè-Wè.

24 Une dizaine d'universités américaines en possèdent un exemplaire ; citons entre autres : Cornell University, State University of New York Binghamton, University of Hawaii at Monoa, Northwestern University, University of Notre Dame, Harvard University, Ohio State University, University of Washington.

25 Lors de ses premières rafles anti-impérialistes entreprises par le Parti communiste entre 1949-1953, l'Aurore passe sous la gouvernance de l'État. Les Communistes y font irruption le 7 octobre 1949.

> avec l'Alliance française, une station de radio et une bibliothèque riche de 25 000 volumes. L'Institut Pasteur est également présent à Shanghai. (Brizay 353)

Un tel succès sous-entend encore l'engagement des autorités françaises dont font foi les efforts faits auprès des lycées français qui servent d'instance d'acculturation au sein de la population indigène. La lettre de Claudel adressée à Léon Bourgeois (1851-1925), Ministre de l'Instruction publique, au sujet des volumes français distribués comme satisfecit aux élèves les plus méritants de l'École Municipale française de Shanghai, est un exemple probant (2005 Claudel 75). On y apprend non seulement la mixité d'origines des élèves dans ces lycées français, mais surtout la voie de dissémination au service de laquelle sont ces élèves qui deviennent une instance de promotion de la langue et de la culture françaises.

L'apport des élites laïques

Étant l'œuvre avant tout des Jésuites et des Chinois convertis, l'Aurore et son succès indéniable mettent aussi en relief l'implication de plusieurs élites issues de la société laïque dans une telle entreprise. Leur intervention contribue aux conditions d'acclimatation de la culture française. Certains chercheurs évoquent en premier lieu l'apport de Liang Qichao (Liang Qizhao, 1873-1929) figure de proue, instigateur du mouvement Wu-Xi (Réforme des Cent jours 11 juin-21 septembre 1898), et réformateur principal du bouleversement social conduisant à la chute des Qing :

> Liang Qizhao avec Yan Fu [Yen Fu] et Sheng Xuanhuai, Ma Liang (Ma Xiangbo) jouent un rôle décisif entre 1903 et 1905 pour fonder l'Université Aurore qu'il dirige en y confiant l'essentiel de l'enseignement à ses amis Jésuites français. (Blanchon 79)

À en croire Alain Roux, Liang fait partie des fondateurs de l'Aurore. Bien que nous ne soyons pas en mesure à ce stade de le confirmer, sa relation avec Ma Xiangbo est un fait indéniable (Zong ; Xia, 321 ; 323)[26]. De ses journaux fondés au Japon tels *Xin min cong bao* (*Journal des nouveaux citoyens*, 1902)

26 La collaboration des deux hommes a lieu à maintes reprises tout au long de la carrière de Ma, tel son discours au Japon en 1907 est sténographié par Liang. Voir à ce sujet, les annexes qui se trouvent à la fin de l'ouvrage de Zong (Zong ; Xia) notamment « Les annales de Ma Xiangbo 1840-1939 ».

et *Xing xiao shuo* (*Nouveau roman*, 1903), à ses essais et discours prononcés, Liang préconise l'ouverture à l'Occident et prêche pour le transfert en Chine des cultures occidentales. Même si sa participation à la montée de l'Aurore ne paraît pas tangible dans ces sources premières, un fait retient notre attention. Ses traductions d'œuvres françaises à partir de leur version japonaise suggèrent pour leur part que, différemment de Yen Fu, Liang fut un francophile (1916 Liang)[27]. Par ailleurs dans ce que nous avons pu dépouiller, rien ne peut démontrer un lien étroit entre Liang et les autorités françaises. Le seul écho fait à ce sujet provient d'Anthony Zhou qui allègue que Liang aurait demandé à Mgr Garnier d'autoriser Ma Xiangbo à prendre les rênes d'un collège à Pékin, mais Zhou n'appuie son dire sur aucune source (1988 Zhou 10). Même si nous avons buté contre le manque de sources tangibles susceptibles de démontrer l'apport des élites (comme Liang) dans l'avènement de l'Aurore, une évidence s'impose : l'Aurore ne saurait atteindre un tel succès sans leur soutien.

Quelle que soit la réelle implication de Liang et des laïques dans le succès de l'Aurore, une telle effervescence de la vie culturelle française dans et hors de la Concession conduit à se poser la question suivante. Fut-il un temps où le français était considéré comme une des langues officielles à Shanghai (Blanchon 94)[28], alors que *International Settlement* avait adopté volontiers l'anglais comme langue des affaires de la ville ? De toutes les conjectures avancées sur l'échec du statut officiel du français, un fait semble ressortir : le manque d'identité coloniale officielle se serait rabattu tant bien que mal sur d'autres manifestations linguistiques. Pensons au nom des rues, aux enseignes ou pancartes publicitaires en français parsemés au milieu de ceux en chinois ou en anglais (Blanchon 94-95). De fait, dès le démarrage de la Concession, avec le daotai[29] Lin Gui, le Consul Montigny donne à certaines avenues les noms de Lafayette ou Cardinal. Il convient de constater que de telles dénominations sont bien timides à côté de la propulsion de la langue anglaise dans la ville.

27 On y trouve la traduction de *Madame Roland*, sans connaître si l'œuvre aurait été traduite à partir du français ou du japonais ; voir également l'ouvrage intitulé *Shi wu xiao hao jie* [*Les voyages extraordinaires de Jules Verne, 18 chapitres dont les neuf premiers traduits à partir du japonais par Liang Qichao*], Shanghai, Shi jie shu ju, 1930.

28 Cette question effleure certainement l'esprit de plusieurs chercheurs. Voir à ce sujet, Muriel Détrie, « La Concession française de Shanghai à travers la littérature », Flora Blanchon (éd.).

29 Un daotai est un haut fonctionnaire à qui incombe la gérance administrative d'une ou plusieurs préfectures.

Shanghai : une ville des Blancs

Un autre élément qui aurait contribué à donner à Shanghai sa réputation de « Paris de l'Orient » est son rôle de berceau d'accueil et d'envoi des premiers intellectuels chinois en France. Né de l'ouverture des ports, le mouvement fait de Shanghai la plus française des métropoles asiatiques. La ville fournit les plus gros contingents d'expatriés et accueille tout autant à leur retour de l'étranger (Brossollet 69). Car c'est à Shanghai où démarrent des paquebots partant pour la France ; c'est là où se réunissent les candidats du Sud dans l'attente de leur embarquement sur ces paquebots. Le portrait que trace Marc Chadourne de ceux rentrés de France ou d'Amérique vers les années vingt est fréquemment cité par des chercheurs :

> L'étudiant retour d'Amérique est, de tous, le plus fortement marqué par la rééducation. Fort accent yankee, lunettes d'écaille, dents d'or, chewing-gum, « time is money », ce qui est très anti-Vieille Chine[30]. (Brossollet 69)

Les années trente marquent l'apogée des concessions étrangères et enregistrent aussi les derniers soubresauts d'effervescence européenne. Ce temps fort de la doxologie coloniale française côtoie l'enchantement européaniste shanghaien. Les intérêts étrangers atteignent alors leur ultime épanouissement avant que les Communistes n'expulsent et ne nettoient le tout dès 1949 :

> En 1927 Shanghai est une métropole internationale en Asie. Certains de ses quartiers sont directement placés sous l'administration des concessions étrangères [...] où les autorités chinoises n'ont aucune souveraineté. (2004 Liao 149)

Shanghai endosse si bien son habit de « Paris de l'Orient » au point où en plein Paris le traducteur de *Madame Chrysanthème* distingue mal Paris de Shanghai : « Nous marchons dans la rue et, mises à part les voitures qui sont rouges, les publicités aux murs sont multicolores, les enseignes sont en français [...] tout le reste vous fait croire que vous êtes à Shanghai » (1931 Xu 43-44 notre traduction). Ce constat sur l'acculturation française à Shanghai trahit l'identité altérée de la métropole chinoise.

30 Cité par Guy Brossollet.

D'autres données vont irréfutablement dans le même sens. La montée en flèche de la démographie à la Concession entre 1910-1949 (Blanchon 64)[31] est révélatrice de cette « République française » greffée depuis 1862 sur le flanc de la dynastie Qing : « En 1934, la Concession compte plus d'habitants que la ville de Lyon » (Brossollet 23), la deuxième grande ville française. Cette comparaison édifiante en dit long sur la position de force que représente la culture française à Shanghai, elle qui aspire à devenir la culture dominante. Et la disproportion entre la population locale et les Blancs cohabitant au sein de la Concession n'éclipse en rien la réputation de Shanghai d'être une « ville blanche, fondée par des Blancs, administrée par des Blancs. Les 100,000 Jaunes [de la concession] étaient tolérés et gouvernés[32] » (Gadoffre 72). L'influence et le prestige dont jouit la cité chinoise à titre de « Paris de l'Orient » dans le dessein colonial français attirent la convoitise pour le poste de Consul à Shanghai dont l'affectation est très courtisée. Officieusement, le Consul fait figure de gouverneur de la colonie et a l'autorité de passer outre la police française et la justice (Gadoffre 94) dans et hors de la Concession. Le pouvoir et l'autorité du poste incarnent à eux seuls la souveraineté française au sein de la souveraineté chinoise.

Que dégager d'un siècle de concession française à Shanghai ? En tout premier lieu, ceci : que cette présence de la France dans cette ville chinoise fait partie intégrale de la francophonie en Orient. Il serait même juste de constater que les implantations de diverses concessions dans l'ensemble des régions de l'Asie, et plus particulièrement en Chine, joueront un rôle non négligeable dans l'émergence du phénomène francophone tout au long du vingtième siècle en Asie. Enfin, ce temps fort de l'épanouissement européen à Shanghai éclipse le rôle économique ou politique que joueront les membres de la future Union indochinoise. Pour toutes ces raisons, la France en Asie ne peut omettre la France à Shanghai.

2 Guangzhouwan : la colonie des colonies

Si le vestige de la vie française à Shanghai se voit historiquement exclu du phénomène francophone, le mutisme sur le régime français à Guangzhouwan est un comble. Ce port côtier du Sud de la Chine, limitrophe de l'Indochine

31 Voir à ce sujet, « Document démographique de la vieille Shanghai », cité par Christine Cornet, Flora Blanchon (éd.).

32 E. Hauser, *Blancs et Jaunes à Changhaï*, Paris, 1945, 65, cité par Gilbert Gadoffre.

dont il est membre depuis 1900, a été cédé à la France pendant 43 ans. Pourtant le rôle de ce port-pivot dans la stabilité régionale indochinoise et l'histoire de son adhésion à l'Union indochinoise demeurent obscurs. Ces faits historiques n'ont jusqu'à présent pas été traités dans la perspective de la francophonie orientale[33]. Comment interpréter ce désert d'attention des chercheurs sur cette région qui fut pour un temps un échantillon de colonie française en Asie ? Inutile d'affirmer que la cessation de Guangzhouwan à la France demeure un événement historique important en regard de la consolidation indochinoise. Mais combien son annexion dans le giron de cette dernière favoriserait-elle la dissémination de la francophonie dans la région, voire en Chine ? Surtout si l'on le compare au cas shanghaien. Par ailleurs, quel serait le juste bilan du régime français sur le territoire malgré les perspectives diamétralement opposées écartant le côté chinois du côté français ? Au-delà de la divergence des convictions, une chose est indéniable, c'est que de sa découverte à sa cessation, plusieurs étapes ont été franchies ancrant Guangzhouwan dans le dynamisme de l'Empire oriental français. En dépit des aléas que subit la destinée de Guangzhouwan au cours de l'histoire, et malgré son exclusion des entités francophones classiques, la question du vestige français sur le territoire mérite d'être abordée.

La découverte du lieu

Depuis Hong Kong ou Macao en suivant la côte Sud-Ouest s'ouvre le fleuve Zhan. Dans l'ancien temps, les Chinois désignent les îles Tonghai, Xuenzhou et Nansan : Guangzhouwan[34]. Sur le plan géographique, ce territoire est situé « dans l'angle Nord-Est que forme la presqu'île Leichow avec la province de Kouang-Tung » (Hoffet 4). Donnant sur la mer et attaché au continent, Guangzhouwan fait figure de poste avancé pour les préfectures d'alentour et de « ceinture de sécurité » pour la porte d'entrée du sud-ouest chinois. Au fil des siècles, le lieu et ses environs prennent de l'ampleur ; à partir du dix-neuvième siècle les habitants désignent également les îles enveloppant les environs du fleuve Zhan du nom de Guangzhouwan. Cette dénomination sera préservée par les Français qui annexent, en plus, les ports situés entre les districts de Wouchuan et de Zhuxi. Cette région est appelée à partir de 1898 « la grande Guangzhouwan ».

33 La très belle thèse d'Antoine Vannière offre une connaissance approfondie de l'histoire de Guangzhouwan sans néanmoins aborder le phénomène francophone dans cette région.

34 « wan » ou « ouan », l'un est le ping-ying chinois qui signifie l'estuaire, l'autre est orthographié en français.

Sa découverte par les Français relève d'un incident fortuit daté pour certains de 1701 (2000 Lei 186)[35], de 1661 pour d'autres (*Zhong gong zai Guangzhouwan huo dong shi liao* 1). Tout commence en effet lorsque le voilier *L'Amphitrite* de la Compagnie des Indes s'échoue sur un des rivages de l'estuaire, emporté par la tempête, et est contraint d'y passer plusieurs mois. Ébloui par les microclimats péninsulaires, la profondeur de l'eau et l'étroitesse du chenal, l'équipage se permet de sonder les environs, de dresser des cartes maritimes pour les apporter en France (2000 Lei 186). De sorte qu'aujourd'hui, les anciennes cartes de l'estuaire conservées par les Chinois, datées des dix-huitième et dix-neuvième siècles, sont en langue française[36]. Situé à quelque 160 kilomètres au sud-ouest de Hong Kong, le territoire de Guangzhouwan a une superficie d'environ 85.000 hectares, doté d'une population de 186.000 habitants au début du régime français dont 185.000 Chinois (Alfonsi 120). La disparité entre la population locale et la population blanche donne un air de déjà vu, si l'on se réfère à la Concession française de la métropole shanghaienne, à quelques différences près. Si Shanghai acquiert comme allant de soi la réputation de « Paris de l'Orient » suite à son ouverture, c'est qu'elle se situe au carrefour Nord-Sud de la Chine et qu'antérieurement le port a cultivé dès le XVIe siècle des liens de commerce avec l'Europe. Or, Guangzhouwan ne dispose ni de l'une ni de l'autre de ces conditions en soi. L'isolement du lieu dans lequel se voient confinés les habitants, s'ajoutant à son accès difficile, n'aident pas à son développement. De sorte que la population indigène locale, si dense qu'elle soit, s'adonne principalement à la pêche, peu au commerce ou à la navigation.

Comment un tel bled, écarté des grands centres et sans ressources en soi, aurait-il pu intéresser la France ? Il faudrait remonter au contexte des années 1890 pour y voir clair. La fin du dix-neuvième siècle voit s'amorcer une surenchère de courses aux territoires à bail qui dépècent la Chine impériale. C'est dans ce climat conjoncturel qu'a lieu la demande spécifique de la France[37]. Ainsi en 1893 les Russes réclament Port Arthur ; en mars

35 Du côté français, Antoine Vannière (53) tout comme Alfred Bonningue (9) confirment aussi 1701 comme la première apparition des Français à Guangzhouwan.

36 Voir la reproduction de ces cartes aux premières pages de *Zhong gong zai Guangzhouwan huo dong shi liao 1926-1949*, et de *Guang-Zhou-wan. Série des archives de la colonie française*, Zhan Jiang Shi, Wen shi zi liao yen jiu, 1990.

37 Les documents de cessation de Guangzhouwan entre le Tsong-li-Yamen et le Ministre de France à Pékin sont reproduits du côté français comme du côté chinois avec quelque différence. Voir à ce sujet, l'« Annexe à la dépêche du Ministre de France à Pékin en date du 4 juin 1898 », Ministère des affaires étrangères, *Documents diplomatiques Chine 1898-1899*, Paris, Imprimerie

1898 les Allemands demandent à leur tour le territoire de Jiaozhou. Puis la France fait de même à la suite de sa stabilisation dans le Sud-Est de l'Asie. Car son implantation en Indochine fait ressortir l'importance des régions limitrophes, c'est à la France d'en demander de nouvelles :

> Lorsqu'il apparut que notre dignité nous obligeait à réclamer la concession d'un port, ce fut la baie de Kouang-tchéou-ouan, voisine du Tonkin, qui fut choisie. [...] un poste de grand'garde en avant du Tonkin ; [...] En plantant son drapeau sur cette position, la France [...] a voulu surtout marquer, comme par un jalon, que tout le pourtour du golfe du Tonkin rentre dans sa « sphère d'activité » [...]. (1900 Pinon 160-161)

Signes avant-coureurs précédant cette demande officielle, le 13 mars 1898, la France exige que les trois provinces du sud-est chinois Yunnan, Guangxi, Guangtong ne puissent être concédées à aucune autre puissance et que le Chef de la Poste chinoise soit un Français (2000 Lei 202)[38]. Ces demandes sont recueillies partiellement par les Qing qui promettent la non-aliénation de ces provinces et le droit de regard de la France sur la Poste chinoise. Il serait naïf de croire que cela suffirait à l'appétit de la France.

La cessation de Guangzhouwan

L'étape suivante est la prise officielle du territoire ainsi décrite par le Contre-Amiral Gigault De la Bédollière :

> [...] aujourd'hui le 22 avril, le Contre-Amiral Gigault De la Bédollière à bord du *Jean-Bart* pénètre au sud-est de Guangzhouwan sur un ancien fort abandonné a hissé le drapeau français. Nos flottes s'alignent près du fort et tirent 21 coups de canon en guise de la prise de Guangzhouwan[39].

nationale, 1900, 2-4, et l'« Annexe à la dépêche du Ministère de la République à Pékin, en date du 18 mars 1897 » (1991 Claudel 322), ainsi que l'annexe n° II : « Convention franco-chinois du 16 novembre 1898, relative à la Concession du territoire de Kouang-Tchéou-Wan », (Bonningue 61-64).

38 Cette exigence sur la Poste chinoise n'a pas été confirmée par d'autres chercheurs.

39 Document diplomatique français traduit par l'Académie de l'histoire de la Chine à Guangzhou, cité dans *Guangdong li shi zi liao* [*Archives de l'histoire de Guangtong*], Guangzhou, Guangdong ren min chu ban she, 1959 vol. 1. Le même document est reproduit partiellement dans *Guang-Zhou wan Série des archives de la colonie française*, 267. L'original de ce document reproduit dans Ministère des affaires étrangères, *Documents diplomatiques, Chine, 1894-1898* (Paris, Imprimerie nationale, 52) diffère peu ou prou de la version traduite par l'autorité chinoise.

À l'automne suivant, le 16 novembre 1899, est signé le « Traité de cessation de Guangzhouwan » qui comporte sept articles entérinant un bail de cessation dudit territoire pendant 99 ans à la France[40]. Il va sans dire que les historiens chinois se rangent au camp opposé de leurs homologues français sur la perspective du régime français du lieu. Sous les termes de massacre, de pillage et d'extermination perpétrés par les Français (2000 Lei 206)[41], les Chinois relatent cette page de l'histoire, tandis que l'historiographie française ne note que des bienfaits prodigués par la France à cette région.

Sans vouloir nous focaliser sur la polarisation des positions, ce qui importe, c'est l'action sur le terrain où la France promulgue ses lois, instaure ses taxes et contrôle sa douane :

> La France pouvait élever des fortifications et entretenir des troupes : Souverain et maître des lieux, la France pouvait promulguer tout règlement et percevoir toute taxe et impôt qui lui paraîtraient nécessaires [...]. (Caillard 117)

À ce stade, la passation de pouvoir reste classique comme pour tout lieu annexé par le colonialisme. La souveraineté chinoise une fois entamée, contraire à ce qui est stipulé initialement dans le traité, contraint tout bateau chinois à verser des taxes à l'entrée du port[42]. Si l'annexion de Guangzhouwan s'avère classique, sa gestion ne l'est pas. De par sa géographie limitrophe de l'Indochine, l'estuaire, au lieu de constituer une entité coloniale autonome, est intégré dans la famille indochinoise par le décret du 7 janvier 1900 (Alfonsi 118). Cet attachement à la « vraie colonie » assujettit une fois de plus le territoire chinois. Découvert par hasard et choisi par son emplacement vis-à-vis de l'Indochine, Guangzhouwan reste un produit colonial hybride, greffé sur une entité coloniale classique. Il ne peut être classé dans aucune catégorie établie.

Dans l'histoire du système colonial français, Guangzhouwan illustre l'infortune des infortunés comme un morceau sacrifié au bien-être de

40 *Annales diplomatiques des Qing*, vol. 142, 4-6, reproduit dans *Guang-Zhou-wan. Série des archives de la colonie française*, 33-35. Le document de la rétrocession se trouve dans les archives des Nations Unies, vol. 14, II : 101, 479-481, cité intégralement dans *Id.*, 36-38. L'original de ce traité remis au Tsong-Li-Yamen le 27 mai 1898 est reproduit dans Ministère des affaires étrangères, 2, 3, et 4.

41 Sous l'expression : « le cruel règne colonial que perpètre la France », les Français sont dénommés systématiquement « Faguo qiang dao » (bandit/rapace/pègre de France).

42 Voir à ce sujet, l'article 5 dans l'« Annexe à la dépêche du Ministre de France à Pékin en date du 4 juin 1898 » (*Documents diplomatiques, Chine, 1894-1898*).

l'Indochine, elle-même sacrifiée au bien-être de la France. Son choix même atteste sans équivoque les méandres des liens unissant le Sud de la Chine à l'Indochine sur lesquels compte cette dernière :

> [...] le développement et la sécurité du Tonkin et même de l'Indochine exigeaient que nous évitions des voisinages compromettants et dangereux [...]. C'est la raison pour laquelle, au lieu de porter nos vues vers le nord de la Chine [...] il nous a paru préférable de nous installer dans le sud, à proximité de nos établissements indochinois. (Caillard 116)

Et la lettre de Dubail au Tsong-Li-Yamen va dans le même sens (1991 Claudel 322-323)[43]. Servant d'avant-port et de « vache à lait » à l'Indochine, choisi comme colonie par défaut, Guangzhouwan offre un autre avantage à la France : celui d'être un test de « laboratoire colonial » (Vannière 116)[44], pouvant vérifier l'efficacité de l'administration française sur les Chinois. Ce peaufinage administratif se traduit par un défilé constant de va-et-vient des Consuls-généraux pendant quelque 43 ans. En effet, tout commence avec Fort Duguay Trouin intronisé en 1898 et se termine avec Domec, son 56e homologue qui ferme la marche en 1942 (1942 Wei 73-74)[45]. À en croire les changements de Consul parfois deux, voire trois fois par année, l'administration des Chinois n'est pas de tout repos pour la France. L'autorité ultime de Guangzhouwan revient sans contredit au Consul-général chez qui se concentre la responsabilité des rouages administratifs, telles la perception des impôts, la gestion des finances, l'organisation de la police. Comme entité coloniale hybride et décatégorisée, Guangzhouwan n'a jamais reçu de gouvernance appropriée, ce qui lui vaut une gestion de piètre qualité. Entre colonie et concession, ce territoire à bail est dissemblable de tous les précédents qu'avait créés la France en Chine :

> Notre position est, en somme, assez imprécise. Nous voulons occuper le pays sans l'administrer. Le règlement de toutes les affaires courantes continue à dépendre des autorités chinoises, qui demeurent les intermédiaires obligés entre notre autorité et la population. (Bonningue 12)

43 Voir la reproduction de la lettre de Dubail (chargé d'affaires de la République française à Pékin) au Tsong-Li-Yamen, Pékin, le 4 avril 1898.

44 L'expression appartient à Antoine Vannière.

45 Voir la liste des noms et la durée des mandats de tous les Consuls français à Guangzhouwan.

La gestion du lieu et les conditions de la francophonie

La nonchalance de la France aura non seulement des répercutions sur l'émergence du milieu francophone local, mais surtout elle traduit des malaises profonds. Vue de métropole, la vertu de Guangzhouwan est de sécuriser la porte de l'Indochine tout en contribuant à la rigueur à son financement. L'estuaire revêt peu d'intérêt en soi. Une telle disposition de la France entraînera-t-elle des conditions favorables à l'acculturation française ? La question est donc posée. Néanmoins, le climat social à Guangzhouwan en regard de la francophonie aurait besoin d'autres indices, tels le système d'éducation, celui de la santé ou de la justice pour sonder le degré ou l'envergure d'acculturation du lieu. Ce qui ressort de la stratégie administrative amorphe, c'est la fracture entre la population locale d'un côté et le pouvoir colonial de l'autre. Entre colonie classique et concession coloniale (telle Shanghai), l'administration de l'estuaire, aussi ambiguë qu'aléatoire, n'est pas non plus un calque du protectorat annamite ou tonkinois : « C'est sous le signe de la formule coloniale la plus libérale, que le France a doté Kouang-Tchéou-Wan de l'organisation la mieux appropriée », écrit Alfred Bonningue (Bonningue 24). Sans gisements précieux, ne pouvant constituer un marché capable d'écouler les surplus de produits fabriqués en France, Guangzhouwan n'inspire à celle-ci qu'une seule chose : être un tremplin pour mieux pénétrer dans l'Empire du Milieu. Du même coup, l'estuaire sert de base arrière, de hangar en cas de retrait d'Indochine.

Un tel échafaudage colonial affecte tous les niveaux de gestion qui affectera, à son tour, le phénomène francophone du lieu. D'abord la justice, élastique et tendancieuse, se penche vers le plus fort. Comprenant un Tribunal de premier degré, un Tribunal mixte, une Commission de conciliation et une Commission de révision, Guangzhouwan tient un double régime judiciaire avec deux poids, deux mesures. Dépendant du justiciable (Français/Chinois), le verdict se base sur un double appui. De sorte que les problèmes ne manquent pas pour le pays législateur (la France) qui a loisir de recourir aux lois françaises ou chinoises quand bon lui semble. Quant aux tribunaux de diverses instances, ils condamnent, dans tous les cas de figure, le sujet chinois dans un éventuel conflit avec un européen (Vannière 255). Parallèlement à une telle justice partisane, il se trouve une administration qui ne lésine pas à promulguer les règlements pour réprimander les contrevenants jusqu'au menu détail quotidien. Il est par exemple interdit de laisser les porcs se promener dans la rue, de se chicaner entre voisins, d'accumuler des immondices devant chez soi (1942 Wei 12)[46].

46 Quiu Binquan, « Panorama de la colonie française Guang-Zhou-wan » dans Jian Wei (éd.).

Un tel préjudice causé par l'application de la loi, conjugué, de surcroît, aux règlements implacables, ne saurait créer les conditions propices à une acculturation au profit de la culture française au sein de la population. Et l'effet de rupture, au contraire, arrive à son comble dans la stratégie qui fait de la fiscalité rien d'autre qu'une litanie de taxes : taxe de licence d'établissement, taxe du marché, taxe foncière, taxe du terrain labouré, taxe du terrain salé (2000 Lei 206) etc. Pour augmenter les recettes de l'État français, les moyens ne manquent pas. Ainsi tout homme chinois entre 16-40 ans est tenu responsable pour des travaux publics quatre jours par mois ; faute de quoi il lui faut acquitter 0.4 piastre envers l'État français. Il va sans dire que cette surenchère de règlements administratifs et de taxations qui pèsent sur la population entretient un climat d'hostilité quant à la dissémination du phénomène français sur place. D'un côté l'incurie dont fait preuve l'administration depuis la métropole, de l'autre une gestion avide de prélever des taxes de tout genre ; ceci dessine le triste sort réservé aux possessions françaises outre-mer. Et la vie francophone en subit le contrecoup. De la défaite de la Nouvelle-France au Canada, aux mésaventures en Inde, en passant par l'échec à Guangzhouwan, l'histoire ne lésinera pas à témoigner de la témérité dont fait preuve la France impériale envers ses colonies, et par conséquent, le genre de francophonie potentielle à Guangzhouwan.

À cette politique amorphe correspond un piètre développement de l'estuaire, et ce, malgré son « ascension », celle d'un petit bled perdu issu au rang de colonie. Niché sur une presqu'île, Guangzhouwan parvient tant bien que mal à se transformer en port franc durant le régime français avec quelques infrastructures et de rares échanges commerciaux principalement avec la France, l'Indochine, Hong Kong et Macao[47]. Loin derrière Shanghai et d'autres ports ouverts, Guangzhouwan peine pour devenir un territoire économique viable. Une usine d'ampoules et d'électricité, un port baptisé Fort Bayard, une succursale de la Banque de l'Indochine, une compagnie civile d'aviation devenue la première ligne internationale au Sud de la Chine sont parmi les réalisations des 43 ans de régime. La francisation du lieu s'effectue d'abord au niveau administratif avec les quinze Préfets français et les forces de l'ordre composées de régiments « Ruban Rouge » (l'armée française), « Ruban Bleu » (la garde nationale française) et l'armée vert (la police locale)[48]. Sous cet angle, Guangzhouwan n'est plus chinois dans

47 Wu-juin, « Les transports et circulations à Guangzhouwan '», *Guang-Zhou wan. Série des archives de la colonie française* (189).

48 Cai-Jingguan, « Les principales organisations françaises à la colonie Guangzhouwan », *Guang-Zhou wan. Série des archives de la colonie française* (42-43).

ses composantes administrative, législative ou juridique. Comment cette structure sociale francisée se portera-t-elle garante de la vie francophone sur le terrain, au sein de la population locale ?

Pour y répondre, abordons le cas du système de santé. Si la médecine douce résume en soi l'âme de la culture chinoise, la pratique de la médecine occidentale à Guangzhouwan est réservée à ceux diplômés en France. L'annonce en français en toutes lettres et en caractères chinois minuscules du docteur Tchen Chuan-Zhang (diplômé à Paris, l'ancien médecin assistant des Hôpitaux de Paris) (1942 Wei 60) pour son cabinet de consultation donne un exemple probant de cohabitation culturelle dans ce lieu qui exige le bilinguisme. Il en va de même pour les publicités parues dans les journaux locaux qui sont en français d'abord et en chinois dans leur version écourtée. Ceci témoigne de l'empreinte que porte Guangzhouwan en tant que territoire annexé à la colonie (1942 Wei 89)[49]. Le fait que tout commerce d'importance soit affiché en deux langues marque le paysage culturel local où le français acquiert par défaut le statut d'une des langues officielles. Et le transfert de la culture des occupants à la culture indigène s'effectue à plusieurs niveaux. Ainsi, le 14 juillet qui devient par la force des choses un jour férié est un exemple fort de francisation qui modifie le rituel local. À cette occasion les habitants sont sommés de hisser le drapeau tricolore et de s'activer pour participer aux décorations de la festivité. Les préfectures organisent des jeux de compétition, tels que grimper sur une perche glissante, sauter pieds et poings liés dans un sac en lin, ou encore attraper des pièces d'argent avec la bouche dans un vase émaillé[50].

Parmi les instances de promotion de la culture française, citons d'abord le Cinéma de Paris – seule salle de cinéma à Guangzhouwan – où sont joués en majorité des films français muets[51]. D'autres aspects sont aussi porteurs du changement de régime dont les plus emblématiques sont la monnaie officielle ainsi que les timbres en provenance de la Poste indochinoise sur lesquels est apposé le seau de Kouang Tcheou Wan[52]. Aussi la circulation de monnaies multiples est-elle le signe d'un régime en chaos, par exemple, la monnaie chinoise (da-ying, hao-ying et guo-bi dont la circulation fait preuve de marchés parallèles), la devise hongkongnaise et la monnaie indochinoise

49 Voir l'annexe de Hong Sang Hang et celui de Kouang-Hang-Thai à la page 58.

50 Un siècle plus tard, l'historiographie chinoise qualifie ces jeux d'humiliant. Voir à ce sujet, Cai-ting-chen, « Le profil de la colonie française à Guangzhouwan », *Guang-Zhou wan Série des archives de la colonie française* (70).

51 Wu-Lemai, « Aperçu de la cinématographie à Guangzhouwan », *Id.* (178).

52 Chao-Hanshen, « La Poste à Guangzhouwan », *Id.* (199).

(la piastre). Au titre de monnaie officielle, la piastre circule à côté du taël[53] qui est l'argent officieux. Autrement dit, la piastre permet de s'acquitter de tout dû envers l'autorité française, tandis que le taël règle le quotidien. Tout paiement (transaction ou taxe) relevant de l'administration française (timbres, transports, frais gouvernementaux) est réglé en piastres, de même que tout salaire de fonctionnaire/ouvrier ou contravention.

Quoique sans heurt apparent, la cohabitation des monnaies multiples traduit une société chinoise administrée à la française. Cette gestion déconnectée de la population et hybride dans sa forme, crée des brèches laissant exploser les anciens fléaux du lieu. Ainsi maison de tabacs, maison close, maison de jeux côtoient le fléau traditionnel de Guangzhouwan : la contrebande de l'opium. Historiquement, de par son site géographique éloigné de la Cour de Pékin, s'ajoutant de surcroît la difficulté d'accès au littoral, Guangzhouwan devient une zone qui échappe au contrôle impérial et une brèche permettant les trafics de tout genre dont le plus virulent est l'opium. Devenu port franc depuis sa cessation, l'estuaire fait figure de plaque tournante du trafic de l'opium en Asie du Sud-Est depuis Macao et Hong Kong. Avec 592 dan[54] d'opium entrés en Chine profonde en 1900 et presque le double (974 dan) un an plus tard en 1901[55], l'opium joue ainsi un rôle moteur dans l'économie clandestine.

Le français comme langue officielle

Parmi toutes les transformations qu'a subies Guangzhouwan comme entité coloniale et les conséquences qui en découlent, le système d'éducation naguère unitaire fait aussi figure de baromètre pour évaluer les faits français du lieu. En 1898, la colonie ne compte qu'une école française nommée « L'École française », devenue « L'École sino-française » l'année suivante. C'est une école monolingue dont la mission première est de former des interprètes et des fonctionnaires chinois au service du Consulat français. Entre 1899 et 1905, des classes d'apprentissage du français sont organisées dans le but de hisser ce dernier au titre de langue officielle. Les années 1905-1910 voient se créer à Fort-Bayard la première école primaire appelée le Collège Albert-Sarraut, du nom de son fondateur, qui dispense un certificat

53 Avant 1936 chaque piastre équivalait à 2.6 l'argent chinois.

54 Un dan équivaut à 50 kilogrammes.

55 Tan Qihao, « Relevé historique de la contrebande à Guangzhouwan », *Guang-Zhou wan Série des archives de la colonie française* (96).

d'études primaires[56]. Entre 1915 et 1920, une école sino-française est fondée dans le but de promouvoir un enseignement public mixte (français/chinois) au sein de la population[57]. Et le développement des écoles atteint son point culminant dans les années 1930 où l'on recense sept écoles françaises mixtes (Bonningue 35).

Les trois décennies (1898-1930) de développement en matière d'éducation laissent croire que Guangzhouwan s'organise tant bien que mal en matière d'enseignement du français comme langue officielle. Comme c'est le cas dans les autres territoires annexés, notamment au Tonkin au Cambodge et au Laos où l'apprentissage du français date respectivement de 1904, 1905 et 1906, Guangzhouwan crée en 1905 l'école française :

> Si le service de l'instruction publique fut organisé en Cochinchine en novembre 1877, il fallut attendre 1904 pour que l'enseignement franco-indigène soit officiellement créé au Tonkin, 1905 au Cambodge, et 1906 au Laos et en Annam. (Vannière 299)

Certes, il revient à l'École Albert-Sarraut le mérite d'avoir formé les premiers Francophones de la colonie française officielle en Chine. Non seulement elle est fréquentée par des enfants français et vietnamiens mais aussi par ceux des Chinois. D'une centaine d'élèves à son début, l'école en compte près de 900 en 1930[58]. L'apprentissage du français dont la durée varie entre quatre ou cinq ans est contrôlé par un examen final (écrit et oral) à la fin de chaque semestre. Quant aux manuels de français adoptés, ils sont rédigés à Paris et imprimés en Indochine[59]. Soulignons que ce progrès dans l'enseignement du français est dû largement à l'idée de l'éducation mixte qui favorise l'implantation des classes de chinois dans toutes les écoles du lieu afin d'attirer des enfants chinois. Dans ces tentatives de promotion du français, le fait que tout recteur d'école soit Français et que leur adjoint soit Vietnamien contribue à la propagation du français sur le terrain. Outre ces écoles officielles, il y a deux orphelinats – œuvres de la charité chrétienne – l'un fondé en 1935, l'autre en 1945, servant aussi de véhicule à la cause du français. Le rôle de francisation que jouent ces écoles françaises installées

56 *Rapport sur la situation administrative, économique et financière du territoire de Kouang-Tchéou-Wan durant la période de 1935-1936*, Hanoi, 40. Ce rapport donne aussi une liste des principales écoles du territoire.

57 Chen Yonnien, « Panorama de l'éducation à Guangzhouwan », *Guang-Zhou wan Série des archives de la colonie française* (159-160).

58 Chen Yonnien (164).

59 Chen Yonnien (163).

dans ces régions officiellement non-francophones s'avère primordial. Ces écoles sont un haut lieu du transfert sur le terrain de la francophonie asiatique que le présent ouvrage essaie de dégager. Il va sans dire que des études de fond sur les processus de francisation au sein de la population locale sont très souhaitables.

Au demeurant, en ce qui concerne la situation à Guangzhouwan, malgré les initiatives entreprises par l'État, *l'acculturation française* ne semble pas chose faite. Ce constat est d'autant plus significatif que l'on se réfère au cas shanghaien. Si les étudiants de l'Aurore poursuivent systématiquement leurs études en France, peu d'élèves natifs de Guangzhouwan leur emboîtent le pas. Et les 43 ans de régime français n'enregistrent que deux demandes de naturalisation (Vannière 561). Dans l'hypothèse que les jeunes écoliers deviendraient systématiquement francophones, la vie française à Guangzhouwan ne pèse aucun poids face à la présence française dans la métropole shanghaienne. À cause de son isolement et de son historique de port effacé, même à titre de colonie officielle, Guangzhouwan n'a pas pu s'imposer comme joyau francophone en Chine pour scintiller aux côtés de Shanghai qui accueille un demi-siècle plus tôt des milliers d'Occidentaux. Avec les investissements européens, les universités française et anglaise et plusieurs lignes maritimes directes reliant la France et l'Angleterre, Shanghai jouit de l'envergure d'une grande cité européenne pendant presqu'un siècle 1840-1940. Cette suprématie se maintient même durant les deux Grandes Guerres et la guerre sino-japonaise au cours desquelles la colonie accuse une croissance démographique notable grâce au protectorat offert par le régime français sur le territoire. Vient finalement le traité de Chongqing, le 18 août 1945, qui met fin à cet épisode de territoire à bail. Sous le nom de Zhan Jiang Shi, l'estuaire retourne sous l'autorité chinoise.

Dans l'histoire contemporaine chinoise et plus particulièrement depuis l'intronisation du communisme sous le régime maoïste, le vestige français et la manifestation des faits francophones en ces lieux sont ignorés, et ce, pour des raisons idéologiques. L'occupation française a été occultée omise des sujets d'études des chercheurs chinois, sinon pour dresser un réquisitoire contre la France. Du côté français, les études s'en tiennent aux aspects géo-historiques de Guangzhouwan. Écarté du monde francophone classique, submergé dans l'Union indochinoise et exclu du champ d'études francophones, le régime français à Guangzhouwan se noie dans l'histoire coloniale française. Guangzhouwan n'a jusqu'ici eu aucun droit de cité en tant qu'entité à part entière dans l'histoire de la francophonie asiatique. Et pourtant, l'estuaire témoigne à sa manière d'une page vivante de l'Empire oriental français en constituant une preuve irréfutable de l'existence d'une francophonie orientale hors des frontières indochinoises. Rien ne saurait effacer le fait que cette colonie française hybride ait bel et bien existé pendant 43 ans.

3 Les modes de colonisation en Asie

L'ampleur du phénomène francophone dans diverses régions d'Asie, notamment avec la concession française de Shanghai comme cas d'étude, atteste sans l'ombre d'un doute, l'existence d'une francophonie orientale hors d'Indochine. Exclues de la sphère francophone classique, ces régions dont le rôle dans l'expansion française n'a pas été traité sous l'angle de la francophonie méritent notre attention. Devant la mouvance du monde francophone, la déconstruction de la trilogie et l'avènement du transculturel, le besoin de réexaminer l'histoire française en Asie s'impose. Ce qui ressort au terme des analyses du présent chapitre, c'est que d'une part, pour ces régions, les frontières avec la colonie classique sont floues tant au mode d'implantation que pour l'administration, et que, d'autre part, *l'acculturation française* s'y opère par le biais de la cohabitation culturelle. Jusqu'à présent, les études francophones renvoient toujours aux anciens protectorats ou colonies avérés et il n'existe pas de débats sur l'existence d'une francophonie dans ces régions (non-francophones), encore moins sur la reconnaissance d'une telle francophonie dans un dynamisme de cultures en cohabitation. Notre conviction est que circonscrire la francophonie en Orient à la seule entité indochinoise, c'est gommer les vestiges français dans d'autres métropoles asiatiques, et de ce fait, tronquer ou se méprendre sur la vie francophone en Asie. Du même coup, cela dénie tout autre mode d'expansionnisme qui a historiquement existé en Asie. Après tout entre concession et colonie, la ligne de démarcation reste ténue ; et l'exemple de Shanghai réunit en lui seul l'ambivalence des modes de colonisation sur le terrain.

La concession, un modèle colonial délesté

En théorie la colonie renvoie au pays conquis qui se mue en pays francophone et la concession, à l'espace concédé dans le giron d'un pays souverain qui restera non-francophone. Or, tout n'est pas si tranché sur le terrain. Si le fossé fondamental qui écarte la colonie de la concession est la perte de souveraineté du pays conquis, le glissement se fait officieusement sur le terrain. Écoutons Antoine Vannière : « la concession internationale était l'expression la plus achevée de l'usurpation d'une partie de la souveraineté chinoise par les Puissances étrangères » (Vannière 253). À la différence de la colonie où la perte de souveraineté demeure l'ultime marqueur, à Shanghai c'est la cohabitation qui prime avec la culture française qui tente de s'épanouir au sein de la société locale non-francophone. Ce qui en ressort, c'est l'absence d'officialisation de la langue française, même si celle-ci est exprimée sur le terrain de l'Université l'Aurore et qu'elle est présente dans une dizaine de lysées francophones. Greffée sur un espace culturel considéré indubitablement comme chinois et exclu donc des lieux francophones, la concession française de Shanghai n'a pas manqué de jouer pleinement son rôle de colonisation : celui d'affirmer la culture française aux dépends d'autres cultures, comme c'est le cas pour tout lieu colonisé.

Il convient de constater que dans la pratique, la concession se mue en version délestée de la colonie. Ainsi colonie et concession demeurent interchangeables quant au mode de fonctionnement. Autrement dit, la souveraineté française (au sein de la concession) est synonyme de « souveraineté tout court ». Mais la Chine n'a pas subi que des concessions : on lui a arraché aussi des territoires à bail. Guangzhouwan en est un autre exemple flagrant. À l'instar de Shanghai, sa cessation à la France soulève une grande ambiguïté :

> La cession à bail est un des expédients modernes des plus habiles acquisitions de territoires par voie détournée. Bien que se présentant sous la forme d'une simple cession d'administration à temps limité, elle aboutit, en réalité à un transfert de souveraineté. (Alfonsi vii)

Ce qui entre en jeu c'est l'évolution du statut qui commence à titre de concession ou de cession à bail et qui finit par être une colonie délestée. Le traité de Guangzhouwan offre un cas flagrant d'ambiguïté et de contradiction quant à la volatilité de la nature du territoire concédé. Quoique stipulée au départ, la souveraineté du pays hôte (la Chine) sur le territoire cédé est aussitôt abrogée : « afin d'éviter tout froissement possible entre les deux pays, le territoire cédé serait gouverné et administré par la France seule pendant 99 ans de bail » (Alfonsi 117). Au final, pendant 43 années de régime français sur le territoire, la Chine n'a pas eu le droit de s'immiscer dans la destinée de Guangzhouwan.

La perte de souveraineté comme marqueur

Quelles que soient les diverses dénominations avec lesquelles on coiffe le territoire conquis (colonie, concession, territoire à bail ou encore comptoir), toutes conduisent au même sort : la perte de souveraineté du pays indigène sur son territoire. Sur ce, le traité de cessation de Guangzhouwan offre une fois de plus un exemple fort de cas emblématique d'une évolution et du transfert de souveraineté au bout desquels l'autorité française supplante l'autorité chinoise, comme le dit si bien Marc Alfonsi :

> [...] l'occupant qui est, en fait du consentement de l'État occupé, le véritable souverain, ne dispose pas seulement d'un droit de garnison, il exerce effectivement toutes les prérogatives de la souveraineté. (Alfonsi 129)

Non seulement le statut de colonie, de concession ou de territoire à bail se mue dans le temps, mais aussi la différence est ténue dans la gestion de ces entités sur le terrain. Conquise par la guerre ou subjuguée par la voie diplomatique, la colonie comme la concession subissent un changement de régime et de Maître. La différence majeure entre elles est que le français a toute chance de devenir la langue officielle dans le cas de la colonie, affichant donc une francophonie tangible et reconnue, alors qu'il reste une langue de culture dans le cas de la concession, avec donc une francophonie de cohabitation.

Une autre différence est clairement située au niveau de la taille entre colonie et concession et non pas dans la nature de la possession. Car dans les deux cas, le nouveau Maître dispose d'une souveraineté intégrale vis-à-vis du territoire ou du pays annexé. Par ailleurs, l'histoire ne tarit pas de témoignage sur le fait que la guerre comme la diplomatie sont utilisées côte à côte et que l'une ne va pas sans l'autre dans l'impérialisme colonial européen. Dans le cas de la Chine, l'Occident use d'abord de la diplomatie dont l'issue négative sert de subterfuge pour recourir à la force. Au final, le vaincu est contraint à revenir à la table de négociation pour subir les traités de guerre. Ainsi la diplomatie se conjugue avec la guerre pour l'avènement d'une concession qui finit par se muer en colonie dans sa gestion.

Macao : du comptoir à la colonie classique

Tel est encore le cas de Macao dont l'évolution du statut offre un autre exemple probant de la progression du comptoir vers la concession, pour arriver à la colonie, dès lors que le territoire fait l'objet de cessation. Cent ans auront été suffisants pour que Macao passe du poste de commerce à la colonie intégrale. Ainsi dans les années 1515 et 1535 s'amorcent les premières phases de la négociation entre les Ming et le Portugal pour l'accotement de ce dernier à Macao en vue de dresser un comptoir. Vingt ans plus tard, d'autres comptoirs sont implantés, qui prennent de l'ampleur, donnant ainsi l'allure de concession. Jusqu'alors le Portugal paie une somme de 500 taëls par an pour ses gains commerciaux dans l'ensemble de ses implantations. Évidemment, les choses n'en restent pas là. Maints conflits, disputes et frictions s'ensuivent qui amènent Lisbonne à nommer par la force, un Gouverneur à Macao, en 1628. De Ming au Qing, deux siècles se sont ainsi écoulés, et tant que le Portugal ne dispose pas de souveraineté, la tension continue de monter jusqu'à contraindre les Qing à reconnaître par le traité de 1887, la souveraineté du Portugal à Macao (Alfonsi xx). De simple poste de commerce où le Portugal est sommé de payer pour y commercer, Macao se mue au cours de l'histoire, en colonie intégrale.

Il en est de même pour les territoires chinois dont dispose la France. Parmi les cinq ports concédés (Fujian, Shanghai, Ning-po, Amoy et Tianjin) qui connaissent chacun leurs avatars propres, Fujian et Shanghai accèdent aux concessions coloniales alors que les trois autres restent des comptoirs. Cela n'affecte en rien la France qui y voit ses possessions comme des colonies dans lesquelles elle nie toute souveraineté chinoise. Dans l'histoire contemporaine de la Chine, l'effet de colonisation que subit la dynastie Qing est communément admis. Paul Claudel n'a-t-il pas parlé de « semi-colonisation de la Chine » (Daniel 297)[60] pour qualifier l'autonomie et la souveraineté dont jouissait la France ? Pour les acteurs de l'Empire oriental français, plusieurs ports et cités font figure de « colonie européenne » (Gravière 785-830). Ce qu'il faut retenir ici, c'est la perte sur le terrain, de la souveraineté chinoise en ces lieux considérés comme non-francophones. Quant à la panoplie d'entités renvoyant au poste, comptoir, concession, territoire à bail et colonie, ces entités générées au cours des expéditions depuis le seizième siècle n'ont pas toujours su maintenir leur dénomination initiale et leur dénotation change dans le temps. À l'époque de la Compagnie des Indes Orientales, un comptoir est « un ensemble de logements et de magasins établis sur un terrain dont la Compagnie était propriétaire, avec la possibilité d'abriter les cargaisons, en attendant l'arrivée des vaisseaux » (Vincent 42). Par la suite, à chacun de choisir la dénomination qui convient au territoire annexé et à en fait usage dans la pratique, notamment pour le comptoir et le port qui sont appelés « colonie » par les acteurs eux-mêmes.

L'Asie, une francophonie de cohabitation

Il faut admettre que notre conviction sur la nécessité d'un réexamen de la francophonie asiatique sonne d'un son discordant à côté de la position que tiennent les études francophones. Dans l'état actuel, l'idée d'intégrer la

60 Cité par Yvan Daniel.

Chine, l'Inde, le Japon, la Corée et d'autres civilisations dans la francophonie orientale suscite d'emblée des suspicions, car d'une part, ces pays/sphères ne relèvent pas d'anciennes colonies, et de l'autre, l'Indochine est ancrée dans les mentalités, à tort ou à raison, comme la seule aire francophone asiatique, ayant de ce fait, éclipsé pendant plus d'un siècle tout autre présence française en Asie. Tant et aussi longtemps que la colonisation sera considérée comme la condition d'accès à la francophonie, l'Indochine monopolisera la version de la France en Asie. S'il advenait que la colonisation ne soit plus l'unique critère pour mesurer une présence francophone, quelle serait alors la méthodologie d'approche pour identifier des faits francophones dans ces régions d'Asie ? Cette question de fond conduit nos réflexions vers le croisement des cultures dans un dynamisme de cohabitation. Dans tous les cas de figure, la juste reconnaissance de l'Asie comme aire francophone dépend d'un examen global de l'ensemble des pays non-francophones ayant rencontré la culture française.

Au point où on en est, la disposition communément adoptée au sein des études francophones est l'exclusion pure et simple de la sphère francophone de tout lieu qui n'a pas été une colonie classique. Sous cet angle, la France à Shanghai en est jusqu'à présent exclue. Jamais le « Paris de l'Orient » n'a eu droit de cité dans le monde francophone, malgré l'empreinte ostentatoire de la culture française dans la métropole chinoise. Mais il y a pire. Le mutisme transcendantal qui entoure le cas de Guangzhouwan en est le comble. Jamais cette colonie des colonies n'a droit de mention dans le giron de la francophonie indochinoise. Et pourtant Macao, Canton, Pondichéry, Shanghai, tout comme Guangzhouwan attestent avec leur histoire de cohabitation une page vivante de la vie française orientale hors d'Indochine. C'est dire combien le Viêtnam, le Cambodge ou le Laos, ainsi que leur renvoi géographique comme métonymie de la francophonie en Orient tombent dans la désuétude. S'il est avéré que la colonie indochinoise joue le rôle de second violon dans l'Empire français en Asie, s'inclinant devant Shanghai qui n'est qu'une concession, il sera juste de dire que cette idée reçue qui voue la colonisation à la francophonie s'écroule.

En un mot, pour déterminer qui aurait incarné l'Empire oriental français, toutes ces cultures qui avaient embrassé la civilisation française ne peuvent être omises. Quel que soit le verdict sur la reconnaissance de l'Asie comme aire francophone, un constat s'impose : la synonymie entre l'Indochine et la francophonie orientale se voit dépassée. Ni le Tonkin, ni l'Annam, ni la Cochinchine n'ont pu, au cours de leur histoire coloniale, frôler de près l'envergure française à Shanghai, même si le français n'y a pas accédé à la langue officielle. De la même force, rappelons encore que rien n'est immuable dans ces espaces assujettis à la France et tout pourrait changer quant au mode d'administration sur le terrain. À preuve, coiffée de plusieurs chapeaux, Shanghai est appelée par plusieurs chercheurs « possession coloniale » (Blanchon 75) pour renvoyer à sa nature de colonie :

> C'est pourquoi il sera convenu de parler de semi-colonie chinoise mise sous tutelle de l'Occident. Mais dans le cas français de Shanghai, la Concession assimilée à une municipalité autonome semble avoir été confondue voir[e] intégrée à l'espace colonial de la République française. (Blanchon 57)

Dans de tel cas, il serait impertinent d'exclure la concession (et d'autres variantes) comme voie d'accès à la francophonie. Après tout, l'autorité française exerce sa souveraineté au sein du territoire circonscrit, indépendant de la souveraineté chinoise, et les deux cultures y coexistent. Calquées tant bien que mal sur le modèle colonial au niveau structural, les concessions françaises en Chine et ailleurs en Asie fonctionnent dans un contexte de cohabitation culturelle en jouissant de leur propre gouvernement, de leur loi et d'autres leviers sociaux nécessaires au sein d'un pays souverain.

III L'essaimage français : le cas de la Chine

1 Genèse des premiers Francophones en Asie

Rendu à ce stade-ci de notre étude et compte tenu des éléments examinés, nous estimons que l'existence tout comme la manifestation d'une francophonie propre à l'Asie est un fait historique incontestable. Si la colonisation a été une prémisse de la francophonie pour le monde francophone traditionnel, quelles seraient les conditions de gestation d'une francophonie dans un pays n'ayant pas connu de phase officielle de la colonisation ? Poser un juste constat sur les faits culturels français en Asie dans les pays et territoires exclus de la zone francophone exigerait que l'on étudie au cas par cas la manifestation francophone dans l'ensemble de ces cultures. Bien que ces pays aient échappé à la colonisation classique, ils ont été l'hôte de la culture française à un moment déterminé de leur histoire, ce qui explique les caractéristiques propres de leur héritage francophone. Les conditions dans lesquelles ces cultures entrent en contact avec la culture française, les voies par lesquelles celle-ci cohabite avec la culture locale et enfin les processus de transfert du produit culturel français, tous ces aspects charpenteront les axes de recherche du présent chapitre. Devant l'immensité mais aussi le caractère délicat du sujet, il serait judicieux de circonscrire notre objet d'étude à un cas précis comme point de départ. Dans cette perspective, nous nous pencherons sur le cas chinois qui sera traité ici avec valeur d'échantillon. Les éléments concourant à la francophonie chinoise analysés dans ce chapitre auront pour but de démontrer à quelles conditions un pays considéré comme non-francophone peut recevoir un héritage français, et sous quelles formes cette expression francophone peut survivre. Tout l'enjeu de notre démarche est d'illustrer qu'il y a une francophonie reposant sur un processus de transfert et de cohabitation culturels dans les pays asiatiques non-francophones. De là il sera envisageable d'étendre le cas chinois aux autres pays asiatiques qui ont connu un avènement d'acculturation similaire dû au contact avec la culture française, de la même nature.

Les premières pénétrations de la culture française

Aussi insolite que cela puisse paraître, l'aspiration accélérée à bénéficier du progrès de l'Occident a lieu en Chine sous les canons occidentaux à partir des guerres de l'opium. Cependant l'origine des écrits sur cette pénétration remonte bien antérieurement comme le note *Poxieji* (Moureau 441) qui consigne le début de la cohabitation avec l'Étranger. Dès le seizième siècle, les premières influences européennes se font sentir avec l'arrivée des missionnaires. Les apostolats jésuites suivis de ceux des Lazaristes modifient dès lors le paysage local homogène et fermé à tout extérieur, avec l'installation de leurs différents fiefs à travers la Chine dont Ziccawei à Changhaï demeure emblématique. Les dix-septième et dix-huitième siècles voient la présence des Occidentaux s'intensifier en corrélation avec la progression des voyages maritimes vers l'Asie. Il va sans dire que cette présence s'accroît de plus belle au cours du dix-neuvième siècle suite à l'ouverture forcée des ports. Ainsi, l'*Anthologie mensuelle de l'Occident* fut un des premiers journaux français et également un des plus anciens fondés par les ecclésiastiques à Guangzhou, et ce, depuis 1833 (1982 Wang 153)[1]. Sa circulation permet de croire à une présence tangible du lectorat français/francophone dans cette ville. Dans cette foulée, le paysage culturel local de plusieurs ports connaîtra un bouleversement qui aboutit à la perte d'homogénéité culturelle au cours de la seconde moitié du dix-neuvième siècle, sous le coup des multiples traités conclus en faveur des pays européens. Et l'implantation des concessions et des territoires à bail ne vient que consolider cette présence européenne. Bref, la prolifération des Occidentaux et de leurs cultures, rendue possible par l'ouverture forcée, signifie que le dépècement de l'Empire des Qing par les nations « civilisées », conséquence des défaites subies, modifie inéluctablement le paysage socio-culturel local, et ce, dans une ampleur jamais vue.

D'ores et déjà, la cohabitation avec les Européens – nouveaux Maîtres des lieux – est signe d'un temps marqué par la vogue des départs systématiques et soutenus des jeunes intellectuels emballés à l'idée de s'instruire en Occident. Perçu comme dépositaire du progrès, l'Occident représente le seul salut pouvant sauver la patrie piétinée. Et la conjoncture est favorable au changement. Les défaites cuisantes des Qing redonnent les cartes au sein de la Cour impériale quant à l'avenir de la dynastie Mandchoue. La cohabitation imminente avec l'Occident donne naissance en 1861 au Secrétariat impérial des Affaires des pays (Tsong-li-ya-men), traitant exclusivement le phénomène européen. Le Secrétariat crée en 1862 sa filiale Tong Wenguan (Séminaire des langues) dont le but est de former des officiers ainsi que des assistants francophones/anglophones. L'émergence de ces premiers organismes de transfert entre la France et l'Asie ouvre la voie à l'implantation et à la propagation des cultures/langues européennes à travers les

1 Voir l'annexe de Tong Er, « Tableau de la chronologie de vie, œuvres et annales de Yen Fu » (1982 Wang).

ports et concessions en Chine. De cette conjoncture naissent les premiers Francophones formés au sein des projets de coopération sino-française. Ces projets deviennent un haut lieu de rencontre avec la culture française et servent de moteur de propagation de la civilisation française.

Les conditions d'émergence du milieu francophone

Parmi les premières coopérations, la création en 1866 d'un arsenal dans le bourg Mawei de la province de Fujian, ayant Prosper Giquel et Paul d'Aiguebelle comme intendants, fut un des fiefs français majeurs. Disposant de deux écoles dont une anglophone et l'autre francophone pour fins d'enseignement de la technologie maritime occidentale, l'arsenal envoie le personnel en formation aux États-Unis à partir de 1872 et en Europe à partir de 1875 (2008 Han 150). Il va sans dire que cette effervescence de coopération pour des fins de transfert du savoir-faire des pays vainqueurs, atteint aussi Shanghai où est fondée la première manufacture maritime : la célèbre Jiangnan manufacture de bateau (1865)[2] dont Tianjin manufacture (1867) est une copie conforme. Dans cette foulée, Jiangnan fonde en 1867 un Cabinet de traduction. Issus du Secrétariat impérial, ces multiples séminaires et cabinets, d'où sortent les premiers Francophones, font figure de haut lieu du transfert en Chine des langues européennes. Creuset et fief francophones, l'École maritime de Fuzhou[3] tient lieu de berceau des Francophones et de grands noms, tels Yen Fu, Wang Shouchang (1865-1926, interprète et collaborateur de la *Dame aux camélias*) en sont diplômés (2004 Li 13)[4].

Dans cette première phase d'émancipation du milieu francophone, les voies d'accès qu'empruntent ces Chinois pour s'intégrer à la sphère francophone semblent identiques. D'abord ce sont les études en France, comme pour Wang Shouchang qui y effectue un séjour de six ans (2008 Han 151). Puis, les études au Séminaire Tongwen où par exemple, le traducteur Wu Zongliang entre en 1876 (2008 Han 132), après avoir fréquenté l'École maritime de Fuzhou. Remarquons aussi que ce berceau des premiers Francophones éclot dans un milieu particulier : celui du journalisme. Francophone et fondateur du mouvement Travail-Études, Li Shizeng (1881-1973) est envoyé en France par les Qing en 1903 comme attaché à la Mission

2 Le père de l'auteur y a consacré toute sa carrière et l'usine rend l'âme au début des années 1990 au cours desquelles la Chine entame sa deuxième ouverture vers l'Occident.

3 Son nom complet est : l'École française des constructions navales de Fuzhou.

4 La liste des 21 Chinois de la première promotion de cette école se trouve dans les *Archives de la marine de fin des Qing*, citée par Li. Wang appartient à la troisième promotion (2008 Han 149).

chinoise. Il fonde à Paris le journal chinois *La Nouvelle ère* (1907-1910) (2008 Han 58). Traducteur et pasticheur de *Madame Bovary*, Li Jieren (1891-1962) est reporter de *La Chine* ; Dai Wangshu[5] (1905-1950), poète et fondateur des *Contemporains*, est quant à lui, collaborateur du *Temps moderne*. Il en va de même pour d'autres qui sont moins connus, tel Li Liewen qui collabore au *Shanghai* (2005 Cheng 41)[6]. Dans la même foulée, Xu Xiacun, retenu pour la postérité pour l'introduction et la traduction de *Madame Chrysanthème*, est envoyé spécial de la *Revue mensuelle du roman* en France dont l'objectif est de « mettre sur pied une nouvelle rubrique intitulée Reportage du milieu littéraire chinois » (2005 Cheng 41).

Encouragée par la Cour même, l'émergence du milieu francophone crée une atmosphère d'engouement pour l'étranger. De là apparaît un déferlement de départs pour l'Occident au sein desquels se trouvent des figures clé qui, au retour de l'étranger, renverseront les Qing. Ainsi le penseur et novateur Ronro débarque en Amérique dès 1847. Il réussit ses études à l'Université de Yale et devient le premier Chinois diplômé d'outre-mer (2003 Huang 27). C'est sous ses exhortations et recommandations d'ouverture et de réforme qu'en 1872 l'Empereur Tongzi envoie 120 enfants aux États-Unis avec l'espoir de les occidentaliser au plus tôt dans leur vie. La postérité saura gré à ces grands réformateurs qui ont su sortir le pays du joug impérial archaïque pour le conduire à l'ère contemporaine. Pensons à Yen Fu et à ses pairs dont les écrits et traductions, exposant l'avancement des sociétés occidentales dotées du système démocratique, ouvrent l'horizon à leurs contemporains (2003 Huang 28)[7]. Il convient de préciser qu'avant l'installation de la Légation de Chine en France, suite à la Convention de Tche-fou en 1876, peu de Chinois avaient mis le pied en France.

Le mouvement Travail-Études

L'année 1909 connaît un bond en avant dans cette effervescence pour l'Occident, suite à la suppression par les États-Unis de l'indemnité de guerre que doivent verser les Qing. Cette somme est aussitôt récupérée par l'Université Qinghua pour l'envoi de 180 étudiants en Amérique. La décennie suivante voit le phénomène de départs s'amplifier avec la traversée de la Mer de Chine

5 Arrivé en France en 1932, il est étudiant à l'Aurore et pensionnaire n° 345 de L'Institut franco-chinois de Lyon entre 1933-1934.

6 Qian Linsen, « Entre accueil et refus : l'aventure séculaire de la littérature française en Chine », Cheng Pei (éd.).

7 Entre 1877-1886, on compte environ 78 étudiants chinois envoyés en France et en Angleterre par la Cour de Pékin.

par des jeunes, pour la plupart des descendants de familles aisées, dont les plus célèbres restent Zhou Enlai et Deng Xiaoping. La France est alors perçue comme porteuse de Lumière pour éclairer la mutation socio-politique en cours au pays natal. Et cette période clé qui avait semé l'esprit d'ouverture et de démocratie, suscite l'intérêt des chercheurs d'aujourd'hui. Les études récentes parues systématiquement en Chine post-maoïste s'évertuent à établir un lien entre le jeune Mao et la France. Elles se targuent d'avoir failli compter, parmi ces premiers expatriés, le plus éminent des leadeurs contemporains. Ainsi une nuit d'août 1918 viennent se faire héberger dans une auberge au Nord, une vingtaine de jeunes dont Mao, en route vers Pékin en vue de leur départ pour la France (Li ; Shi 1-3)[8]. Dans le modeste logis du futur beau-père de sa deuxième épouse (martyrisée par le Parti National) où sont descendus Mao et ses compagnons, il aurait rédigé le *Plan des étudiants apprentis pour la France de Hunan* (Li ; Shi 49). À l'unisson, les chercheurs chinois allèguent que Mao, qui aurait cédé sa place à un compatriote la veille du départ, fut un des leaders du mouvement pour la France (Li ; Shi 1-3 et 55)[9]. Évidemment, nous ne saurions prendre au sérieux ce genre d'allégation. Pour une raison évidente, l'enjeu d'un intérêt croissant de la Chine « capitaliste » d'aujourd'hui pour ce mouvement qui avait propulsé son histoire contemporaine, est de faire la propagande de l'héritage maoïste[10].

Si l'historiographie chinoise circonscrit la Chine contemporaine qui débute avec les guerres d'opium (1842) et qui s'achève avec le mouvement du 4 Mai (1919), cette délimitation repose grandement sur la primauté que prend le chinois langue moderne sur l'ancien chinois. Une des raisons majeures du déclin de celui-ci est l'arrivée et la traduction des langues européennes, notamment l'anglais et le français. Dans ce premier temps d'initiation au français, plusieurs instances servent d'intermédiaire dont l'Institut franco-chinois de Lyon, avec une longévité et un succès soutenu, joue le rôle de Maître d'œuvre :

8 C'est à Pékin où se tiennent les préparatifs des candidats du Nord pour la France.

9 À l'occasion du 90e anniversaire du Parti Communiste chinois (1921-2011) dans le film *Grande œuvre de la création du Parti* (réalisateur Han Shanping), le rôle de leadeur, ainsi que le départ avorté à la dernière minute de Mao pour la France, ont été confirmés.

10 On aura remarqué une montée d'intérêt récemment en Chine sur la relation entre le jeune Mao et la France. Ainsi certains chercheurs s'évertuent à souligner l'apport de Mao dans ce mouvement. Voir à titre d'exemples, Zhuo Qingjun, « Mao Zedong (1893-1976) », *Perspectives : revue trimestrielle d'éducation comparée*, vol. XXIV, n° 1-2, 1994, 97-110, ainsi que l'édition électronique du *Quotidien du peuple*, le 26 décembre 2001.

> À la chute de la dynastie mandchoue en 1912 [...] une école préparatoire est ouverte à Pékin, où les étudiants, moyennant de faibles frais d'inscription, sont formés en français et en culture générale pendant six mois en vue de poursuivre leurs études en France, où ils sont reçus dans les écoles et les lycées de Montargis, Paris et Fontainebleau. En deux ans, cent quarante Chinois environ se rendent en France. (Boully 19)

Lancé et soutenu financièrement par le philanthrope Li Shizeng, ce mouvement Travail-Études atteint un vaste succès. L'Institut de Lyon avec 473 pensionnaires admis de 1921 à 1947, sert d'entremetteur culturel, faisant figure d'une des ramifications majeures de la francophonie chinoise émergente de l'époque. Écrivains, poètes ou traducteurs de renom sont passés par ce relais culturel et les nombreuses thèses de doctorat réalisées sous sa bannière attestent des vives manifestations francophones chinoises[11].

De ce mouvement, la postérité retient plus particulièrement le nom de Deng Xiaoping qui foule le sol français en 1920, après avoir passé des mois sur un paquebot (Li ; Shi 3). Pareillement, une de ces matinées, Notre-Dame de Paris accueille deux jeunes Chinois dont l'un est Zhou Enlai, l'envoyé spécial du *Journal de bienfaisance* (Yi-shi) de Tianjin (Li ; Shi Keji 4) en Europe. À cette époque, les boulevards parisiens ne sont pas étrangers à ces jeunes « péquenauds » médusés, débarqués à Paris et émerveillés ou choqués par ce dépaysement géo-social radical. Avec un siècle de recul, on constate que ce mouvement d'occidentalisation avec l'envoi des milliers d'élites en Occident, dont deux mille en France, aurait modifié sensiblement le cours et la configuration de l'histoire contemporaine de la Chine. Devenus francophones ou francophiles, ces jeunes gens, de retour au pays, deviennent la source de divulgation et de prolifération de la culture française, vecteur de l'émancipation de la francophonie chinoise.

La circulation des livres français en Asie

Dans la foulée de la démonstration des conditions d'émergence d'une francophonie, un des intervenants qui concourent aux conditions potentielles est l'apparition/la circulation des livres d'expression française. Bien que l'implantation des maisons françaises en Asie, leur fonctionnement et leur évolution constituent un sujet d'étude qui dépasse le cadre initial envisagé du présent ouvrage, la circulation des livres français fait preuve d'une vie francophone vivante. Pour ces raisons, des études à venir démontreront

11 Pour les thèses, voir chapitre IV note 92 du présent ouvrage.

comment, à travers leurs crédos de publication, leur mise en vente et la publicité, ces maisons d'édition créent des conditions favorables à l'épanouissement du milieu francophone émergent. Pour le moment, notre hypothèse est que l'historique du monde de l'édition française en Asie fera ressortir les réseaux de livres français, et en son sein, les ramifications francophones incontestables dans les cultures classées non-francophones. Dans cette optique, un survol de l'historique de ces maisons ainsi que de leur lectorat francophone mettra en relief la corrélation entre leur présence et les conditions d'émergence d'une francophonie ; qui plus est, nos recherches liminaires serviront de base à l'étude des réseaux d'édition à venir.

Le monde ecclésiastique : un filon majeur

Il n'est pas étonnant de constater que l'apparition des livres d'expression française en Asie provient des œuvres d'apostolat. En effet, le lien étroit entre les ordres religieux et l'industrie de l'imprimerie est incontestable si l'on se réfère à l'envergure de l'impression et de la diffusion de la correspondance des Jésuites. Historiquement, l'Imprimerie des Jésuites à Paris, autour des années 1625 à l'époque du collège de Clermont, poserait un des premiers jalons des publications sur l'Asie, par le monde ecclésiastique. Aujourd'hui quelques 300 ouvrages sur le Levant publiés entre 1650-1850 et classés dans la banque de données *The World Catalogue* attestent de la richesse du filon jésuite, combien prometteur. La primauté des communautés religieuses dans le monde de l'édition s'avère aussi vraie en Asie. Installés à Ziccawei depuis le dix-septième siècle, les Jésuites parviennent à proliférer et connaissent un temps fort au moment où l'Empereur Qian Long (1711-1799) s'incline devant le christianisme. Au cours du dix-neuvième siècle, ils créent la succursale shanghaienne de l'Imprimerie de la Compagnie de Jésus, propriétaire de l'Imprimerie de l'Orphelinat de T'ou-Sè-Wè. Cette imprimerie sert aussi de Presses universitaires de l'Aurore (1903-1952)[12]. Il est donc pertinent d'étudier à l'avenir, l'influence des Jésuites et les conditions d'émergence francophone. Quant au présent ouvrage, la vertu de l'exemple des Jésuites est que cela démontre que l'historique des éditions françaises en Asie s'écrit avec l'histoire des missions catholiques sur le continent. En ce sens, le motif du prosélytisme chrétien poserait le premier jalon du déplacement de livre français vers l'Asie. De par ses ressources et ses bonnes œuvres sur

12 Crée par des Jésuites à l'aide de Ma, l'Aurore fut la première et une des seules universités françaises en Asie.

le terrain, le monde ecclésiastique joue un rôle de catalyseur dans le début de la diffusion de la civilisation française sur le continent asiatique.

À l'instar des Jésuites, l'Imprimerie de la Société des Missions-Étrangères pose aussi un jalon majeur avec leurs succursales à travers l'Asie, notamment à Pékin, à Shanghai et à Hong Kong[13]. Aussi ses collections thématiques telles « Quelques heures au coin du feu »[14] recueillent-elles des classiques chinois traduits en français. Un élément révélateur de l'implication de ces maisons dans l'émergence du lectorat francophone provient des ouvrages signés sous le nom de baptême des auteurs asiatiques convertis au catholicisme, tels Pierre Hoang ou encore Etienne Zi[15]. Dans la foulée des maisons d'obédience catholique française, signalons également la Société française de librairie et d'édition[16] née à la fin des années 1920 à Tianjin. Leur implication comme acteur du milieu francophone s'accroît au cours de la seconde moitié du dix-neuvième siècle qui voit révolutionner la technique d'imprimerie permettant une plus grande diffusion de la presse écrite. Les maisons françaises en Asie s'émancipent et connaissent aussi un temps fort où naissent plusieurs imprimeries au sein des communautés. En premier lieu, les Lazaristes qui supplantent les Jésuites opèrent à Pékin de 1864 à 1933 avec l'Imprimerie des Lazaristes[17] qui devient l'Imprimerie de l'Université catholique entre 1933-1945[18]. Évangélisant en Asie depuis le dix-septième siècle, la communauté des Lazaristes est aussi dotée d'une maison d'édition appelée la Maison Nazareth (1884-1934) basée à Hong Kong qui opère sous le nom de l'Imprimerie de Nazareth et qui possède un large répertoire des éditions Nazareth. Les liens étroits qui existent entre la

13 À titre d'exemple, voir François Roux, *Carte du Se-tch'ouan occidental levée en 1908-1910*, Chang-Hai, Imprimerie de la Mission catholique, 1915.

14 À titre d'exemple, *Shih Ching, Cheu King... ou, Le livre des vers, un des classiques chinois*, traduit par Hubert Otto, Hong Kong, Imprimerie de la Société des missions-étrangères, 1907.

15 À titre d'exemple, Pierre Hoang, J. Bastard et Jérôme Tobar, *Notions techniques sur la propriété en Chine, avec un choix d'actes et de documents officiels*, Zhanghai [sic], Imprimerie de la Mission catholique, 1897 ; Pierre Hoang, *Le mariage chinois au point de vue légal*, Zhanghai [sic], Imprimerie de la Mission catholique orphelinat de T'ou-Sè-wé, 1898 ; Étienne Zi, Charles Bussy et Henri Havret, *Pratique des examens littéraires en Chine*, Chang-hai, Imprimerie de la Mission catholique, 1894. Cet ouvrage paraît en même année chez E. Guilmoto à Paris.

16 À titre d'exemple, voir François Théry, *Les sociétés de commerce en Chine*, Tientsin, Société française de librairie et d'édition, 1929.

17 À titre d'exemple, voir François Noël, Faguo hua gui=Grammaire française, Pékin, Imprimerie des Lazaristes, 1864.

18 À titre d'exemple, voir A. de Smedt ; Antoine Mostaert, *Le dialecte monguor parlé par les mongols du Kansou occidental, 3. partie : dictionnaire monguor-français*, Pei-ping, l'imprimerie de l'Université catholique, 1933.

prolifération du genre de maisons d'édition et la montée de la francophonie asiatique méritent d'être étudiés dans le futur.

Quelques maisons à Shanghai

En émulation avec la cité millénaire, Shanghai donne aussi pignon sur rue à plusieurs presses françaises. D'abord La Presse Orientale (1898-1940) ne publie qu'en français. Des dizaines d'ouvrages, pour la plupart d'auteurs français, portent sur des récits de voyage, des compléments d'atlas des régions en Chine, sur la traduction des décrets impériaux, de la constitution et des lois chinoises, telle la traduction des écrits de Zhang Zhidong – Jules Ferry chinois – par Jérôme Tobar (*Exhortations à l'étude*)[19]. Mais la première place des presses françaises œuvrant en Asie revient incontestablement à l'Imprimerie de la Compagnie de Jésus dont la succursale à Ziccawei date de 1870. Le rôle prééminent de cette maison dans la diffusion de la culture francophone en Chine/Asie est à la hauteur de ses effectifs de publication. En premier lieu, la parution systématique des thèses de doctorat, puisque la maison sert également de Presses universitaires de l'Aurore. Ces thèses font souvent l'objet d'une double publication, telle celle de Zhu Jiajing mentionnée plus haut ou encore celle de Chang Chêng-ming soutenue à l'université de Paris et parue simultanément à Shanghai (*Le parallélisme dans les vers du Chen King*) et à Paris (*L'écriture chinoise et le geste humain*). La maison publie aussi les atlas de diverses régions chinoises, des monographies sur l'histoire des royaumes chinois et des premières missions en Asie effectuées par les Français. La géographie tient un autre pôle d'intérêt de la maison qui fait paraître la première carte de l'île de Chongming (à l'extérieur de Shanghai), des cartes de préfectures en Chine, voire des études sur la pluie, la température, le typhon. À côté des dictionnaires chinois à l'usage des Français, les ouvrages traitant de la philosophie chinoise et du bouddhisme font aussi partie du répertoire de la maison.

Plusieurs périodiques majeurs à Shanghai sont aussi imprimés par la maison, tels les *Annales de l'Observatoire astronomique de Zô-sè*, *Revue mensuelle* (1900-), l'*Annuaire des missions catholiques de Chine* (1932-1940) et surtout le *Bulletin* (1909-1949) de l'Université Aurore, indexant l'ensemble

19 Quant aux autres titres voir A. Raquez, *Au pays des pagodes, notes de voyage : Hongkong, Macao, Shanghai, Le Houpé, Le Hounan, Le Kouei-Tcheou*, Shanghai, La Presse orientale, 1900 ; [s.n.], *La France au Tche-Kiang par un Français*, Shanghai, Imprimerie de la Presse orientale, 1901 ; Puyi [l'Empereur de Chine, traduit par Fernand Roy], *Siuan-T'ong...Derniers décrets impériaux (1er septembre 1911-12 février 1912)*, Shanghai, Imprimerie de la Presse orientale, 1912.

des cours, programmes et thèses réalisées. Bref, par leur réseau de diffusion, le rôle de pionnier que jouent les Jésuites dans la publication en Chine/Asie des ouvrages d'expression française est incontestable, et à travers cela, dans les conditions d'émergence francophone. Sans doute la liste des maisons provenant des communautés chrétiennes implantées en Asie pourrait s'allonger, les quelques exemples évoqués ici suffisent à démontrer que le monde de l'édition française fait partie intégrale du monde francophone local dans les cultures considérées comme non-francophones.

Les maisons laïques

À côté des imprimeries du monde ecclésiastique, il y a celles du milieu laïc. Les succursales de maisons d'édition française relevant du professionnel du métier éditorial apparaissent en Asie entre 1880-1930, ce qui est dû principalement à l'envolée révolutionnaire que traverse le monde de la diffusion et de l'impression en métropole. Toutefois, les six maisons apparues à Tokyo au cours de cette époque tendent à signifier que le phénomène de maisons françaises s'avérerait moindre au Japon qu'en Chine, tant pour leur longévité que pour leur envergure[20]. Au niveau technique, deux aspects méritent d'être soulignés. D'abord le changement de nom qu'effectuent ces maisons une fois déplacées en Asie, comme par exemple, la Librairie de la Société du Recueil des Lois et des Arrêts qui opère à Tokyo sous le nom de Maruya et Cie (*Code de commerce*). Puis, certaines librairies/éditions parisiennes tiennent un comptoir de vente sur place sans déplacer leur maison-mère en Asie ; ainsi la Librairie Sirey opère à Pékin sous le nom des Éditions Henri Vetch (Escarra), tandis que sa succursale principale s'investit dans la publication des thèses, notamment celles des étudiants de l'Aurore qui choisissent de poursuivre leur doctorat dans une université française (1934 Tchou). Mentionnons que ces thèses paraissent également chez d'autres éditeurs parisiens, tels que Les Presses modernes (Song-Kono-Tchou), la Librairie Jouve & Cie (1920 Kia) ou encore la maison Geuthner (Tchang *Le parallélisme*).

L'implication de ces maisons laïques dans la formation du lectorat francophone peut-être illustrée à travers deux cas : Albert Nachbaur (1879-1933) à Pékin et Georges Bigot (1860-1927) à Tokyo qui font prototypes. Malheureusement, il n'existe aucune étude portant sur ces deux Français

20 Voici le nom de ces maisons avec l'année de leur apparition : Georges Bigot 1886, École spéciale de langue française de Tokyo 1886, Maruya et Cie 1899, Librairie Sansaisha 1899, Bureau central de la Presse catholique 1900 et Maison franco-japonaise 1900.

connus pour leurs œuvres en Asie. Du coup, les questions à leur sujet ne manquent pas. D'emblée, qui sont-ils ? Quel est leur parcours biographique ou professionnel ? Quel est leur entourage à Pékin ou à Tokyo leur servant d'intermédiaire ou de filet social nécessaire au démarrage de leur maison ? Sans doute la dernière question renvoie aux ramifications du milieu francophone de l'époque. À ce stade de nos recherches, nous ne saurons apporter toutes les réponses à ces questions ; avançons quelques pistes. Installée à Pékin en 1917, la maison Nachbaur, appelée aussi Cercle sino-français, œuvre exclusivement en français dans la cité impériale, jusqu'à la mort de son fondateur en 1933. La liste des ouvrages publiés par la maison ne laisse aucun doute sur la teneur des éditions Nachbaur et, par conséquent, son apport dans la francophonie locale. À part la fiction d'inspiration orientale, telle une pièce de théâtre sur des scènes de vie dans une maison de thé (*Chen qi nai nai*)[21], la traduction des poèmes antiques, les almanachs/annales des dynasties, sans oublier les ouvrages sur les rituels et coutumes chinois, montrent une diversité quasi encyclopédique du répertoire de la maison Nachbaur[22]. Il en va de même pour son périodique *La Chine* (1921-). Sous la responsabilité d'un comité de rédaction franco-chinois, ce périodique rivalise avec *L'Écho de Chine* publié à Shanghai par La Presse Orientale.

Il serait opportun de revenir ici au cas de Zhu Jiajing dont la thèse paraît en France, chez Nachbaur, pour signaler un aspect propre aux auteurs francophones asiatiques. Son ouvrage paru à Paris chez Maurice de Brunoff (*Le théâtre chinois*) est une version écourtée de sa thèse réduite en images et annotations. Cinq ans plus tard, cette thèse trouve preneur chez Nachbaur et réapparaît à Pékin en 500 exemplaires[23]. Ce qui semble déroutant ici, c'est le fait que le nom de l'auteur apparaisse sous trois orthographes différentes[24]. Un tel exemple est riche d'enseignements quant au tour que prend ce genre

21 Cela fait penser aussi à la pièce de Léon de Rosny (*Le Couvent du Dragon Vert; comédie japonaise*), adaptée pour le théâtre français, Paris, Maisonneuve et Cie, 1873, 52 pages.

22 À titre d'exemples, *Almanach Na-che-pao : agenda franco-chinois*, Pékin, Albert Nachbaur, 1923-1924 ; Marco Polo, *Le livre de Marco Polo citoyen de Venise…rédigé en français sous la dictée de l'auteur en 1295 par Rusticien* [*Rustico*] *de Pise, revu et corrigé par Marco Polo lui-même en 1307, publié par G. Pauthier en 1867, traduit en français moderne et annoté d'après les sources chinoises par A.J.H. Charignon*, Pékin, Albert Nachbaur, 1924 ; Collectifs, *La cour mixte de la Concession internationale de Shanghai*, Pékin, Albert Nachbaur, 1925; Chu Chia-chien, *Ombres de fleurs : d'après l'anthologie de la poésie chinoise des mêmes auteurs*, Pékin, Albert Nachbaur, 1930; Albert Nachbaur, *Les images populaires chinoises= Mîn, kién, Tché, T'ou, Siang*, Pékin, Albert Nachbaur, 1931.

23 Tchou Kia-Kien, *Le théâtre chinois*, Pékin, Albert Nachbaur, 1927.

24 Telles Zhu Jiajing (en ping-ying), Chu Chia-Chien et Tchou Kia-Kien (suivant la phonétique française).

d'ouvrage. Dans le cas des auteurs chinois, le nom d'un même auteur est épelé aléatoirement tantôt suivant la phonétique française, tantôt selon la diction en mandarin, tantôt encore il est converti en ping-ying. Les diverses orthographes de nom tout comme les différents titres qui coiffent le même ouvrage peuvent échapper à l'œil profane, d'où la rigueur qu'exige une telle remontée aux sources. Malgré les variantes de nom ou de titre, ces aléas ne devraient pas nous faire dévier du bon chemin en nous conduisant aux interprétations erronées des sources. Pour conclure, même s'il y a très peu d'études à ce stade, consacrées à la maison Nachbaur, plus particulièrement à son apport dans l'émancipation du lectorat francophone oriental, celle-ci demeure, croyons-nous, un acteur important dans l'émergence de la francophonie. Ce qui n'est pas le cas pour Bigot. De fait, par rapport à l'envergure de l'impression et de la diffusion de Nachbaur, la maison Bigot s'avère insignifiante. Tout donne à croire qu'elle n'édite que six ouvrages de son fondateur, et ce, d'une existence éphémère. Néanmoins ces ouvrages sont retenus par la postérité comme un des témoignages les plus précieux de l'ère Meiji, fait par un Européen[25].

Les maisons d'édition françaises ne sont certainement pas les seuls intervenants susceptibles d'influer sur les conditions d'émergence de la francophonie orientale. D'autres acteurs sont à ne pas négliger, tels l'Alliance française dont les bibliothèques représentent un filon de propagation française important. Ainsi, le 24 mai 1929, Zeng Pu note dans son journal intime (2001 Shi 7-8)[26] des ouvrages (en français) de Chen Jitong disponibles à la bibliothèque de l'Alliance française à Shanghai. Aussi faudrait-il inclure dans ce réseau d'autres bibliothèques du même genre qui diffusent également des œuvres d'expression française, telles la bibliothèque de Tong Wenguan (Séminaire des langues). Toutefois retracer ces bibliothèques et dépouiller leurs inventaires en vue de leur apport dans la diffusion d'œuvres françaises au sein du milieu francophone en Asie/Chine constituerait un sujet d'étude qui dépasse le cadre initial du présent ouvrage.

Ainsi sont esquissées les conditions d'émergence d'une conjoncture qui fait éclore la francophonie chinoise. En guise de conclusion, nous dirions que le canon occidental aura créé une brèche dans le paysage homogène des

25 Parmi les six ouvrages recensés dans *The World Catalogue*, citons à titre d'exemples : *Croquis japonais* 1886 (il s'agit plutôt de 1896) et *Albums humoristiques de la vie japonaise : la journée d'une servante* 1889.

26 Reproduction de longs passages extraits du journal intime de Zeng Pu par Shi Meng. Lors du vivant même de Zeng Pu, certains extraits sont parus dans la revue *Yu zhoufeng* [*Vents du cosmos*] en 1928, voir à ce sujet, 1982 Shi (73).

Hans et la déconfiture des Qing appelle des milliers de jeunes à traverser l'océan pour rejoindre la France. D'où naît la première génération de Francophones. Devant ce mouvement historique qui avait introduit le début d'une cohabitation culturelle, le constat est sans équivoque pour plusieurs : « La francophonie chinoise a non seulement une réalité présente, elle a une histoire »[27] (Symington ; Bonhomme 141). Dès lors la question est posée : un tel mode d'acculturation à la langue française pourrait-il être étendu aux autres pays asiatiques qui ont vécu une cohabitation culturelle similaire ? Si oui, le moins qu'on puisse dire c'est que l'acquisition de la culture française ne dépend pas exclusivement de la colonisation. D'autres avenues doivent aussi être examinées pour expliquer les faits francophones sur le continent d'Asie. Une telle avancée pourrait sembler prématurée et téméraire, compte tenu de l'état actuel des recherches sur le monde francophone oriental qui se cantonnent toujours au Vietnam. Du même coup cela réaffirme le besoin de réexaminer la problématique de la francophonie orientale dans une optique qui dépasse l'Indochine française.

2 Les manifestations francophones

Incontestablement la vogue des départs pour l'Occident suscite un attrait inassouvi de vouloir connaître l'Autre au sein de l'intelligentsia de l'heure. Devant le climat de fin de règne des Qing et face à la puissance des Occidentaux, le camp progressiste préconise la traduction des œuvres occidentales comme un moyen privilégié pour fustiger la lâcheté des Qing et prôner réforme et révolution. En ce sens, l'appel de l'Occident est véhiculé dans un premier temps par le biais de la traduction :

> On dirait qu'un mouvement littéraire majeur est généralement accompagné ou précédé d'une vogue de traduction. À la charnière du XIXe et du XXe siècle, comme la Chine flaire une ébullition culturelle formidable, un engouement pour la traduction alors surgit[28]. (1982 Wang 22)

L'envolée que prendra l'industrie de la traduction, soutenue par une diffusion plus rapide de la presse en général, a sans doute trait au progrès de l'imprimerie industrielle qui remplace l'ancienne gravure à la main. Mais

27 Daniel-Henri Pageaux, « Un aspect de la francophonie chinoise *La Montagne de jade* de Xiaomin Giafferri-Huang », Micéala Symington et Béatrice Bonhomme (éds.).
28 Wang Zuoliang, « L'intention de Yen Fu », (notre traduction).

pas uniquement. Il est communément admis que la traduction d'œuvres étrangères, dont la majorité est en français, aurait accéléré l'emploi du chinois langue moderne au profit de l'ancien chinois, modifiant par là le paysage de la pratique linguistique dans la société. La traduction sert ici de vecteur de la culture francophone. Et le phénomène s'amplifie au début du vingtième siècle avec l'émergence des différentes méthodes de traduction incarnées par Yan Fu, Lin Shu et Lu Xun. Nous verrons plus loin que c'est la traduction romanesque à sensation de Lin Shu qui nous intéresse plus particulièrement. Un autre aspect important qu'il faut retenir dans cette émancipation de l'industrie de la traduction est « le caractère métissant de la traduction »[29] (Clavaron 353) qui transforme le produit de départ (en français) en celui d'arrivée (en chinois) cautionnant l'accomplissement du transfert.

Les premières traductions d'œuvres françaises

L'origine du développement de la traduction coïncide avec l'essor des imprimeries impériales des Qing. Après les défaites cuisantes face aux pays occidentaux, la Cour investit dans l'équipement et le personnel pour traduire d'abord des armements de guerre des Européens, tels des engins de tranchée, que veulent importer les Qing. Dans la deuxième phase, on note l'apport des églises catholiques qui, dans un but philanthropique, font traduire des ouvrages médicaux et scientifiques en chinois. La traduction sitôt adoptée comme voie de transfert, des livres de philosophie occidentale sont traduits, en particulier ceux touchant aux fondements de la société occidentale (1969 Han 55). Et le phénomène prend de l'ampleur, suite à la défaite face au Japon (1895). De sorte que l'idée de traduire la littérature de l'Occident devient une métonymie de progrès et de force, créant l'effet de baume qui adoucit le sentiment de défaite.

Pour le monde littéraire chinois, la première tentative de traduire des écrits d'Occident remonte à la traduction de la *Bible* dans les années 1740, lorsque quelques lettrés profitent de l'occasion pour la remanier en lui donnant un air romancé (2009 Aying 184). Mais il appartient aux Francophones/Anglophones chinois d'en avoir fait une industrie avec la traduction massive des œuvres occidentales. Un des pionniers fut Yen Fu. Né à la veille de la deuxième guerre de l'opium, il est lauréat du concours d'entrée à l'École maritime de Fuzhou. Considéré dès lors comme lettré francophone, et à la différence de la plupart de ses émules qui sont littéraires, Yen Fu se

29 Lieven D'hulst, « Les fonctions littéraires de la traduction intratextuelle : l'exemple des littératures francophones ».

distingue par sa formation en science politique. Ses traductions des textes de Montesquieu éclairent ses compatriotes sur la structure socio-politique occidentale. Débutée en 1900, sa traduction de *L'esprit des Lois* comprend sept volumes dont trois parus en 1904 et quatre autres respectivement en 1905, 1906, 1907 et 1909 (1982 Collectif10)[30]. La réputation de Yen Fu dépasse les frontières nationales et attire l'attention des Français, d'où la visite que lui rend Fernand Baldenne le 6 septembre 1912 :

> Pour l'instant il met en chinois *L'esprit des Lois* ; et le livre de Montesquieu sert de point de départ à notre entretien. (Baldenne 295)

> M. Yen Fu ne s'est pas lassé de mettre en lumière, dans ses travaux, le lien qui rattache le citoyen à la nation, la nécessité qui fait, de la valeur accrue des individus, un principe de progrès pour l'état [...]. (Baldenne 297)

L'horizon d'un lectorat de cohabitation

Si la traduction de Yen Fu à caractère politique ou philosophique vise un lectorat trié sur le volet et par conséquent plus restreint, la traduction romanesque à sensation de Lin Xu (1852-1924) créera un phénomène. Il a pu traduire plus de 170 œuvres, toutefois en ancien chinois. À la charnière entre les Qing et l'ère républicaine, les années 1912-1919 témoignent d'une effervescence pour la traduction des œuvres littéraires amenant dans sa foulée l'instauration définitive du chinois moderne. Incontestablement, l'entrée massive des œuvres françaises fait instantanément de la traduction une industrie populaire, et qui plus est, grâce à Lin Xu le roman (par voie de traduction) acquiert sa lettre de noblesse. De fait, le succès foudroyant des romans français traduits fait dissiper le sentiment de mésestime qu'éprouve le lectorat classique à l'endroit du roman. Car la Chine impériale rechigne aux genres modernes, se montrant condescendante envers la prose et le roman considérés comme vulgaires. Devant ce penchant hautement préjudiciable, Lin Xu a su miser sur son nom de lettré classique pour introduire en ancien chinois une centaine de romans occidentaux. Ce faisant, il accorde une notoriété sans précédent au genre du roman dont le plus fameux est *La Dame aux camélias*.

30 Si l'on jette un coup d'œil sur l'ensemble de ses traductions, on croirait qu'il était plutôt anglophone. Entre 1894 et 1908, des œuvres de huit écrivains dont un Français sont traduites par lui. Voir à ce sujet, le tableau des traductions réalisées par Yen Fu, Wang Shi, « Yen Fu et sa traduction des chefs-d'œuvre », *Lun Yen Fu yu yen yi ming zhu*.

Interprété par Wang Shouchang, mis en notes par Lin Xu et publié à Fuzhou en 1899 (Centre Etiemble 50), ce roman atteint une popularité foudroyante. Il sème tout un émoi chez le lectorat classique chinois qui accède, pour la première fois, au genre du roman occidental avec une diégèse et un romanesque jamais vus. Ce public aussi charmé que subjugué crée une forte demande, encourageant tout Francophone/Anglophone à se lancer dans la traduction. Les chiffres sont hautement éloquents, attestant la tendance du jour. Dans sa *Bibliographie des ouvrages occidentaux*, Liang Qichao indique qu'en 1896 on recense 353 ouvrages occidentaux traduits en chinois (1969 Han 58). Sa revue *Xing Xiaoshuo* (*Nouveau roman*) fondée en 1902 fut la première consacrée au roman (2009 Aying 2). S'il revient à Lin Xu le mérite d'avoir introduit et ennobli le genre en recourant à l'ancien chinois, c'est l'avènement du chinois moderne qui aura cautionné l'essor de la traduction. En particulier, des maisons d'édition à Shanghai jouent le rôle de pionnier et de promoteur dans la diffusion des œuvres occidentales qui atteignent le lectorat chinois via la traduction. Le *Catalogue des livres traduits du français en chinois* le démontre bien : il recense de nombreuses maisons shanghaiennes, notamment les Éditions Shang Wu qui font paraître dès 1907 une dizaine de traductions des œuvres d'Alexandre Dumas père et fils (Centre Etiemble 53).

C'est dans cette conjoncture d'adulation, voire d'apologie des auteurs occidentaux, que plusieurs œuvres françaises font leur entrée en Chine. En premier lieu, celles de Jean-Jacques Rousseau tiennent une place prééminente avec leurs nombreuses traductions parues à partir de 1904 aux Éditions Shang Wu[31], notamment des extraits de *Confessions*. Tel que mentionné plus haut, les textes de Montesquieu sont également traduits, notamment *L'Esprit des lois* par Yen Fu en 1908. Les *Lettres persanes* a aussi sa traduction chinoise parue dans le magazine *Présentation de loi et de politique* (2008 Han 17). Dans ce climat, la très populaire et avant-gardiste revue la *Nouvelle jeunesse* introduit pour la première fois Romain Rolland en décembre 1919 avec la traduction par Zhang Gaonien de la *Déclaration de l'indépendance d'Esprit* (2006 Song 25)[32]. Cette traduction est basée sur la version anglaise parue la même année que le texte français (2006 Song 27). Ceci donne à croire qu'autour des années 1920 – le temps fort de l'introduction des œuvres étrangères – on accuse peu de retard dans la traduction.

31 Notons aussi que la maison fait paraître en 1907 la traduction de l'*Histoire de Chevalier des Grieux et de Manon Lescaut* de l'abbé Prévost.

32 C'est le dernier texte du recueil *Les précurseurs* (Paris, Albin Michel, 1919, 236 pages). Pour sa traduction chinoise voir vol. 7, n° 1 de la revue, citée par Song Xuezhi.

Les décennies 1920 et 1930 voient culminer la réputation de Romain Rolland en Chine où on relève 9 œuvres traduites et 14 versions de leurs traductions (2006 Song 38-39). Ces traductions paraissent systématiquement dans les revues avant-gardistes, notamment la *Nouvelle vogue* fondée par des étudiants de l'Université de Pékin. Dans cette foulée, d'autres figures littéraires sont également traduites, par exemple Baudelaire en 1927 (1927 Zhang)[33]. Sous un autre angle, le transfert accompli de ces auteurs se vérifie aussi à travers leur popularité auprès du lectorat du moment. Les nombreux essais et traductions de la part des lecteurs de Maupassant, de Flaubert, de Baudelaire, de Rolland et de beaucoup d'autres, parus dans divers journaux/ revues majeurs et recensés dans l'*Index de la Revue mensuelle du roman* (1984)[34], ceci dessine l'horizon de réception d'un lectorat initié.

Liang Zongdai et Shenchen : les repères de la francophonie chinoise

Dans un registre plus intime, l'histoire de la francophonie chinoise se réjouit des moments forts marqués par des échanges amicaux avec des écrivains français qui offrent leur encouragement personnel. Arrivé en Europe en 1925, Liang Zongdai (1903-1983) fait la connaissance de Paul Valéry l'année suivante (Liang ; Rainer 2). Dans la préface des *Poèmes de T'ao T'sien*, Valéry révèle le début de cette amitié légendaire : « Le premier de sa race dont j'aie fait la connaissance, fut M. Liang Tsong Tai. Il parut un matin chez moi, fort jeune et fort élégant »[35] (1930 Liang 432-438). Il se crée alors entre un Chinois de 23 ans et son Maître ayant deux fois son âge, un lien profond scellant une amitié sans faille. Liang se trouve fréquemment aux côtés de Valéry, captant de près l'art du grand poète. Puis vient cette promenade dans le jardin au cours de l'automne 1927 où il reçoit les premières annotations de *Narcisse* (1926) que lui dévoile Valéry. Emporté par l'élan, Liang traduit d'un seul jet ce recueil de plus de 300 strophes, de même que sa première version, *Narcisse Parle* (1900) qu'avait publiée le jeune Valéry. Il les envoie à la *Revue mensuelle du roman* qui les fait paraître la même année[36]. Dans le but de faire mousser la réputation de Paul Valéry au sein du lectorat chinois, Liang rédige en juin 1928 à Paris une étude de fond soulignant le

33 Des poèmes en prose de Baudelaire y sont traduits, ainsi que les textes d'un japoniste estimé, Lafcadio Hearn. Nous verrons plus loin l'entrée de Flaubert et d'autres écrivains français en Chine.

34 Voir également Huang Zongsu, « La tendance de l'école de la littérature française des derniers 50 ans » (2007 Song 29).

35 Voir également les œuvres complètes de Liang (2003 Liang 135).

36 Voir à ce sujet, vol. 20, n°1, l'année 1927 de la revue.

rôle prééminent qu'occupe l'art valérien dans la littérature française. Cette étude paraît l'année suivante dans la même revue (2003 Huang 44-45)[37]. Enfin les Éditions Zhonghua à Shanghai publient en 1931 la traduction du recueil *Narcisse parle* qui rejoint le lectorat chinois pour la première fois (1930 Liang)[38].

Liang n'est pas le seul Chinois qu'ait connu Valéry. Le poète est aussi préfacier du récit retentissant de Shenchen *Ma mère*. La popularité qu'atteint ce récit devenu légendaire fait regretter un Romain Rolland à qui Shenchen avait demandé en premier, une préface. De fait, ce récit qui connaît un succès à l'échelle européenne est traduit en plusieurs langues et réédité en seize éditions. Dans l'histoire de la francophonie chinoise, Shenchen tient une place éminente grâce au succès phénoménal de son récit qui atteste avec force la manifestation éclatante de la francophonie chinoise des premiers temps. Même le Général De Gaulle avoue en être un lecteur ardent et lance l'invitation à l'auteur de résider en France après la Deuxième Guerre mondiale (1975 Cheng 20)[39]. Récipiendaire de la Légion d'honneur, l'auteur se lie d'amitié avec tous les Présidents de la Cinquième République, du Général De Gaulle jusqu'à Jacques Chirac. Celui-ci envoie le 3 janvier 1997 ses condoléances à l'épouse de Shenchen, Li Jingyi, pour signifier « qu'il s'attriste du décès d'un grand ami de la France »[40] (Li, Shi 162).

Ces pages glorieuses auréolant la mémoire heureuse des deux peuples font couler encore de l'encre. La Chine « capitaliste » d'aujourd'hui voit exploser une profusion d'ouvrages portant sur des variétés de sujets jadis frappés de censure sous Mao. Le phénomène traduit une volonté de vouloir remplir en toute hâte le hiatus intellectuel causé par les sévices de la Révolution culturelle. Faits à chaud, ces ouvrages manquent de crédibilité avec des assertions aléatoires à défaut de sources de première main. Un cas flagrant est la rencontre romanesque entre Shenchen et Valéry (Li ; Shi 162)[41] dont la description fait défaut à côté des données de première main recueillies par Jean Sagnes :

37 Voir à ce sujet, vol. 20, n° 1, l'année 1929 de la revue.

38 Voir aussi à ce sujet, Centre d'Etiemble (171).

39 On trouve cette invitation dans Cheng Tcheng, *Ma mère et moi à travers la première révolution chinoise* (Préface de Paul Valéry, Paris, Éditions Entente, 1975).

40 Télégramme de Jacques Chirac cité en chinois (notre traduction).

41 « Il y a environ 90 ans, d'une nuit pluvieuse, un jeune garçon chinois, installé dans un train, ému par un gentilhomme français au visage maussade et à la mine peinée. Le garçon s'avance et demande : – Mon sire, êtes-vous dans le tourment ? Puis-je vous apporter une assistance ? Le Français prend la parole : – Monsieur vous avez raison, je suis frappé par la douleur la plus affligée du monde : la perte d'une mère, et les larmes ardentes débordent de ses yeux. Profondément

> Cheng Tcheng nous dit avoir fréquenté Jules Valéry, universitaire de Montpellier [...] Cheng Tcheng résidait alors à Sète ou tout au moins s'y rendait régulièrement depuis Montpellier [...]. C'est sur le quai de la gare de Sète que Jules Valéry lui présente son frère Paul. (Sagnes 85)

Le véritable entretien en personne l'emporte sur la scène du wagon décrite 90 ans plus tard par des chercheurs chinois. Quoique émouvante, cette scène haute en couleur trahit une retouche flagrante à la saveur dramaturgique de la part des chercheurs chinois.

Jing Yinyu : une étoile éteinte de la francophonie chinoise

Hélas, il n'y a pas que de pages glorieuses dans l'histoire de la francophonie chinoise, mais il y a aussi des notes tristes. Un des flambeaux de ce flot de première génération de Francophones, Jing Yinyu (1901-1930), le premier qui ait connu Romain Rolland, s'éteint à la fleur de l'âge. Désavoué par ses compagnons de route, écarté par le milieu littéraire et mis en veilleuse par l'histoire, le poète et traducteur n'a pas connu la consécration qui lui était due. Non pas que Jing ait moins de mérite que ses confrères, mais son épisode tragique à Lyon aurait porté un préjudice tenace à sa postérité. Atteint de syphilis, il est forcé de rentrer à Shanghai où il se suicide fin février 1930 en se jetant dans le fleuve Huangpu. Jing se distingue des autres Francophones de l'heure, ne serait-ce que par le tragique de son sort. Au-delà du drame personnel, ce que la postérité doit retenir, c'est son talent. De fait, ses proses et ses poèmes recueillis dans *Mali* (1925 Jing 85) font ressortir un talent exquis d'une étoile montante. Or Jing disparaît du cénacle littéraire francophone d'outre-mer sans avoir droit à la réhabilitation.

Presqu'un siècle s'est écoulé et il y a peu de travaux consacrés à l'homme et au poète : le « scandale » gêne ses pairs[42]. À tel point que le drame de Jing fut prémonitoire dès le départ ! À l'âge de onze ans, à la mort de ses parents, il est envoyé par le curé (français) du village dans un séminaire francophone de Chengdu où il rencontrera Dai Wangshu. Arrivé à Shanghai en 1921, il étudie au Centre jésuite de Xujiahui – le fief français de Ziccawei – et est censé poursuivre ses études à l'Université Aurore. Son itinéraire montre que

touché, Shenchen embrasse le Français en prononçant ces mots : – Laissez-moi partager votre peine » (notre traduction).

42 Le retenu est palpable dans le passage du journal intime de Lu Xun, daté du 24 février 1930, fréquemment cité par les chercheurs chinois (Song ; Xu 31 et Findeisen 28) : « Si Jing Yinyu vient, ne pas [le] voir ».

c'est l'Église catholique qui le baigne dans le milieu francophone tout au long de sa scolarité avant son départ pour l'Institut franco-chinois de Lyon (2003 Huang 50). Pensionnaire N°243 de l'Institut, il le fréquente de 1928 jusqu'en janvier 1930 (Boully 66 et 68). Quoique éphémère, sa courte ligne de vie laisse une empreinte personnelle dans la francophonie chinoise. Sa première intervention sur Romain Rolland paraît en 1923 dans le *Jour de création*, un journal affilié au *Nouveau journal XinHua* de Shanghai (Song ; Xu 31). L'année suivante il se met à traduire *Jean-Christophe* et contacte Romain Rolland en vue de solliciter son soutien : il le reçoit aussitôt :

> Je suis très heureux de votre projet de traduction de *Jean-Christophe* pour lequel je vous accorde toute ma permission. [...] Si vous rencontrez des parties obscures, je voudrais vous aider. Retranscrivez ces passages insaisissables sur des feuilles volantes, je vous les décortiquerai de mon mieux[43]. (2003 Huang 50 et Findeisen 27)

Et il ne s'est pas passé beaucoup de temps avant que Rolland ne le reçoive chez lui.

La publication en 1925 du fac-similé de cette lettre (Song ; Xu 30)[44], dans la *Revue mensuelle du roman*, marque un point tournant de la notoriété et de l'image qu'incarne Rolland au sein du lectorat chinois. D'un Maître lointain et inaccessible par la distance tout comme par la renommée de l'ami proche d'un Chinois, Rolland change de registre et prend figure d'ami aux yeux des lecteurs chinois. Jusqu'ici Jing a le mérite d'avoir été le premier traducteur de *Jean-Christophe*, même si des décennies plus tard, il appartient à Fu Lei (2009 Jin 9)[45] de l'avoir rendu populaire en Chine. Qui plus est, cette amitié naissante traversera l'océan pour se fortifier. Ainsi la *Revue mensuelle du roman* fait paraître la traduction du premier volume de *Jean-Christophe*

43 Lettre de Romain Rolland à Jing datée du 17 juillet 1924, citée en chinois par Huang Jianhua (éd.). Sa retraduction en français est de nous. Un passage en français est cité par Raoul Findeisen : « Je suis heureux que vous veuillez traduire mon *Jean-Christophe* en chinois. Je vous y autorise très volontiers. C'est une tâche assez lourde, et qui vous prendra beaucoup de temps. Ne l'entreprenez que si vous êtes bien décidé à la mener jusqu'au bout ! ». Il s'agit en fait d'une traduction du chinois en français de la part de Findeisen. L'original n'a jamais été retracé.

44 Voir à ce sujet, vol. 16, n° 1, 1925 de la revue.

45 Sur la liste des premiers Francophones chinois scintille aussi le nom de Fu Lei (1908-1966), incontestable Maître traducteur, francophone dès l'école primaire en 1921, il est admis au Lycée Xu Huei, une école catholique où le français est le cours majeur. Il arrive à Marseille en 1927 pour une période de cinq ans. La postérité retient de lui surtout ses nombreuses traductions dont 14 romans de Balzac et plusieurs volumes de *Jean-Christophe*.

préfacé par Rolland (Song ; Xu 32)[46] à l'occasion du 60e anniversaire de l'écrivain. Avec un siècle de recul, la disparité entre la fortune de ce roman en Chine et le mutisme à l'endroit de son premier traducteur nous paraît insolite. Jing n'a droit à aucun fonds d'archives, pratiquement aucune étude ne lui étant consacrée. À peine relevons-nous une mention tardive venant d'un compatriote de l'époque, Sung-Nien Hsu (Xu Song Nian), malheureusement truffée d'inexactitudes (Findeisen 26)[47]. Les deux seules études existantes en Occident sont un mémoire à l'Université de Genève (Pianca) et l'article de Findeisen paru en France.

A fortiori, cette omission qui éclipse le mérite du traducteur depuis un siècle ne semble pas pouvoir se dissiper très prochainement. La timidité du ton que tiennent des chercheurs à l'endroit de Jing en témoigne. Avec mille excuses, tout en prenant soin d'esquiver la maladie fatale – la syphilis – dont Jing fut victime, Song Xuzhi justifie ainsi quelques gouttes d'encre coulées à propos du poète : « En nous tenant à l'écart de ce qui s'est passé à l'époque, pour parler de Romain Rolland, nous croyons pouvoir quand même nous attarder un peu sur Jing Yinyu » (Song ; Xu 31, notre traduction). Même son de cloche de la part de Huang Jianhua qui dépeint le sort de Jing en ces termes : « À cause des aléas sociaux, ce monsieur Jing, ayant apporté de l'honneur à un moment donné à l'histoire littéraire sino-française, a dû attraper 'Hua chi' [libidineux] et est donc renvoyé au pays natal » (2003 Huang 51, notre traduction). La réserve est palpable ici.

En fait, Jing ne contribue pas qu'à introduire les écrivains français en Chine, il tient aussi à promouvoir les chefs-d'œuvre chinois auprès du lectorat français[48]. Sa ligne de vie, si éphémère qu'elle fût, ne l'aurait pas empêché d'entamer un deuxième grand projet : traduire *L'histoire véritable de A Q*, le chef-d'œuvre de Lu Xun. La première ébauche aurait été lue et commentée par Romain Rolland qui l'envoie ensuite à l'éditeur de l'*Europe* pour la faire paraître en mai et juin 1926[49]. En reconnaissance de ce beau geste, à l'occasion du 60ème anniversaire de Rolland, Lu Xun consacre un numéro spécial de sa revue *Mang yuan* (Sahara)[50] à l'homme et l'écrivain Rolland et ce, au grand plaisir du lectorat chinois. Ces événements

46 Voir la Préface de Rolland pour la traduction en chinois de son roman dans vol. 17, n° 1 de la revue. La suite de cette traduction paraît dans les deux numéros suivants de la revue.

47 Voir notamment les données biographiques erronées sur Jing de la part de Xu.

48 Voir la note 108 du chapitre IV.

49 Voir les numéros de mai et de juin de la revue. Cette traduction forme un des chapitres dans le recueil édité par Jing. Voir à ce sujet, la note 90 du chapitre IV.

50 Une revue littéraire fondée à Pékin en avril 1925 par Lu Xun. Voir le n° 7, avril 1926 de la revue.

mémorables témoignant du parcours accompli du transfert des œuvres françaises en Chine, posent des repères dans l'histoire de la francophonie chinoise.

Chen Jitong : le premier diplomate francophone

Dans ce flot d'écrivains et de poètes francophones des premières heures – pionniers de la francophonie chinoise – il serait incongru d'omettre l'accomplissement comme la fausse note, commis par le premier diplomate francophone Chen Jitong. L'ancien élève de l'École maritime de Fuzhou, secrétaire de la Mission chinoise en France (1877-1881) et Attaché militaire à la Légation de Chine avec le grade de général de 1881 à 1891 (1995 Claudel 212)[51], Chen demeure une des figures politico-littéraires éminentes des Qing. Ses efforts d'ouverture et d'occidentalisation en et hors de Chine s'étendent à divers milieux. Promoteur des causes de l'émancipation féminine, il fonde en 1897 à Shanghai, l'Association de femmes intellectuelles. Sa revue *Qiu shi bao* (son titre anglais : *The International Review*) paraît en même année à Shanghai (septembre 1897-décembre 1898). Le parcours personnel de Chen correspond au prototype des premiers Francophones, tels Yen Fu et Zeng Pu. À quinze ans, il réussit le concours d'admission à l'École maritime de Fuzhou et fait partie de la première promotion qui compte 21 Francophones en 1875 (2004 Li 13)[52]. Son expérience en France débute avec sa mission d'accompagnateur des jeunes Chinois envoyés par les Qing. Il y retourne en 1877 pour un séjour d'une quinzaine d'années avant de quitter précipitamment à la sauvette en 1891, dû aux démêlés financiers. Il meurt à Nankin en 1907 (2005 Chen)[53].

Chen fut le premier Chinois ayant introduit la Chine et sa littérature en français. Il est aussi considéré par la postérité comme le premier diplomate francophone. Ses longs séjours passés en France lui avaient donné l'occasion de multiplier des publications dans la *Revue des Deux Mondes* (Kato 39-48)[54], chez Calmann-Lévy (à partir de 1884) et chez G. Charpentier (à partir de

51 Voir sa mention par Claudel.

52 Voir notamment les noms de ces 21 finissants.

53 La biographie de Chen peut se lire dans les pages préliminaires de *Xue Jia Yin*.

54 La *Revue des Deux Mondes* fait paraître en mai 1884 son article : « La Chine et les Chinois », 278-305, et également 596-610 et 820-830. Cet article provient des 18 fragments des contes de Pu Songling (*Les Chinois peints par eux-mêmes*) traduits par Chen. Aujourd'hui la Bibliothèque nationale à Paris conserve sept ouvrages de Chen. Signalons qu'une des premières études consacrées à l'homme provient de Meng Hua, « Cheng [sic] Jitong et son rôle d'intermédiaire bilatéral dans les échanges littéraires entre la Chine et la France », Haruhisa Kato (éd.).

1890) (Kato 42)[55]. Traduit en langues multiples, son ouvrage *Les Parisiens peints par un Chinois* connaît un succès à l'échelle européenne pour paraître à Londres en 1890 et en Allemagne en 1896. Cet ouvrage est l'écho des *Chinois peints par un Français* (1886 Paul Antonini), une réplique aux contes de Pu Songling (1640-1715, *Les Chinois peints par eux-mêmes*) traduits par Chen. Écrit en français, son vaudeville en un acte, *L'Amour héroïque* (1904), est publié par une des maisons d'édition françaises à Shanghai, l'Imprimerie de la Presse Orientale[56]. Plusieurs de ses ouvrages sont aussi traduits en anglais, tels *The Chinese Empire, Past And Present* (Chicago, 1900), et *Bits of China* (Londres 1890, version anglaise des *Plaisirs en Chine*)[57].

Diplomate et essayiste, Chen est aussi préfacier de plusieurs ouvrages portant sur la Chine, tels *Au pays des pagodes, notes de voyage : Hongkong, Macao, Shanghai, Le Houpé, Le Hounan, Le Kouei-Tcheou* d'A. Raquez[58]. Il en va de même pour une de ses lettres qui sert de préface à l'ouvrage intitulé *Le fleuve des perles* (Pont-Jest). Comme les Francophones de l'époque s'adonnent immanquablement à la traduction, Chen est également traducteur. Sa première traduction remonte à *Georges et Marguerite* de Théodore Cahu, parue entre octobre 1897 et mars 1898 dans sa revue *Qiu shi bao* (2008 Han 12 ; Kato 43), co-fondée avec son frère ; sans oublier de mentionner ses notes et observations dans *La légende de Koei Tseu Mou Chen ; peinture de Li-Long-Mien*[59]. D'autres sources nous paraissent problématiques, telle la revue illustrée *La presse chinoise* qui aurait été éditée ou publiée par lui en 1910[60], alors que Chen meurt trois ans plus tôt.

De ses années flamboyantes passées à titre de général, d'attaché militaire et d'homme de lettres, Chen laisse aussi derrière lui des litiges susceptibles de ternir sa postérité. En premier lieu, sa traduction des contes de Pu Songling, écrits à la charnière des dix-septième et dix-huitième siècles, fait l'objet de polémique avec Albert-Henri Foucault de Mondion quant à sa paternité (Kato 42 ; 1890 Mondion 4-5). Ce n'est pas tout. Les chercheurs émettent aussi le doute sur la version de Pu, servie de texte-mère à la traduction,

55 La liste de ses ouvrages provient du *Catalogue général des œuvres* de la Bibliothèque nationale à Paris.

56 Voir les pages préliminaires de *Xiu Jia Yin*.

57 D'autres ouvrages de Chen en anglais : *The Chinese painted by themselves* (London, Field & Tuer, 1884 et 1885); *China und die Chinesen*, Leipzig, C. Reissner, 1885.

58 Shanghai, La Presse Orientale, 1900. Dans la même foulée, ajoutons Emile Guimet (éd.), *La légende de Koei Tseu Mou Chen. Peinture de Li-Long-Mien, etc.*, Paris, 1904, traduction des textes par Tcheng-Keng, Marcel Huber, notes et observations par Tcheng Ki-Tong.

59 Paris, É. Lévy, 1900.

60 Chen Chi-t'ung, *La presse chinoise*, Paris, 1910.

qui ne soit pas originale, alors que Chen avait fait croire le contraire (2001 Détrie 40). Pire, le démêlé de paternité persiste avec le *Théâtre chinois*, un autre ouvrage de Chen, qui fait également l'objet de dispute avec Mondion (1890 Mondion 4-5)[61]. Que Mondion ait raison ou tort dans ses allégations, la postérité ne saurait trancher sur les méandres des conflits impliquant les collaborateurs. Même si certains faits semblent corroborer pour signifier une part de vérité en faveur de Chen. Malgré quelques tentatives d'éclaircissement apportées par plusieurs contemporains des deux protagonistes (2004 Li 29 et 34)[62], ces disputes ne connaîtront pas de dénouement, dû au manque de preuves de première main. Elles réussissent par contre à semer le doute sur sa réputation d'homme de lettres, laquelle sera ternie ultimement par des dettes immodérées que contracte Chen avec plusieurs banques françaises et européennes. La probité de Chen comme homme et écrivain intègre est à jamais atteinte.

Malgré ces démêlés préjudiciables, Chen séduit quand même le public français, notamment ses conférences tenues en un français impeccable devant une audience conquise. Abondamment cité par des chercheurs chinois, le passage suivant extrait du journal intime de Romain Rolland daté du 18 février 1889 en témoigne :

> Au grand amphithéâtre de la Sorbonne, dans la séance de l'Alliance française – parle le général chinois Tcheng-Ki-Tong. En belle robe violette, noblement étendue sur sa chaise, il a la figure pleine, jeune et heureuse, et la voix très forte, grave, lourde et claire. Un discours excellent, spirituel, très français, mais encore plus chinois, d'un homme et d'une race supérieurs[63]. (1952 Rolland 276-277)

À titre de diplomate et d'Attaché militaire à la Mission de Chine, Chen impressionne aussi le public français avec ses photos éblouissantes d'un mandarin vivifiant, signées par le fameux studio Nadar. Et que dire de ses deux épouses, Marie Talabot (première épouse/Madame Tcheng) et Fanny Duchamp (concubine). Elles font de l'homme un des premiers Chinois ayant noué l'alliance avec des Françaises et sans doute un des seuls mariages

61 Voir notamment les allégations de Mondion.

62 Malgré l'intervention en faveur de Chen de la part de René de Pont-Jest dans *Le Figaro* (le 11 juillet 1894), et également de la part d'Henri Cordier (*Histoire des relations de la Chine avec les puissances occidentales (1860-1902)*, nous ne saurions porter un jugement sur cette dispute. Les allégations et répliques de Mondion peuvent aussi se lire dans *Journal d'un mandarin, lettres de Chine et documents diplomatiques inédits*, Paris, Librairie Plon, 1887, 310 pages.

63 Le passage est cité par Li Huachun (53) et Meng Hua (44).

mixtes ayant reçu la bénédiction de la Cour des Qing (2005 Chen 12)[64]. Cette alliance est également félicitée dans le milieu littéraire. Le 24 mai 1929, Zeng Pu mentionne ainsi dans son journal intime la dédicace adressée à Marie Talabot : « *Le Théâtre des Chinois* dont le premier volume porte la dédicace à Mme Marie Talabot »[65] (2001 Shi 8).

La vogue des départs pour s'instruire en Occident entame l'ère d'ouverture et de cohabitation culturelle en Chine. Ce climat d'occidentalisation concourt à l'essor de la traduction devenue la voie majeure par laquelle un grand nombre d'œuvres françaises accomplissent leur transfert et atteignent le lectorat chinois. L'École maritime de Fuzhou, le mouvement Travail-Études et la popularité que connaît la traduction des centaines d'œuvres françaises mettent en relief les conditions d'émergence des premiers Francophones dont le parcours illustre les voies de ramification de la francophonie chinoise des premières heures. L'amitié que nouent ces Francophones avec des écrivains français apporte des moments mémorables dans l'histoire de cette francophonie. Liang Zongdai, Shenchen tout comme Jing Yinyu et Chen Jitong posent des repères importants dans l'émergence de cette francophonie avec leurs œuvres tout comme avec leurs traductions.

3 Les gestations d'une littérature de cohabitation

L'avènement de la première génération de Francophones modifie le paysage socio-littéraire en faisant sentir une culture occidentalisée. Dans cette effervescence d'attrait à l'Occident, il va de soi que Shanghai – fief européen – fut l'initiateur et le creuset du transfert des œuvres françaises via la traduction. C'est à Shanghai qu'est publié le plus grand nombre d'ouvrages traduits et parus avant 1910. Non seulement les plus grandes revues, telles la *Revue mensuelle du roman* ou la *Nouvelle jeunesse* ont pignon sur rue, mais aussi Shanghai est à l'affût des œuvres françaises traduites ailleurs ou en d'autres langues. Le rôle prémonitoire, voire de catalyseur que joue la traduction en anglais des œuvres françaises dans le choix de leur traduction en chinois est à souligner. Dans la même veine, la traduction des œuvres françaises au Japon est suivie à la loupe par plusieurs maisons shanghaiennes qui

64 Sur le ban de la Cour, Marie Talabot est appelée Mme Tcheng.

65 Voir notamment la section « Extraits du journal intime de Bingfu ». On peut lire cette dédicace dans *Le théâtre des Chinois. Étude de mœurs comparées par le général Tcheng-Ki-Tong*, (Paris, Calmann Lévy, 1886, 324 pages).

considèrent ces œuvres traduites comme héraut d'annonciateur susceptibles d'influencer leur choix d'œuvres à traduire. Ceci explique le fait que souvent des œuvres françaises sont d'abord traduites au Japon avant d'être retraduites par les Chinois à partir de leur version japonaise ou anglaise, accusant par là un parcours triangulaire (France-Japon-Chine) du transfert des œuvres françaises.

Le Japon comme tremplin et intermédiaire

Ainsi dans ce premier temps de transfert des œuvres vers l'Asie, plusieurs ne suivent pas un itinéraire linéaire de la France vers la Chine, mais passent par le détour d'une tierce culture. Dans une certaine mesure Tokyo devance Shanghai et d'autres cités asiatiques comme première escale pour les œuvres françaises dans leur migration vers l'Asie. De sorte que plusieurs y font leur apparition d'abord avant de poursuivre le chemin pour atteindre le continent. Les exemples ne manquent pas. Le *Tour du monde en quatre-vingts jours* de Jules Verne, première œuvre française migrée au Japon, paraît à Tokyo en 1878 (2005 Cheng 81)[66], alors que sa retraduction partielle en chinois (à partir du japonais) ne date que de 1930[67]. Il en va de même pour *Autour de la lune* paru à Tokyo avant d'être traduit par la maison shanghaienne Shang Wu, toujours à partir de sa version japonaise (Centre Etiemble 173)[68]. Un même parcours est avéré pour *Madame Chrysanthème* qui suit un itinéraire Paris-Tokyo-Shanghai pour paraître à Tokyo en 1895 (1895 Loti). Avec quelque trois décennies de décalage, l'œuvre fait son apparition à Shanghai (1929 Loti ; Xu). Un même itinéraire est encore emprunté pour la migration de *Madame Bovary* qui paraît à Tokyo en 1914 (1914 Flaubert), presqu'une décennie avant sa parution à Shanghai (1925 Flaubert). Cette tendance se maintient également avec les œuvres de Romain Rolland introduites au Japon presque deux décennies avant leur parution en Chine[69]. Même chose pour *Le Contrat social* de Jean-Jacques

66 Yoshikawa Yasuhisa, « Appropriation de la littérature française et formation du champ littéraire moderne au Japon », Cheng Pei (éd.).

67 Jules Verne, *Shi wu xiao hao jie* [Les voyages extraordinaires de Jules Verne, 18 chapitres dont les neuf premiers traduits à partir du japonais par Liang Qichao], Shanghai, Shi jie shu ju, 1930, 182 pages.

68 Traduit du japonais par les Éditions Shang Wu en 1904.

69 Deux ans à peine après leur parution, *Les Loups* (Paris, Albin Michel 1898, 94 pages) paraît à Tokyo. Voir à ce sujet, Romain Rolland, *Okami*, traduit en japonais par Shigeya Hatano, Tokyo, Gekidanmingei, 1900. À part *Jean-Christophe* paru à Hong Kong en 1900[s] (*Yuehan Qilisiduofu*, Xianggang, Qun yi tu shu gong si, 1900[s], 300 pages), la véritable introduction des œuvres de Rolland en Chine débute dans les années 1920.

Rousseau, retraduit du japonais par Yang Tingtong et paru en 1903 pour le compte des Éditions Création nouvelle à Shanghai (1982 Wang 153-161)[70].

Ce qui ressort ici, c'est le rôle de relais que tient le Japon dans le circuit France-Chine. Son rôle de tremplin culturel et d'agent d'intermédiaire dans le transfert depuis l'Europe vers la Chine est historique. Ceci remonte au départ à la sauvette d'éminents leaders du coup d'État Wu-Xi persécutés par les Qing. Historiquement, le Japon est perçu comme un refuge pour les élites chinoises occidentalisées. De là découle l'image de havre de paix qu'incarne ce voisin insulaire. De fait, l'ouverture et la bonne disposition que tient l'ère Meiji vis-à-vis des tenants des réformes contrastent avec l'hostilité et la répression des Qing. Dans le but de transmettre la Lumière de l'Occident au pays natal, le premier journal que créent ces leadeurs réfugiés au Japon est le *Ye shu huei bian* (*Anthologie des œuvres traduites*). La traduction du *Citoyen* de Jean-Jacques Rousseau y paraît en 1900 (2008 Han 14). Ainsi ce journal chinois circulant à Tokyo est emblématique du rôle de tremplin que joue ce pays voisin dans l'introduction de l'Occident vers la Chine. En même temps, l'image d'oasis intellectuel qu'incarne le Japon au sein des élites chinoises se traduit sous forme de salon littéraire ; pensons au fameux cénacle appelé l'Association de création. Ayant à sa tête Guo Moruo, ce cénacle s'évertue à retraduire en chinois à partir de la version anglaise des textes français circulant au Japon. En ce sens, le cas de *A trip round the world in a flying machine* retraduit par Lu Xun (un des membres de l'Association) en 1903 pour le compte des Éditions de l'éducation populaire à Shanghai (1969 Han 61) s'avère édifiant.

L'ère de la littérature traduite

Mais le Maître d'œuvre de la propagation et de la cohabitation françaises est sans contredit la *Revue mensuelle du roman* dont la liste des œuvres traduites notamment l'*Index de la Revue mensuelle du roman* est éloquente. Elle recense d'une part des essais critiques des Francophones sur la littérature française, et de l'autre, la parution en série des traductions d'œuvres françaises. Ce faisant, elle donne une idée de l'ampleur d'appréciation de ces Francophones chinois, fidèles lecteurs des écrivains français. Un coup d'œil sur les premières œuvres traduites et on est frappé par la quantité écrasante des nouvelles de Maupassant et de Daudet, à commencer par *Les Prisonniers* traduit en 1904 par Mao Baishi (2008 Han 344)[71]. Une telle propension est confirmée par d'autres

70 Voir les annales de Yen Fu, établies par Tong Er.

71 Voir notamment « Appendis II ».

recherches. Par exemple, le tableau dressé par Liu Shan recensant une dizaine d'œuvres des deux romanciers traduites entre 1910 et 1920 (2004 Liu 164) atteste encore le rôle prééminent que joue cette revue dans la promotion des œuvres françaises. L'engouement pour la traduction d'œuvres occidentales se mesure incontestablement par les chiffres qui parlent d'eux-mêmes. La *Revue mensuelle du roman* fait paraître 649 traductions entre 1921-1925 et la *Nouvelle jeunesse* introduit 74 écrivains étrangers et publie 128 textes traduits entre 1915-1921 (2005 Cheng 192)[72]. Une telle quantité en dit long sur le phénomène de cohabitation littéraire de l'époque et sous-tend la forme jusqu'ici insoupçonnée que revêt la manifestation de la francophonie en Asie. Au point où dans le monde littéraire de fin de Qing le mot d'ordre est : créer vaut moins que traduire. De fait, les premières décennies du vingtième siècle enregistrent plus de 400 œuvres traduites par rapport à 120 œuvres créées (2009 Aying 1). Jusqu'en 1949, avant l'intronisation du communisme en Chine, la traduction d'œuvres occidentales dépasse les 3000 ouvrages (1969 Han 99).

Dans son étude magistrale intitulée l'*Histoire du roman*, le Père de la critique littéraire chinoise Aying (Qian Xingcun 1900-1977) affirme que la traduction occupe les deux tiers d'ouvrages publiés, une assertion confirmée un demi-siècle plus tard par d'autres chercheurs (2004 Liu 128). Une telle quantité de traductions ne laisse planer aucun doute sur la cohabitation littéraire de cette période, et par conséquent, sur la modification qu'apportent ces traductions dans le monde littéraire local. Il n'y a pas que les romans qui sont traduits mais aussi la poésie. Mentionnons les *Fleurs du Mal* de Baudelaire, traduit par Li Jinfa et paru dans la revue *Weiyu* (La bruine) en 1925 (2005 Cheng 195). Les années 1930 voient culminer la popularité de plusieurs poètes français grâce, entre autres, aux efforts de Dai Wangshou. L'éditeur en chef de la revue *Xiandai* (*Les Contemporains*), Dai traduit, sous le pseudonyme Chen Yuyue, plusieurs strophes des *Épaves du ciel* de Pierre Reverdy, accompagnées d'une courte biographie du poète intitulée « Mots de l'éditeur » (1999 Dai)[73].

La Nouvelle littérature de cohabitation

Ce déferlement des œuvres étrangères modifie sensiblement l'horizon du lectorat, lequel modifiera à son tour l'horizon de la création. La portée de

72 Voir à ce sujet, Jin Siyan, « La réception de la poésie française et son influence sur la poésie chinoise contemporaine », Cheng Pei (éd.).

73 Notons dans la même foulée que le théâtre français est introduit en Chine à partir de 1910 (1999 She 184).

la cohabitation culturelle par le biais de la pénétration d'œuvres françaises réside dans la mutation qu'entraînent ces dernières au sein de la littérature indigène à leur contact. Si la littérature chinoise entame une nouvelle ère à la fin des Qing, sa rencontre avec les littératures européennes aura servi de catalyseur. Et dans l'avènement d'un tel changement, Hu She (1891-1962) y est pour beaucoup. Au lendemain de l'effondrement des Qing, il est parmi les premiers à préconiser La Nouvelle littérature reposant sur des données relevant des œuvres françaises. La mutation qu'apportent ces œuvres au paradigme de création établi depuis des millénaires, marque le signe d'une cohabitation culturelle.

Un des changements majeurs est l'avènement du chinois langue moderne. Ainsi Hu She est le premier à avoir traduit des poèmes français en chinois moderne. Autrement dit, le premier à avoir recouru à ce dernier pour la poésie, un genre jadis chasse gardée du chinois ancien. Il s'impose par conséquent comme figure de Père de la poésie moderne, bravant un nouvel horizon pour la création poétique et la traduction littéraire en Chine (2006 Liao 23). La rupture qu'exhortent Hu She et les poètes/écrivains francophones d'alors sollicite une reconfiguration des concepts fondamentaux jadis imposés à toute création littéraire en Chine. Pour une première fois dans l'univers créatif, le Beau peut signifier autre chose que le Bien ; il s'étale sous formes de spleen, de néant, de négatif, de ténèbres. Dans l'histoire de la poésie chinoise, la traduction de *La Charogne* de Baudelaire par Xu Zhimo (Centre Etiemble 179 ; 2005 Cheng 38-39)[74] pose un paradigme avec de référents nouveaux d'un Beau inédit dans le chant poétique.

Un autre pionnier qui avait contribué au climat de cohabitation c'est encore Lin Xu dont le rôle de pierre angulaire dans l'avènement de la littérature française par la voie de traduction est incontestable. La réputation de Lin tient non seulement aux divers aspects de jamais vu qu'embrasse sa traduction de *La Dame aux camélias*, mais aussi à la conjoncture d'un temps rivé sur l'Occident. Car devant le dépècement du pays et l'abaissement qu'imposent les concessions, les Chinois assujettis et indignés tâchent de saisir l'« Autre ». La lecture des romans occidentaux est perçue comme un moyen efficace pour rejoindre l'Occident envahisseur. *La Dame aux camélias* surprend le lectorat chinois avec une diégèse et un romanesque qui rompent avec les lettres classiques. Lu avec frénésie par le lectorat classique de l'heure, ce roman français ouvre un horizon jusqu'alors insoupçonné avec

74 Xu Zhimo traduit aussi *Candide* (Shanghai, Beixin Shuju, 1927). La même année l'œuvre de Voltaire connaît sa deuxième traduction grâce à Hu She qui fait paraître la sienne chez Bei xing shu ju (2004 Wang 399).

des thématiques rebelles que va embrasser à toute volée l'ère de la littérature de cohabitation. L'emprunt aux cultures occidentales sert à briser les deux mille ans de carcans confucéens à la recherche d'un épanouissement du « moi ».

Ce qui ressort ici, c'est que la traduction massive aura préparé l'horizon d'un lectorat de cohabitation, capable de mettre en parallèle le roman chinois et le roman occidental :

> [...] le roman chinois est de structure grandiose avec des protagonistes et des figurants multiples possédant chacun leur caractéristique propre, ce qui est différent du roman occidental qui n'a qu'un ou deux héros, une diégèse, et un fil conducteur par roman [...]. Le roman chinois commence tranquillement, s'accélère et se complique au fur à mesure des rebondissements, alors que le roman occidental rebondit dès le départ pour s'aplatir plus loin[75]. (2004 Liu 138, notre traduction)

Une nouvelle forme romanesque se dessine avec le narrateur omniprésent et l'univers psychologique des protagonistes, l'amour libre et son expression ostentatoire, la rupture de chronologie dans la diégèse, l'agencement des événements en mise en abîme. Ces aspects formels du jamais vu feront chambarder de fond en comble les fondamentaux séculaires auxquels obéit l'univers créatif chinois. La fortune comme l'infortune entourant la sortie de la traduction de *La Dame aux camélias*, suivie de sa mise à l'index par les Qing, propulsent le roman à une notoriété suprême. Il va de soi que les premiers Francophones sont les lecteurs ardents de Lin, tels Lu Xun, Guo Moro (1969 Han 54) et sans doute Zeng Pu. Lin érige un nouveau paradigme aux romanciers chinois qui livrent, à qui mieux mieux, une profusion d'œuvres de cohabitation dont le chef de file est certes *Fleur sur l'océan des péchés*. Ainsi le rôle à la fois éminent et d'instigateur que joue *La Dame aux camélias* permet d'avancer que sans Lin Xu, les Chinois n'auraient pas eu accès, à l'époque, au roman occidental, d'où le report probable de l'émergence du milieu francophone.

Reposant sur le cas chinois, notre analyse sur la genèse des premiers Francophones, sur les conditions d'émergence du milieu francophone, ainsi que sur les voies de dissémination de la culture française, esquisse un phénomène de cohabitation culturelle. Cette conjoncture unique en Asie qui surgit dans plusieurs pays ayant rencontré la littérature française n'a pas été

75 Xia Ren, « Autour du roman », *Nouveau roman*, n° 13, 1905, cité par Liu.

perçue sous l'angle de la manifestation francophone du continent. Dans leur état actuel, les recherches relatives aux faits francophones en Asie renvoient toujours à l'Indochine comme preuve de la présence française. Des études de fond susceptibles de démontrer l'existence d'une francophonie survivant en Chine, au Japon, aux Indes et en Corée sont très souhaitables. Au demeurant, notre conviction de l'existence d'une francophonie propre à l'Asie et relevant du transculturel reste intacte. Qui plus est, l'enjeu d'une reconsidération de la France en Asie s'inscrit dans la montée des pays asiatiques émergents qui redessinent la dynamique du monde actuel. Comme partenaire incontournable, l'Asie s'invite sur la scène mondiale et sa partie de l'histoire tissée avec la France, autrefois teintée de clichés, mérite d'être réexaminée pour s'affranchir de toute emprise des idées reçues. Avec l'espoir d'une meilleure compréhension du phénomène francophone dans les pays asiatiques classés comme non-francophones, notre étude poserait un jalon préliminaire dans une longue réflexion à venir.

IV Naissance de la littérature de cohabitation

1 Littérature coloniale *vs.* littérature de cohabitation

Dans la perspective de la manifestation des faits culturels francophones hors d'Indochine en Asie, les auteurs francophones de la première génération, lecteurs et traducteurs des Maîtres, posent un paradigme. En Chine comme au Japon, depuis l'ouverture forcée des ports entraînant les premiers contacts avec l'Étranger qui s'introduit dans les concession, comptoir et territoire à bail, le désir de connaître l'Autre devient impératif. Dans cette conjoncture, des milliers de jeunes se ruent vers la France et deviennent par conséquent francophones. L'apparition sur la scène littéraire chinoise et japonaise de ces auteurs francophones, dont les œuvres créent une rupture avec la littérature précédent[1], fait sentir un phénomène de cohabitation culturelle. Née de la rencontre des littératures européennes qui servent de catalyseur, cette littérature de cohabitation franchit sa sphère nationale et homogène en acquérant une poétique romanesque occidentalisée. Dès lors la création littéraire embrasse plusieurs formes, empreintes du culte que vouent ces auteurs francophones aux œuvres françaises. D'où une mutation s'opère au sein des concepts fondamentaux jadis imposés comme paradigme à toute création littéraire.

Dans la foulée de notre démonstration de ce qu'est la francophonie asiatique, le présent chapitre s'interroge sur ce phénomène de cohabitation littéraire qui émerge en Asie entre 1880-1930, suite à l'ouverture à l'Occident. Cette période embrasse non seulement l'âge d'or de la traduction d'œuvres françaises, mais aussi un foisonnement d'œuvres locales qui, après avoir été au contact de l'esthétique française, rompent avec la littérature précédente. Le climat littéraire de l'époque est que l'Asie connaît sa première génération d'auteurs bilingues (en l'occurrence avec le français ou l'anglais). Du fait que ces derniers sont occidentalisés et adeptes des littératures européennes, leur création bouleverse l'horizon littéraire homogène, de configuration unidimensionnelle ancrée dans la tradition. Au sein de La Nouvelle littérature qui prévaut en Chine, *Fleur sur l'océan des péchés* (1903-1936) est un des romans les plus cotés de cette époque. Non seulement sa parution est à

1 À titre d'exemple, le traducteur de *Nana*, Nagai Kafû, fait paraître son pastiche du roman en 1903. Voir à ce sujet, Nagai Kafû, *Joyu Nana*, Tokyo, Shinseisha, 1903.

la charnière des siècles, mais surtout à celle des littératures (traditionnelle et occidentalisée). Malgré sa forme sous Zhanghuiti[2], le roman se distingue des œuvres précédentes en adoptant une poétique romanesque de l'art pour l'art.

La littérature de cohabitation : un nouveau paradigme

Les deux dernières décennies du dix-neuvième siècle voient paraître un phénomène littéraire similaire dans plusieurs pays asiatiques ayant introduit la littérature française. En Chine, cette période voit pointer à l'horizon, des changements porteurs de signe d'une cohabitation littéraire. Tout d'abord, les œuvres ne sont plus créées seulement par des Chinois, mais par les Chinois ayant connu l'Étranger et qui préconisent une littérature axée sur l'esthétique occidentale. En rompant avec les œuvres classiques de configuration linéaire sous le carcan Zhanghuiti et son cadre de références ancré dans l'imaginaire chinois avec des protagonistes sans volet psychologique, les œuvres des Francophones s'alignent délibérément sur l'école poétique française. Au sein de ce corpus d'œuvres, plusieurs sont d'expression française appartenant sans l'ombre d'un doute à la manifestation francophone (Kato 39-48)[3], d'autres restent retranchées dans la langue indigène (en l'occurrence le chinois) ; d'où ressort l'enjeu du présent chapitre.

Comment appréhender d'une façon scientifique la littérature de cohabitation qui se manifeste tantôt en expression française tantôt en langue indigène ? Quelles que soient les délimitations qu'on choisisse, une évidence s'impose : on ne peut pas faire un juste constat de la vie littéraire et du phénomène francophone de l'époque, si l'on écarte des œuvres (conçues selon l'esthétique française) tout simplement parce qu'elles sont exprimées en langue indigène. Même si elles sont classées, comme il se doit, dans la littérature chinoise/japonaise sans que cela ne soulève le moindre soupçon, leur vrai mérite littéraire vaut une réflexion. D'autant plus que cette période s'avère capitale au regard de la manifestation francophone en Asie, la juste reconnaissance de ces œuvres conçues à l'occidental, appelle un réexamen. D'emblée, il serait opportun tout d'abord de reconsidérer plusieurs concepts, tels la littérature francophone, la littérature non-francophone ou la littérature de cohabitation.

2 Forme romanesque classique où l'ordre chronologique régit comme l'unique fil conducteur suivant lequel sont agencés les événements du récit.

3 À titre d'exemple, le *Catalogue général des œuvres* de la Bibliothèque nationale à Paris recense sept ouvrages de Chen Jitong rédigés en français.

Dans la perspective des études francophones, la littérature est appréhendée en littérature francophone vs. littérature non-francophone. Cette division repose sur le fait que la première relève de la littérature des anciennes colonies et la seconde, de la littérature des pays non-colonisé[4]. Or, une telle dichotomie ne convient pas à l'hétérogénéité (de degré et de nature) francophone qui se manifeste en Asie. Notre hypothèse est qu'il serait non pertinent de classer les œuvres de cette période exclusivement en fonction de la langue dans laquelle elles se sont retranchées. Au contraire, ces œuvres de la main d'auteurs francophones, conçues selon l'esthétique française, rompent radicalement avec les œuvres précédentes ; elles ne devraient pas être gommées de la mouvance francophone de l'époque. Étant donné l'empreinte manifeste que portent ces œuvres de la littérature française, les saisir sous l'angle de la littérature de cohabitation est des plus opportuns. Pour démontrer la crédibilité de ce que nous avançons, situons-nous dans la conjoncture littéraire de l'Asie.

Alors que dans les aires francophones classiques où le pays conquis par la France devient francophone et sa littérature, d'expression française, la reconnaissance des phénomènes francophones en Asie s'appuie, elle, sur des données multiples qui ne se réduisent pas seulement au volet linguistique. De fait, l'Asie, avec la concession, le comptoir et le territoire à bail comme formes de contact avec l'Étranger, privilégie une vitalité francophone différente qui conduit sa littérature (francophone) à des formes non conventionnelles. En d'autres termes, l'héritage français survit dans un dynamisme autre, non exclusivement canalisé dans la langue (française), mais plutôt dans le paradigme de création. Car sans passer par la phase officielle de la colonisation, la langue comme la littérature françaises ne font pas partie du canon dans ces pays et, par conséquent, l'acculturation de la littérature occidentale/française s'effectue au niveau du fond qui prévaut alors : l'esthétique française. Par exemple, les héros traditionnels, jadis l'incarnation du Beau, se muent en antihéros dotés de tares ; le récit n'est plus conté de façon linéaire sous le joug de la chronologie, mais dans un emboîtement d'événements enchevêtrés, régis par plusieurs fils conducteurs, dans une chronologie non linéaire. Puis, les propriétés des protagonistes ne sont plus étalées qu'à travers leurs actions tangibles, mais enrichies de volets psychologiques et dévoilées sous les yeux du narrateur omnipotent et omniprésent. Enfin, les tabous, comme par exemple la chasteté féminine tenue pour transcendantale, ou l'abnégation de mère et d'épouse, sont levés, ici supplantés par l'amour libre et son expression ostentatoire. Ces emprunts

4 Seront toutefois écartées la littérature belge d'expression française ainsi que celle de Suisse.

flagrants à la littérature française, par des auteurs francophones de l'époque, distinguent leurs œuvres des œuvres locales. Ne pouvant être classées dans la littérature francophone, de par la langue dans laquelle elles sont conçues, ces œuvres méritent d'être appréhendées à notre avis sous l'angle de la littérature de cohabitation.

En ce sens, *Fleur sur l'océan des péchés*, de la main d'un Francophone, Zeng Pu (1872-1935), rédigé en chinois, fait prototype. De fait, avec l'influence manifeste d'éléments étrangers jusqu'alors méconnus, la configuration, la diégèse et la teneur de cette œuvre ne peuvent être qualifiées de littérature chinoise typique, mais de littérature de cohabitation. Ce genre d'œuvre mérite qu'on y regarde de près d'autant plus que le roman de Zeng Pu n'est pas un cas isolé. Les pastiches de *Madame Bovary* et de *Jean-Christophe*[5], qui font partie de cette littérature de cohabitation, sont aussi rédigés en chinois. Quoique postérieurs à l'œuvre de Zeng Pu, ces pastiches sont le fruit de la cohabitation qu'induit la présence de la littérature française. Un tel climat se mesure encore par un chiffre aussi éloquent que prégnant. Les œuvres des 200 écrivains français recensées dans la *Grande encyclopédie* (She 178) pour leur traduction complète ou partielle attestent, sans l'ombre d'un doute, l'apport de l'héritage français dans le monde littéraire local. Force est de constater que cet héritage vit en grande partie dans les œuvres exprimées en langue indigène. D'où la question qui s'impose : un tel transfert de la littérature française devrait-elle être exclue de la manifestation (francophone) asiatique ? Quelle que soit la réponse qu'on en tire, un fait historique est incontestable : la primauté de la littérature française relève dans ce cas du culte que vouent les auteurs francophones aux œuvres françaises, considérées comme leur paradigme.

Qu'est-ce que la littérature de cohabitation ?

Même si ce phénomène de cohabitation était intégré à la manifestation francophone dans les pays asiatiques ayant échappé à la colonisation classique, les questions de base ne sont pas éclaircies pour autant. D'abord, comment articuler scientifiquement une telle littérature ? Quels sont les éléments factuels et tangibles susceptibles d'identifier des œuvres qui y appartiennent et d'autres qui en seront exclues ? Pour y répondre et afin de poser un regard global sur l'ensemble des productions littéraires des Francophones de l'époque, remontons à l'origine du genre de « littérature

5 Il s'agit de Li Jieren (*Si shui wei lan*, Shanghai, Zhonghua shu ju, 1936) et de Lu Ling (*Cai zhu di er nü men*, paru pour la première fois dans la revue *L'Espoir*, 1948).

francophone » pour circonscrire nos réflexions. Sachons qu'avant la « littérature francophone », il y avait, en amont, « la littérature coloniale » qui la précédait, sauf que celle-ci fait tabou. Car elle connote une condescendance répugnante qu'on lui a historiquement accolée. De fait, imputable à sa signifiance colonisatrice (détruisant la culture indigène), la littérature coloniale cède et finit par être condamnée au profit emphatique de la littérature anti ou postcoloniale appelée aujourd'hui la littérature francophone. Au-delà de cette métamorphose des dénominations marquant l'évolution du genre, il ne faut pas perdre de vue que l'origine de la littérature francophone puise au genre de la littérature coloniale. Mais la question essentielle n'est pas résolue : la littérature coloniale équivaut-elle à la littérature des colonies ?

Il serait opportun de rappeler l'étude de Robert Randau qui retrace l'origine du genre :

> À l'origine, c'est-à-dire pendant la période qui va de 1873 à 1900, ceux qui écrivent sur nos colonies furent ceux-là mêmes qui avaient assuré la conquête du pays. [...] Nous eûmes en ce temps-là une magnifique bibliothèque de Voyages, de Journaux de route, de Mémoires. (Randau 417)

Et l'auteur de se référer à Roland Lebel[6] – un des pionniers en la matière dont les travaux sont mis en veilleuse aujourd'hui – pour emprunter sa définition :

> La littérature coloniale réside dans l'essence des idées, des sentiments, des faits exprimés, et non pas dans le lieu, dans le décor [...]. Nos écrivains algériens sont nés pour la plupart en Algérie ; certains parmi eux sont des Arabo-berbères, qui œuvrent en français[7]. (Randau 434)

Selon Lebel, la littérature coloniale évolue en deux phases dont la première est une littérature de l'intime des « colonisateurs » sur la terre conquise exprimée à travers des genres, tels que le journal intime, les mémoires, l'autobiographie ou la correspondance et, la seconde est une littérature écrite de la main du peuple indigène. Autrement dit, cette seconde partie prendra de l'ampleur et évoluera vers ce qu'on appelle communément la littérature francophone. En somme, l'effacement de la littérature coloniale,

6 Voir à ce sujet, les ouvrages de Roland Lebel, considérés comme la base de la littérature coloniale : *Études de littérature coloniale*, Paris, J, Peyronnet et Cie, 1928; *Histoire de la littérature coloniale en France*, Paris, Rochefort-A. Thoyon-Thèse, 1930.

7 Thèse de Roland-Lebel citée par Randau.

due à son signifiant condescendant et oppressif, donne libre cours à la littérature anticoloniale et postcoloniale. L'exhumation de l'origine de la littérature francophone à travers l'histoire de son évolution fait la lumière sur sa variante en Asie. Notre hypothèse est que s'il existe une littérature coloniale (en amont) et anticoloniale ou postcoloniale (en aval) dans les colonies classiques, son équivalence en Asie, où le français n'est pas une langue officielle, serait une littérature de cohabitation. Une telle littérature, qu'elle soit pastiche d'œuvres françaises ou conçue selon l'esthétique française, s'exprime de prime abord en langue indigène.

Les attributs de cette littérature seront étudiés au fur et à mesure de l'analyse des composantes du roman de Zeng Pu. Au demeurant, sans vouloir avancer davantage sur ce terrain glissant susceptible de controverses et semé d'embûches, le moins que l'on puisse dire c'est qu'il serait aussi trompeur de camper la littérature coloniale dans un genre figé que de la désigner empiriquement par une littérature des colonisateurs portant sur les colonies. La garantie et en même temps les conditions de pouvoir l'appréhender scientifiquement sont de lui soustraire le signifiant accolé à elle, permettant ainsi un élargissement du concept. Premièrement, le vecteur de la littérature coloniale est la matière qu'elle traite, où qu'elle soit produite et par qui que ce soit. Deuxièmement, même si la littérature francophone en Asie ne peut être coiffée du nom de littérature coloniale ou post-coloniale, l'exemple des écrivains algériens (mentionnés plus haut par Lebel) recoupe le cas des écrivains asiatiques dans le sens où des auteurs indigènes expriment une littérature locale de cohabitation française. Sauf que dans le premier cas, les œuvres ont toute la chance d'être exprimées en français, alors qu'elles se retranchent dans la langue indigène dans le second cas.

Force est de souligner qu'une telle expression locale qui reflète la retombée socio-littéraire du phénomène de cohabitation culturelle ne peut être gommée de la manifestation francophone en Asie, même si cette littérature (pastiche d'œuvres françaises ou conçue selon l'esthétique française) tend à s'exprimer en langue indigène. Pour une raison évidente, l'unité linguistique (le français) ne tient pas comme emblème (en tant que langue officielle) dans le cas des pays asiatiques. Comme force innée, cette littérature de cohabitation subsiste sous des formes multiples et non exclusivement dans une expression française. Car l'Asie avec ses concessions, comptoirs et territoires à bail acquiert une vitalité francophone différente, privilégiant des échanges transculturels qui conduisent sa littérature (de cohabitation) à des formes distinctes. Dans le cas de la Chine, sa toute première apparition relève d'un carnet de notes de Zheng Ruozeng sous les Ming :

> L'année de Dingchou sous le règne de Zhengde [1517], tandis que j'étais fonctionnaire au Service des Affaires Marines du Guangtong, deux grands vaisseaux surgirent et entrèrent directement dans le port de Huaiyuan au Guangtong ; ils se dirent Portugais et prétendirent venir payer le tribut. Le capitaine s'appelait Jiabidan et ils avaient tous de grands nez et des yeux creux[8]. (2004 Meng Hua 160-161)

Et la littérature sur l'Étranger débute avec le fameux recueil d'essais : « Le *Poxieji* (collection pour la destruction des doctrines vicieuses) fut compilé de 1608 à 1639 et conserve une soixantaine d'écrits critiques originaires du Sud de la Chine » (Moureau 441). Paru sous la dynastie Ming, ce recueil prend note de l'arrivée du christianisme et de la culture européenne ; de sorte qu'il est considéré comme un des premiers écrits attestant la pénétration et la cohabitation avec l'Occident.

La conclusion de ce qui précède ne peut passer sous silence la dualité indissociable de l'identité-altérité. En appréhendant l'Étranger, les Chinois de l'époque notent l'altérité, en comparaison avec leur « soi », ancré dans sa propre identité. Et les dix-huitième et dix-neuvième siècles voient s'amplifier cette littérature locale sur l'Étranger avec des œuvres d'expression chinoise, française ou anglaise[9]. L'intérêt des discours sur l'altérité incarnée par l'Étranger est de révéler l'effet d'altérité sur la littérature locale qui renforce notre approche de la littérature de cohabitation. En clair, une telle littérature peut munir des langues différentes. Notre conviction est que la littérature de cohabitation ne peut être définie que par la langue à laquelle elle recourt, mais aussi par le paradigme de création. Depuis les Ming jusqu'en 1949 avec la fin des concessions et la suspension de la cohabitation, l'Empire du Milieu connaît une multitude de pastiches et d'œuvres de cohabitation dont *Fleur sur l'océan des péchés* demeure emblématique.

Zeng Pu et la génération d'auteurs de cohabitation

Zeng Pu, romancier classique de premier ordre, francophone et disciple de Chen Jitong (2005 Cheng 40-41) qui l'avait initié aux grands du monde littéraire français depuis Rabelais et Ronsard, est l'auteur principal de

8 Zheng Ruozeng, *Chouhai tubian* [*Notes sur les résistances aux envahisseurs étrangers*], cité et traduit par Meng Hua.

9 À titre d'exemple, la nouvelle *Mademoiselle Lysing* est écrite en anglais par un des premiers anglophones chinois Tcheng-Wi-Mô (1903-1955). Voir sa traduction française dans *L'Europe* (vol. 19, 1929, 337-346).

l'œuvre. Lettré de souche, ayant réussi le concours impérial en 1891 (Juren), il fut aussi un sympathisant de la Réforme de Wu-Xi. Son choix de devenir francophone, marqué par l'entrée au Séminaire Tongwen en 1895 (1982 Shi 13), reflète la conjoncture d'une Chine cohabitant avec les puissances étrangères. Hélas, les années 1895 amorcent déjà le déclin de Tong Wenguan, de sorte que l'acquisition du français ne lui assure plus le moyen d'accéder à la Cour, ni à la diplomatie, comme ce fut le cas pour ses confrères aînés. Ce qui explique son virage vers les belles-lettres (2008 Han 133). Les annales des Zeng révèlent que son premier écrit sur la poésie française daté de l'année 1901, est suivi d'un recueil de notes de lecture des œuvres françaises (1982 Shi 115), trahissant en partie sa prédilection pour l'école poétique française. Traducteur originel de Molière, de Dumas père, de Zola et de Hugo, Zeng Pu, dont le parcours fait figure de prototype de la première génération de Francophones, corrobore notre hypothèse sur le phénomène de littérature de cohabitation. En 1904, il crée avec ses collaborateurs la maison d'édition Xiao Shuoling (Forêt de romans) à Shanghai et une revue mensuelle du même nom. Quelque vingt ans plus tard, il crée une autre maison : Zhen/Shan/Mei (vérité/bonté/beauté 1927-1931) en collaboration avec son fils aîné Zeng Xubai. Tenant lieu aussi de « cabinet de livres », cette maison est un haut lieu du transfert des œuvres françaises qui touchent le lectorat chinois dans les traductions publiées par la maison.

Féru des écrivains français à qui il voue un véritable culte, Zeng Pu aligne son crédo de création sur l'esthétique française : « Vérité » pour l'âme de la littérature « beauté » pour la manifestation de cette âme ; « bonté » pour le cœur de l'œuvre (2001 Shi 10). Ce précepte connote sa maison, partisane de l'art pour l'art dans l'introduction systématique des œuvres occidentales (1982 Shi 82). Écoutons Zeng Pu : « L'objectif de la maison est d'une part d'exprimer mes opinions, mais aussi de créer une atmosphère semblable au salon français » (1982 Shi 46-47, notre traduction). Ce cénacle littéraire sous forme de maison d'édition donne libre cours aux événements porteurs d'un phénomène de cohabitation. Ainsi un numéro spécial est consacré à l'occasion du centenaire du Romantisme français en l'honneur des figures prééminentes de cette école (1982 Shi 53). Cette ardeur de « l'homme de cohabitation » se confirme aussi à travers la richesse de sa collection privée (1982 Shi 118)[10] dont un exemplaire de la première édition des *Œuvres complètes du théâtre* de Hugo, épuisée en France, et un autre de *L'Opéra de la dame aux camélias*, d'une édition spéciale de commémoration en 500

10 Dans la revue *Yi wen yi hua* Taichang affirme que Zeng Pu aurait révélé sa collection privée à la demande d'un écrivain français.

exemplaires également épuisée. Même la Bibliothèque nationale de France ne les possède pas. Mais la transcendance qu'inspire son nom au sein de La Nouvelle littérature en Chine revient à son roman-culte de fin des Qing.

Un roman clé

Longtemps banni et mis à l'index au temps rouge de Mao, ce chef-d'œuvre du vingtième siècle s'inspire, grâce à l'avènement des concessions, de la vie rocambolesque d'une prostituée. Se faufilant aussi bien parmi les Blancs que parmi les Vice-Rois, elle se fait courtisane avant de se muer en concubine d'un vieux Mandarin envoyé comme émissaire en Europe dans les années 1860. Le succès foudroyant qu'embrasse le roman lors de sa sortie témoigne de l'écho et de la reconnaissance suscités au sein du lectorat de l'époque, qui s'identifie au désarroi social qu'entraîne dans son lot la pénétration des cultures européennes. Au lieu de se centrer sur des événements historiques avec des figures authentiques comme protagonistes – tel que le font tous les classiques chinois – le roman porte sur les mœurs du temps, d'où l'unicité de Zeng. La mosaïque des mœurs fait transparaître en filigrane des événements de l'époque qui lui servent de toile de fond. Dans la lignée du roman français, les héros traditionnels (héritiers du Beau) sont substitués par les antihéros dotés de tares morales, du jamais vu à l'époque. En aucun lieu, Zeng ne sort de son habit de narrateur pour porter un jugement sur l'héroïne, tant sur ses dévergondages que sur ses désinvoltures morales. Au contraire, l'accent est mis sur tout le charme qu'elle suscite au sein de la haute Cour impériale ou auprès des Européens.

Même si, au niveau de la forme, l'œuvre obéit au carcan chronologique (sous Zhanghuiti), le roman s'aligne sur l'école française dans son agencement diégétique, sa configuration romanesque et ses antihéros épargnés de jugements quoique dotés de tares. Écoutons l'auteur :

> Tel qu'enfiler des perles, *Lu ling wai shi* dont l'intrigue est linéaire, les enfile verticalement en un seul fil, une à la fois du début jusqu'à la fin. Or, je les enfile horizontalement à multiples fils. Tantôt en enfiler une, tantôt suspendre. Plusieurs fils en même temps depuis le centre, telle une fleur de perles [...]. *Lu ling wai shi* est de formule dialogique, parlant de B, laissant tomber A, parlant de C, oubliant B ; on s'arrête ou on avance quand bon lui semble. Mon roman est fait de rebondissements, début et fin se renvoient [...][11]. (1991 Zeng 2, notre traduction)

11 Réplique de Zeng Pu à Hu She, citée dans l'« Avant propos » de la réédition de 1991 (Shanghai, Gu ji shu ban she).

Les fondamentaux qui différencient la création de Zeng Pu de celle des auteurs classiques, relèvent du fait que Zeng est francophone, traducteur et partisan de la littérature française.

La Genèse du roman

Si l'on se fie aux recherches de Shi Yin, les premiers six chapitres de l'œuvre signés Jin Songyin (1874-1947) seraient parus à Tokyo en 1903, au numéro 8 de la revue mensuelle *Jiangsu*, fondée par des étudiants apprentis venus de la province du même nom (1991 Zeng 23-24). En septembre 1904, Zeng reprend le flambeau à partir du chapitre sept et collabore avec Jin pour les soixante chapitres suivants du roman. L'édition de 1905 fut imprimée encore à Tokyo mais distribuée par la maison « Forêt de romans » à Shanghai (1991 Zeng 27). Perçue comme roman politique par la critique de l'époque, la partie qui est de la main de Jin Songyin fustige les agressions des expansions européennes en Chine et conséquemment la perte d'identité culturelle homogène. Cette figure de patriote et de défenseur de l'intégrité culturelle fait place chez Zeng Pu à un roman penché sur les méandres impériaux. À travers les faits et gestes des protagonistes qui côtoient les Européens, le roman met l'accent sur la brèche créée dans les mœurs secouées au contact des cultures occidentales. Les propriétés des protagonistes dont les péripéties s'entremêlent avec des Européens cristallisent la retombée de la cohabitation culturelle et littéraire que subit la fin des Qing à l'aube de la République.

Ainsi les 15 éditions et rééditions du roman entre 1905 et 1906, vendues à 50.000 exemplaires (1991 Zeng 28), sont au-delà de toute espérance. Le succès phénoménal qu'embrasse le roman est redevable à sa devise sensationnelle qui exhorte les lecteurs à faire table rase du régime absolu et tyrannique au profit d'un État de droit du citoyen (2009 Aying 22). Ce message révolutionnaire pour une Chine républicaine à la chinoise (sans cohabitation) et citoyenne (la Chine aux Chinois) lui vaut un succès fulgurant. Car une telle idée avant-gardiste dépasse de loin toutes les propositions avancées par tous les romanciers durant l'ère des Qing. A fortiori, la genèse du roman s'inspire d'un cas réel. Calqués sur des célébrités flamboyantes, de surcroît identifiables par le lecteur, les héros du roman renvoient à l'émissaire de Russie, d'Allemagne et d'Autriche : Hong Juin et sa concubine « Fleur dorée Sai ». Et le roman aiguise l'impétuosité des lecteurs par la vraie identité de la concubine dont font écho les grands quotidiens de l'époque. Sous la rubrique « Notes et questions avec Dong-ya-bing-fu »[12], le journal shan-

12 Pseudonyme de Zeng Pu qui signifie : l'homme d'extrême-oriental malade.

ghaien *Shenbao* fait paraître, le 25 novembre 1934, un entretien avec Zeng Pu dans lequel est révélée l'origine de ses rencontres avec les protagonistes (1982 Shi 10)[13]. Ainsi la vertu première de l'œuvre réside dans le regard authentique qu'elle pose sur les mutations des conditions socio-culturelles dues à l'avènement des concessions. Celles-ci amènent dans leur sillage le phénomène de cohabitation de culture, de langue, et de mode de vie des Européens dans l'Empire du Fils du Ciel fermé depuis des millénaires.

Sous le couvert de la fiction, la valeur de témoin oculaire que tient ce roman vis-à-vis du choc culturel provoqué par ces « Xi-yang-ren »[14] est une première. Dans le prélude, Zeng Pu affirme ceci :

> Le roman est axé sur la vicissitude des avatars de l'héroïne qui renvoient aux 30 dernières années des Qing pour faire ressortir événements, anecdotes ou historiettes en toile de fond tout en évitant un recoupement direct avec l'histoire de la Chine. (2009 Aying 21, notre traduction)

Combien ces trente ans de fin de Qing forment une épopée douloureuse dans la mémoire collective ! Ils font couler beaucoup d'encre sur les mutations socio-culturelles auxquelles s'identifie un lectorat déboussolé, dévoyé devant l'arrivée massive des Européens dont la présence s'entrechoque avec des valeurs séculaires.

Sai : un fleuron de la cohabitation

Découverte inopinément en 1933 par un journaliste pékinois, la vraie identité d'une grognasse occupant un logis délabré au fin fond d'une ruelle à Pékin provoque tout un émoi. Sai fait la une de plusieurs grands journaux et se fait convoquer par des lettrés de renom intrigués par la vie légendaire de l'héroïne de Zeng Pu :

> Un jour de l'hiver dernier, je causais avec Bannong à l'Université de Pékin mentionnant « Fleur dorée Sai ». Il m'a dit : « Il y a un bruit qui court, on s'apprêterait à lui consacrer une biographie en français, écrivons-en une d'abord en chinois » [...]. C'était déjà en décembre l'an dernier, Sai

13 Voir également l'article : « La vie de Fleur dorée Sai » paru le 17 novembre dans le même journal (cité dans 1982 Shi 57).

14 En mandarin cela signifie l'homme d'océan occidental, une appellation donnée par les Chinois à tout Européen entre XVIe-XIXe siècles. Sa variante en français « Si-yang-ien » est attestée par Almerindo Lessa (61). Notons qu'avant le XXe siècle, les Chinois désignent également le Tibet et l'Inde méridionale par l'« Occident ».

> fut convoquée pour nous rencontrer tous les deux jours, une dizaine de fois en tout, nous relatant les faits saillants de sa vie[15]. (1934 Liu ii, notre traduction)

Cette biographie de la main de Liu Bannong, professeur à l'Université de Pékin, renchérit la diégèse du roman avec un vécu relaté par cette « déesse de la populace » qui fait sensation auprès des mandarins fréquentant la haute Cour. De concert avec la fiction, la biographie, quoique basée sur les dires de Sai, sert de repères pour recouper les événements narrés dans le roman.

Sai est originaire d'une famille de commerçants Zhao dans la province d'Anhui avant d'emménager à Souzhou, une petite cité voisine de Shanghai réputée pour ses jardins de bambous et ses étangs contrefaits. Les chercheurs chinois divergent sur sa date de naissance (soit en 1871 ou 1874) (1989 Wen 15)[16] tout comme l'origine de sa famille, s'agissant d'une famille bourgeoise ou pauvre. Suivant encore son biographe, ses premières sorties en tant qu'accompagnatrice de boissons et de chansons sont sollicitées par souci pécuniaire pour entretenir la famille aux côtés de sa grand-mère. D'autres chercheurs affirment qu'à la mort de son père, elle est dupée pour être vendue sur des barques (bordels ambulants qui flottent sur les étangs artificiels) comme hôtesse de boissons et de chansons. Comme Souzhou n'avait pas de bordel à l'époque, les prostituées recevaient les clients sur des « barques fleuries » dont plusieurs restent légendaires de par leur grand luxe de bateau couvert, doté de meubles en bois rouge laqué, aux fenêtres des côtés parées de jasmins. Au-delà des détails biographiques sur lesquels ne s'entendent pas les chercheurs chinois, ils s'accordent à l'unisson sur son physique de nymphe d'eau douce, assortie d'une voix d'or, qui fait grimper son cachet et fait d'elle une « geisha » favorite des mandarins, hauts dignitaires et nobles.

À son 13e printemps, elle rencontre sur la barque Hong qui lui succombe. Ayant réussi à l'examen impérial comme Zhuang Yuan (équivalent de la médaille d'or) en 1868, Hong épouse Sai à titre de concubine en 1886 (certains disent 1887). Le mariage a lieu au 14e printemps de Sai avec Hong 50 ans sonnés. Envoyé en Europe par l'Impératrice comme émissaire, il l'y emmène

15 « Prologue » de Shang Hongkui (collaborateur et ancien élève de Liu), rédigé le 9 octobre 1934 à la mort subite de Liu à l'occasion de la publication de l'ouvrage. Nous utilisons sa réédition de 2006 des Presses universitaires du peuple.

16 Cependant Li Wenhai avance d'autres données biographiques de Sai (1997 Li vol. II 778). Remarquons encore que sur la page de titre de l'ouvrage de Liu Bannong, les années 1872-1936 sont données comme dates biographiques de Sai, alors qu'elles sont devenues 1874-1933 à la page 52.

à partir de 1888. Ses années à l'étranger au cours desquelles elle fréquente et côtoie la haute cour européenne notamment allemande, racontées à la façon de conte de fées, sollicitent une imagination débridée du lecteur. Le faste des audiences reçues par le couple impérial allemand et, qui plus est, la grâce dont elle jouit auprès de la fille aînée de la Reine Victoria sont largement décrits dans le roman :

> Tout Berlin savait que Fu Caiyun était la plus belle femme de Chine, chacun voulait la voir, elle avait même rencontré plusieurs fois l'épouse du Chancelier Bismarck, Johanna, qui l'avait introduite auprès d'une aristocrate de sang impérial qui se faisait appeler Madame Vicka. [...] Dès leur première rencontre, Caiyun lui avait beaucoup plu, et de ce jour, elle lui donna de nombreux rendez-vous. (1983 Zeng 124)

Les deux femmes se réjouissent d'une connivence et d'une compatibilité inouïes :

> [...] elle ouvrit fébrilement le coffret, et ce qu'elle y vit l'étonna. Il ne contenait ni bijoux ni soieries mais une photographie, très vivante de deux femmes [...]. L'une était une jeune femme gracieuse, et l'autre une aristocrate distinguée. On aura deviné que la jeune femme était Caiyun elle-même, vêtue à l'occidentale, et que la noble dame était Madame Vicka [...]. Tout à coup, tout devint clair : Madame Vicka n'était autre que Victoria II, la femme du Grand Empereur Frédérick, la fille ainée de la Maîtresse du Monde, la Reine Victoria d'Angleterre. (1983 Zeng 132)

Cette photo fabuleuse fait fureur auprès du lectorat de l'époque emballé par un conte de fées matérialisé. La vie mondaine de la déesse chinoise qui subjugue la Cour européenne apporte sans doute un cachet inédit et une saveur exquise au récit de Zeng Pu. En parallèle, la position de confident dont jouit Hong auprès de l'Impératrice douairière Ci-Xi lui garantit aussi de rester en grâce. Nous en tenons pour preuve les calèches à l'eau et les paquebots sur le lac Kuen-Ming au Palais d'été qui sont ses offrandes rapportées d'Europe pour l'Impératrice (1934 Liu 258).

À la mort de Hong, Sai coupe les ponts avec le clan pour habiter Shanghai où elle se remet, sous le nom de Chao Menglan, à son vieux métier en entretenant un salon de livres[17] devenu un haut lieu de plaisir fréquenté

17 Les bordels de Shanghai étaient classés en plusieurs catégories dont la plus élevée est appelée Salon de livres dans lequel les prostituées se doivent de chanter des airs classiques chinois.

par le gratin du « Paris de l'Orient ». Son aménagement ensuite à Tianjin où elle entretient de nombreux dignitaires de la Cité interdite s'avère aussi fracassant. Ainsi se rappelle Chen Henqing, un ancien garde de la Cour, au crépuscule de sa vie dans ses mémoires :

> Devant la cour de la « Fleur dorée Sai » se faufilent mille courtisanes. Sai fait notoriété accueillant toute une audience pressée à la porte, calèches et haut gratin. [...] À ma première rencontre avec elle, je n'osais poser mon regard sur elle, de peur que la splendeur de sa plastique ne fasse trébucher ma chair et mon âme[18]. (1997 Li vol. II 778-779, notre traduction)

La vie authentique de Zhao Caiyun (1871-1936), qui recoupe les péripéties de l'héroïne cristallisées à travers les épisodes impliquant des Européens, sème l'émoi lors de la sortie du roman qui séduit le lecteur à plus d'un égard. Sur un fond de cohabitation culturelle, à travers le mariage, la mission impériale du protagoniste et le séjour du couple en Europe, le roman fustige la perdition des Qing, la corruption de la Cour, la lâcheté de l'Empire et la décadence des lettrés féodaux. Plusieurs fils conducteurs déployant la diégèse entrelacent les intrigues qui mettent en relief le déclin, la chute et l'inertie de la Cour, des hauts mandarins et des Vice-Rois.

Des éléments de cohabitation

Les démonstrations d'une culture en cohabitation ne manquent pas dans le roman. En particulier, les nombreux et inlassables dialogues des protagonistes tiennent lieu de théâtre de cohabitation tout au long des chapitres. Les évocations ou parallèles renvoyant à l'Occident comme illustration de choc des valeurs sont multiples. Ainsi l'univers référentiel de Zeng Pu ne relève pas d'écoles confucéenne, taoïste et bouddhiste ; il est axé sur le monde européen. À preuve, les références à Louis XIV et à Louis XVI, généreusement cités (1983 Zeng 2) comme despotes pour fustiger la tyrannie des Qing, font irruption dans l'imaginaire chinois. Quant à l'avenir vers lequel doit se diriger la Chine, on se réfère au Saint-Simonisme :

> C'est une société qui a ses origines chez un Français : Saint-Simon, à l'extrême de l'égalitarisme [...]. Cette pensée voit dans l'Empereur un ennemi et dans l'État un brigand : les affaires du pays doivent être débattues et réglées par le peuple assemblé [...]. (1983 Zeng 107)

18 Un passage de *Jian shu xi an bi ji* cité par Li Wenhai.

Et le nom de Jean-Jacques Rousseau, le Père de la pensée républicaine et démocratique, est cité sous l'acclamation lors du discours d'intronisation du héros à titre de Zhuangyuan (1983 Zeng 6). Servant de ligne maîtresse du roman, le ménage du couple protagoniste, le séjour outre-mer ainsi que les ébats amoureux que savoure l'héroïne avec d'autres personnages, offrent un terrain de prédilection au déploiement des mœurs secouées au contact des influences européennes. L'avènement de l'occidentalisation, l'envahissement de la culture européenne au détriment de l'homogénéité des Han sont palpables dans la filigrane des dialogues échangés entre les personnages :

> Shanghai est une ville trépidante. On m'a dit que, depuis qu'on a ouvert le port, on n'a pas pu sauvegarder les murs du tombeau du Grand Secrétaire des Ming, Xu Guangxi, précurseur de l'introduction des sciences occidentales [...]. (1983 Zeng 9)

> Nous sommes à une époque d'échanges entre les nations [...] il faut savoir une langue étrangère et connaître l'origine de la puissance et de la richesse de l'étranger [...]. J'ai d'ailleurs appris que le troisième mois de l'an dernier, s'est ouverte à Pékin l'École des Langues (Tongwenguan), qui recrute par concours les plus brillants élèves pour leur enseigner l'astronomie ainsi que les langues étrangères. (1983 Zeng 13)

De concert avec la teneur de tels dialogues, l'Occident s'invite dans le quotidien des protagonistes : « le tapis français était si moelleux qu'il devait avoir plus de deux pouces d'épaisseur » (1983 Zeng 18). Et les lunettes fumées font leur grand début au pays du Dragon : « une Occidentale extrêmement élégante [...]. Elle portait une robe noire, un chapeau de paille sur la tête et une paire de lunettes de verre coloré sur le nez » (1983 Zeng 99-100).

En cherchant à démontrer les réalités francophones en Asie, nous avons montré que la littérature francophone en Asie ne peut pas être appréhendée seulement dans son expression française car elle existe sous d'autres formes à travers des voies non conventionnelles. Par conséquent, elle revêt des visages jusqu'ici insoupçonnés. Comme ce constat renvoie au phénomène partagé dans plusieurs pays d'Asie, à valeur d'essai, nous nous sommes penchés sur le cas chinois dont la littérature de l'époque renvoie aux œuvres d'expression française, aux pastiches français et à la création littéraire suivant l'esthétique française. Autrement dit, la littérature francophone en Chine ne s'en tient pas qu'aux œuvres écrites en français par des

Francophones, mais revêt de multiples dimensions. Les émules de *Fleur sur l'océan des péchés* ne manquent pas dans cette période de cohabitation avec l'Occident. Leurs écrits forment un corpus d'œuvres témoignant l'envers de la pénétration des Français et Européens et les enjeux sociaux qui en découlent. Force est de constater qu'un tel roman pose un paradigme à toute une littérature appelée la « littérature de cohabitation » qui pourrait être étendue aux autres pays asiatiques ayant rencontré la culture française au cours de leur histoire. En d'autres termes, le cas du chef-d'œuvre chinois prélude à la situation de transfert littéraire et culturel entre la France et l'Asie dans l'ensemble des pays asiatiques où la littérature francophone ne relève pas de la colonisation classique.

2 Les pastiches des chefs-d'œuvre français

Si *Fleur sur l'océan des péchés* pose un paradigme pour la littérature de cohabitation en tant qu'œuvre conçue selon l'esthétique française, d'autres sont de véritables pastiches. Étant donné que « la présence du pastiche comme indicateur des échanges littéraires internationaux »[19] (Gauvin ; Avenne 25) est soulignée par plusieurs, il va de soi que le genre occupe un des pôles d'attention du présent ouvrage. Et le cas de *Rides sur les eaux dormantes*[20] demeure un des plus éclatants. Le rapport multiple qu'entretient son auteur avec le chef-d'œuvre français fait du roman chinois un prototype du genre. Ainsi dans le cadre de la francophonie en Orient, si la lecture d'un auteur adulé sert de rite d'initiation pour une éventuelle création pastichée, la traduction en est le moteur. Ceux qui lisent et traduisent les auteurs français semblent être prédisposés à pasticher les Maîtres :

> [Ils] ne pouvaient s'empêcher de copier l'écrivain qu'ils traduisaient, que ce soit dans la reconstruction du style ou la reproduction des personnages. Ainsi, à l'origine de nombreux jumeaux chinois, les œuvres françaises se sont intégrées à la nouvelle littérature chinoise. C'est ainsi que les écrivains de la nouvelle littérature chinoise chargés des traductions étaient baptisés « Zola de Chine », « Flaubert oriental », « plume de Rousseau ». (2005 Cheng 40)

19 Paul Aron, « Le pastiche et la parodie. Instruments de mesure des échanges littéraires internationaux », Gauvin; Avenne (éd).

20 Li Jieren, *Si shui wei lan* (Shanghai, Zhonghua shu ju, 1936. Dorénavant *Rides*) et sa traduction française par Wan Chunyee (Paris, Gallimard, 1981). Dans l'« Avant-propos », on peut lire ceci : « on croit même parfois reconnaître *Madame Bovary* sous les traits de la belle-sœur Cai ».

Ainsi le transfert de *Madame Bovary* en Chine et la parution de son pastiche font partie de la manifestation francophone qui s'inscrit dans la vogue de cohabitation culturelle depuis la fin de Qing. L'année où *Madame Bovary* atteint le lectorat chinois par le biais de la traduction de Li, Flaubert est déjà un auteur connu. L'écrivain français est introduit quatre ans plus tôt par Mao Dun (2004 Qian 287)[21], éditeur en chef de la célèbre *Revue mensuelle du roman*. Francophone de première génération, Mao Dun est aussi un des tenants de La Nouvelle littérature chinoise. La notoriété ultime dont jouit *Madame Bovary* au sein du roman occidental donne l'élan au monde littéraire chinois, en quête d'une poétique romanesque occidentalisée. Plusieurs revues et journaux majeurs de l'époque, tels le *Quotidien du Matin*, *Le Roman*, *Magazine de l'Est*, subjugués tant par l'achèvement de l'écriture flaubertienne que par la forme de *Madame Bovary*, font paraître un foisonnement d'essais de grands lettrés chinois. Le *Quotidien du Matin* publie de surcroît un portrait de Flaubert, accompagné de plusieurs pages fac-similées de *Madame Bovary* (2004 Qian 286). Hélas dans aucun des manuscrits sauvegardés de Li, ni l'origine de ces pages ni la provenance du portrait de Flaubert ne sont évoquées. Pire, plusieurs sources pouvant attester son adhésion à l'art flaubertien sont aujourd'hui intraçables. Néanmoins, cela ne devrait pas nous faire dévier de notre objectif.

Le transfert de *Madame Bovary* en Chine

Sans doute la fortune légendaire de *Madame Bovary* en Asie constituerait un objet d'étude en soi. La réputation de Flaubert en Chine revient incontestablement aux efforts de Li Jieren qui introduit dès 1925 le chef-d'œuvre avec sa traduction. Journaliste et étudiant en France de 1919 à 1924, Li Jieren, dont le nom fait figure de référence dans la francophonie chinoise, est un écrivain de premier ordre, dans les années 1930. Dans ses « Notes aux corrections de *Madame Bovary* » de l'édition 1925, Li révèle que cette traduction achevée en juin 1923 provient de l'édition du roman par Eugène Fasquelle (1922). Antérieurement, Li avait entamé la traduction de plusieurs œuvres françaises, c'est sans doute *Madame Bovary* qui l'aurait subjugué. D'une part, le chef-d'œuvre servira de prototype à la conception de son propre roman qui cristallise les qualités d'un pastiche ; et de l'autre, autant *Rides* s'affiche comme pastiche, autant c'est l'œuvre emblématique de l'école provinciale dont Li élabore la base.

21 Shen Yianbin [Mao Dun], « Au centenaire de l'anniversaire de Flaubert », *Xiao shuo yue bao*, le 10 décembre 1921, cité par Qian Linsen.

D'entrée de jeu, soulignons que les événements entourant la pénétration en Asie de *Madame Bovary* offrent un cas d'étude intarissable. De la parution de l'œuvre en France à sa traduction chinoise, puis de son pastiche chinois à la traduction française du pastiche, le parcours migratoire de l'œuvre française illustre la théorie du transfert littéraire :

> Le terme de transfert [...] implique le déplacement matériel d'un objet dans l'espace. Il met l'accent sur des mouvements humains, des voyages, des transports de livres [...]. Il sous-entend une transformation en profondeur liée à la conjoncture changeante de la culture d'accueil. (Espagne ; Werner, page de présentation)

Et Espagne d'expliciter le renvoi de la notion de « transfert culturel » :

> Le terme de transfert culturel marque un souci de parler simultanément de plusieurs espaces nationaux, de leurs éléments communs, sans pour autant juxtaposer les considérations sur l'un et l'autre pour les confronter, les comparer ou simplement les cumuler. (Espagne, page d'introduction)

Les espaces nationaux dans lesquels s'effectue le déplacement (matériel) de l'œuvre sont mis en relief, dans le cas de *Madame Bovary*. L'itinéraire physique et pluriculturel de l'œuvre, son transfert d'un espace national à un autre – grâce à la traduction et à son pastiche – réaffirment la théorie qu'avance Espagne. Le triangle littéraire entre *Madame Bovary* (1857), sa traduction (1925) et son pastiche (1936) et l'entrée du pastiche en France (1981) dévoile le parcours transnational qu'emprunte une œuvre française pour atteindre le lectorat chinois. En d'autres termes, la migration en 1925 d'une œuvre de 1857 est achevée en 1981. En clair, la traduction sert de moyen au transfert de *Madame Bovary* en Asie. À l'inverse, l'entrée du pastiche en France boucle le mouvement transnational. De par l'accomplissement du parcours triangulaire, le cas de *Madame Bovary* souligne le rapport entre le lecteur du Maître français – son traducteur et disciple – et l'auteur de son pastiche. Li symbolise un exemple incontestable réitérant la voie de transfert littéraire comme processus d'acquisition francophone pour la littérature de cohabitation.

Les circonstances entourant la sortie de *Rides*

À la différence de l'œuvre de Zeng Pu qui connaît instantanément la gloire, dès sa sortie, *Rides* ne suscite aucun remous et passe quasi inaperçu lors de sa parution à Shanghai. Submergé par le tourbillon de la « Littérature anti-japonaise », *Rides*, précurseur du roman réaliste chinois, ne connaît son heure de gloire qu'un demi-siècle plus tard, grâce à sa traduction parue chez Gallimard. Mais la vraie popularité du roman est due à son adaptation cinématographique[22]. L'histoire de *Rides* se déroule dans l'une des périodes les plus mouvementées de l'historiographie chinoise contemporaine. Sur une toile de fond de quiétude imperturbable et d'autonomie apparente d'un bourg sichuanais de la fin de la période Qing, le roman se dérobe aux enjeux sociaux anti-japonais en cours lors de sa sortie. L'œuvre fait partie d'un triptyque d'hymne au bon vivant sichuanais hors d'atteinte des tourbillons de la guerre sino-japonaise dans lesquels est entrainée la nation entière. En ce sens la teneur non conformiste de *Rides*, avec son style de vie d'une aisance sichuanaise en retrait d'une Chine en tourment, le détourne du canon littéraire en vogue, contribuant à le marginaliser. Sa sortie en 1936 paraît incongrue à côté des ouvrages appelés l'« Alliance de littérature de gauche » avec leurs pamphlets, cinémas, romans et théâtres ambulants qui exhortent le peuple piétiné à se lancer contre les Japonais. D'où, il ne paraît qu'une seule réédition avant l'intronisation communiste alors que ses émules en connaissent une dizaine (1986 Li 97)[23]. Le même sort frappe son auteur ; disciple juré de Flaubert et chef de file du réalisme chinois, Li Jieren n'a pas connu la gloire de son vivant, ni avec ses œuvres, ni avec ses traductions.

Toujours est-il qu'il serait téméraire d'attribuer pleinement la fortune comme l'infortune de *Rides* aux seuls aléas politiques. Son emprunt original au réalisme occidental, sa diégèse « scandaleuse » à la Bovary et l'école provinciale dont il élabore la base, l'éloignent des canons littéraires en usage, contribuant par là à l'éclipser :

> Li Jieren's attempt to achieve a new panoramic fiction with multiple characters and interlaced plots inevitably digressed from an ideologically-driven and state-sanctioned form of narrative, which underscored the High status of typical characters and heroic plots. In Li Jieren's historical fiction, characters do not stand at the forefront of history or take any

22 Réalisé par Ling Zifeng (1917-1999) en 1992, le film porte le titre *Frénésie*.

23 On recense aujourd'hui à peine quatre éditions du roman. L'édition Zhonghua de 1936 (Shanghai) rééditée en 1940. L'Édition des Auteurs de 1955 est une version remaniée de celle de 1936, suivie d'une réédition de 1980. L'édition du Peuple de Sichuan intègre le roman dans *Œuvres Complètes* de Li Jieren pour une quatrième édition.

> explicit political action. Their behavior is more dictated by personal desires and wishes than driven by abstract, collective ideals[24]. (Tao ; Yang 198)

Écarté jusqu'aux années 1980 au cours desquelles soufflent, fût-ce encore timidement, des vents réformistes balayant l'empire dictatorial, *Rides* accède à son tour à l'avant-scène du monde littéraire. Sa redécouverte est poussée par « une incontestable soif de réappropriation du patrimoine littéraire moderne et ancien » (Rabut ; Pino 5). De fait, brutalement réveillée après l'ère maoïste, la Chine, au sortir de sa torpeur censoriale, s'attriste devant une constellation d'œuvres fauchées par « la main de fer » et s'apprête à les réhabiliter. À ce stade, le mérite de *Rides* ne relève pas précisément d'une reconnaissance littéraire ; il s'inscrit dans l'ère de la réhabilitation. Et tout de suite c'est la zizanie !

L'audace du moment se heurte rapidement aux résistances. Échaudée par l'intégrisme maoïste, la réticence émerge aussitôt : *Rides* raconte l'histoire d'une femme adultère ! Au lendemain de la disparition de Mao, oserait-on honorer un roman « immoral » condamné tout au long de l'ère rouge ? D'autant plus que, pour la Chine millénaire, la chasteté féminine est tenue pour transcendantale. Or, au milieu des tergiversations tourbillonnantes paraît opportunément chez Gallimard sa traduction française, et qui plus est, *Rides* serait un pastiche de *Madame Bovary* ! La posture reconquise de *Rides* l'est grâce à sa mise en relation avec *Madame Bovary*. Le chef-d'œuvre français amène en pleine lumière le chef-d'œuvre chinois jadis mis en veilleuse, même si celui-ci ne fait pas l'unanimité au départ. Conforté et mis sous la bannière de chef-d'œuvre universel, le pastiche accède ostensiblement au palmarès des œuvres à réhabiliter. Au-delà des revers que subit *Rides*, se dévoile la vicissitude des sorts réservés aux œuvres chinoises contemporaines.

Des qualités de pastiche

Bien que la comparaison entre Deng (l'héroïne de *Rides*) et Emma Bovary demeure légendaire dans le monde littéraire chinois, aucune étude ne se penche sur le rapport translittéraire des deux œuvres. À peine relevons-nous un article (2006 Kang) et une thèse réalisée en France (2012 Li), ce qui atteste du désert d'attention portée à ce sujet en Chine comme en Occident. Quant au Centre d'études de Li Jieren sous la bannière de la ville de Chengdu, il s'en tient à l'ensemble des œuvres de Li appartenant au patrimoine littéraire

24 Kenny K.K.NG, « Temporality and Polyphony in Li Jieren's *The Great Wave* », Tao Dongfeng, Yang Xiaobin (éds.).

chinois, sans se soucier de son rayonnement hors de Chine. De sorte que les chercheurs chinois se contentent d'emboîter le pas les uns et les autres à ceux qui y voient un pastiche de *Madame Bovary*[25] sans s'interroger sur les éléments de pastiche. Et de même, aucun flaubertien occidental n'a le moindre soupçon sur le rapport de pastiche entre les deux romans[26].

Les qualités de pastiche seront étudiées tant au niveau de la configuration diégétique qu'au celui des propriétés des personnages. Sans gommer la singularité artistique, la couleur locale et l'authenticité sichuanaise, nous démontrerons que la diégèse, ponctuée de deux liaisons extra-conjugales d'une jeune épouse mal mariée, calque sur le paradigme du bovarysme. L'ombre d'Emma plane sur l'héroïne de Li qui cherche à combler sur ses amants le vide que lui creuse un mari apathique et lâche. Au terme de notre analyse, nous verrons en quoi *Madame Bovary* génère la diégèse de *Rides,* comment la chute fatale d'une jeune mariée frivole en mal de mariage se reproduit au bourg du « Retour du Ciel », enfin comment les éléments du bovarysme sont repris et remodelés dans un cadre sichuanais au tournant du vingtième siècle. Avant d'entrer dans le vif de la comparaison, il serait opportun d'aborder la carrière de traducteur Li pour mieux situer l'emprise de *Madame Bovary* sur le pastiche.

D'emblée, notre objectif de retracer les origines de ses traductions bute sur les conséquences d'autodafé de livres, notamment la profanation perpétrée pendant dix ans de purge culturelle (1966-1976). Le triste record du nettoyage intégriste que détient la Chine maoïste, avec des perquisitions éclair chez des intellectuels, menées par des Gardes Rouges à l'échelle nationale, laisse peu d'espoir de conservation de documents de Li. Ses lettres et son journal intime sauvegardés que nous avons parcourus[27] n'offrent aucune piste pouvant attester ses acquis auprès de l'art flaubertien. Le seul document rescapé, à savoir la traduction originelle datée de 1925, ne saurait satisfaire toutes nos attentes. Un tel manque de sources susceptibles d'éclairer le processus de configuration du pastiche rend d'autant plus critique toute analyse sur le travail de décodage effectué par le traducteur Li. Sans pouvoir véritablement y remédier, rabattons-nous tant bien que mal sur une voie alternative, jetons un coup d'œil sur l'ensemble des œuvres traduites par Li (1997 Sun 377)[28].

25 Pensons à l'article de Qian Linsen (2005 Cheng 41) qui se contente de répéter le rapport de pastiche sans aller plus loin dans le sujet.

26 La banque de données *MLA International Bibliography* recense 871 études sur *Madame Bovary* en langues européennes entre 1925-2013 dont seule celle de Kang fait état du rapport de pastiche entre les deux romans.

27 La municipalité de Chengdu est aujourd'hui un des ayants droit des archives de Li.

28 Voir notamment la liste complète de toutes les traductions de Li Jieren.

1922	Le Petit Chose	Daudet	Éditions Zhonghua
1922, 1923	*Notre cœur*	Maupassant	Shaonian Zhongguo Xuehui
1924	*Tartarin de Tarascon*	Daudet	Shaonian Zhong guo Xuehui
1925	*Après le divorce*	Marguerite	*Revue mensuelle du roman*, vol. 16, n° 5
1925	*Madame Bovary*	Flaubert	Zhonghua Shuju
1926	*Pierre et Luce*	Romain Rolland	Revue mensuelle du roman
1931 et 1935	Salammbô	Flaubert	Éditions ShangWu

Le tableau ci-dessus accuse d'emblée un penchant prononcé : ces œuvres traitent manifestement de la vie des femmes ! Hasard de circonstance ou choix délibéré du traducteur Li ? Une chose est sûre : sous la plume de Li, cette préoccupation concernant les conditions féminines se cristallise dans la transcendance de la destinée des héroïnes françaises sur leurs homologues chinoises. Ces dernières se démarquent de leurs consœurs par l'émancipation dans leur action et par la singularité de leur destin. Un exemple pertinent de cette transcendance est l'assortiment du couple chinois dont l'incompatibilité annonce un antagonisme inconciliable :

> Xingshunhao était réputé aussi pour d'autres raisons. Autrefois, c'était pour l'honnêteté de son caissier Cai Xing-Shun. [...] Il avait étudié deux ans à l'école privée et savait lire et écrire. [...] Il n'avait aucun vice, il était très timide et très honnête. [...] il acceptait toutes les plaisanteries sans savoir qu'on peut se venger dans le monde. On le surnommait donc « l'Idiot ». (1981 *Rides* 39)

> Pourtant, la fille du fermier n'avait pas l'allure d'une paysanne mais plutôt celle d'une citadine. Mais qui imaginerait qu'« un cochon accouche d'un éléphant » ? Ce qui étonna tout le bourg, ce fut d'abord la richesse de son trousseau : la salle était à moitié remplie d'objets de bois laqué rouge ; puis les petits pieds bandés et pourtant agiles de l'épouse ; et finalement la beauté extraordinaire de cette femme. (1981 *Rides* 40)

Calqué manifestement sur le prototype Emma-Charles, le portrait incompatible du couple chinois sous-tend la brèche qui conduira l'épouse aux éventuelles évasions extra-conjugales. Voyons d'abord le mari, du genre charlatanesque et terre à terre, propriétaire de la boutique mais relégué à l'arrière plan par sa femme. Son surnom « Idiot » illustre, on ne peut plus clairement, une personnalité apathique et nonchalante héritée directement de Charles. Mais c'est chez l'héroïne, dont la réputation de « Mme Bovary de Sichuan » fait fortune (Tan 83)[29], que la transcendance flaubertienne est des plus tangibles. La Chinoise traverse une vie jalonnée de mêmes repères que la Française : tâtonnement de jeune fille mal adaptée à son milieu, chimère de jeunesse frivole et éphémère, désillusion et trou noir du mariage, adultère répété suivi de convalescences... Ne pouvant supporter le quotidien miséreux de la campagne, Deng cherche une porte de sortie par le biais du mariage.

Si le séjour au couvent et le bal à la Vaubyessard constituent les points tournants dans la quête d'ailleurs chez Emma, les longues causeries nostalgiques avec Mme Han occupent, mais plus discrètement, la même fonction dans la destinée de Deng. C'est à partir de ses quinze ans qu'elle apprend à broder avec cette voisine qui lui fait miroiter richesse et suavité de la vie à Chengdu. De même que chez Emma, l'idée d'un lieu propice au bonheur germe alors dans un cœur à la recherche d'épanouissement : « Ne fallait-il pas à l'amour, comme aux plantes indiennes, des terrains préparés, une température particulière ? »[30] (*Madame Bovary* 345). Comme lieu de prédilection, Chengdu embrase l'imaginaire de la jeune fille confinée dans la campagne chinoise de la même façon dont Paris illumine les jours sombres et déprimants de la nouvelle mariée de Tostes ! Or, la mort subite de Mme Han fait avorter la félicité promise en emportant avec elle tout espoir de la réaliser. Désillusionnée et surtout découragée, Deng sombre dans sa première crise de mélancolie, telle Emma après le bal de la Vaubyessard, et vit un deuil inconsolable :

> Elle laissait maintenant tout aller dans son ménage, et madame Bovary mère, lorsqu'elle vint passer à Tostes une partie du carême, s'étonna fort de ce changement. Elle, en effet, si soigneuse autrefois et délicate, elle restait à présent des journées entières sans s'habiller, portait des bas de coton gris, s'éclairait à la chandelle. (*Madame Bovary* 351)

> Depuis la mort de Madame Han, elle avait vraiment changé. Elle n'aimait pas ce qu'elle avait l'habitude de faire. Elle ne se lavait plus les pieds qu'une fois tous les quinze jours. Quant aux bandes, longues de plus de trois mètres, elle les laissait par terre deux ou trois jours sans les laver, elle portait un sous-vêtement pendant quinze jours sans le changer. Elle était devenue paresseuse : elle ne voulait même pas ramasser une aiguille tombée par terre. (1981 *Rides* 52)

29 Citons par exemple Xie Wujuin, « La place de la création de Li dans le roman historique chinois », Tan Xingguo (éd.).
30 Éditions de la Pensée moderne, 1968.

Ce qui les déprime, c'est cette envie aiguë jamais assouvie d'être ailleurs. Résignée, Deng cède à l'épicier du bourg et aussitôt la platitude de la vie conjugale la ronge au quotidien, créant un cercle infernal. L'incompétence sentimentale du mari la détache de lui à mesure que se resserre leur intimité, creusant dans son cœur inassouvi un véritable abîme fermé à la suavité sentimentale et à son expression.

Ici Li Jieren pastiche un des axes du bovarysme, vecteur de toute la chute d'Emma : le rapprochement du corps *vs.* le détachement du cœur. Plus l'intimité est consommée, plus l'épouse prend « le large » vis-à-vis de l'époux. À l'instar d'Emma, sa propension aidant, Deng succombe à l'adultère. Les scénarios suivants ont un air de déjà vu : rendez-vous clandestins, ébats amoureux, projet d'évasion, abandon final de l'amant... Ces séquences mimétiques flagrantes, puisées de l'œuvre-mère, se déroulent dans le même dynamisme conjugal que *Madame Bovary* : elles sont sous les yeux aveuglés de l'idiot (son mari). A fortiori, la façon dont l'Idiot encourage l'épouse à participer aux fêtes des lanternes avec l'amant recoupe irrésistiblement la bêtise de Charles poussant Emma dans les bras de Rodolphe lors de leur promenade à cheval. Certes, les lieux d'adultère d'Emma, tels la promenade en forêt, le fiacre et l'hôtel de Rouen, se métamorphosent chez Deng en arrière boutique, voyage au temple et fêtes des lanternes, bref des lieux adaptés au milieu sichuanais ; mais la diégèse de *Rides* mime ostensiblement celle de *Madame Bovary*, ponctuée d'adultères et de convalescences, d'un amant à l'autre.

Des limites de la traduction

Du flaubertien jusqu'aux ongles chez Li se reflète encore dans les descriptions impeccables dépeignant le menu détail du quotidien au bourg, miroir du terroir sichuanais. Ces éléments font vibrer une symphonie de mœurs sichuanaises : la foire au bourg « Retour du Ciel », le succulent porc du cochon noir élevé dans les micro-géo- conditions de la plaine de Chengdu ou encore le label unique du bonnet d'homme :

> [...] poil noir et rare, pieds courts, groin court, peau mince, grande taille [...]. Ils étaient bien nourris : des déchets de cuisine, une soupe de riz et de légumes, et surtout du moût et de la balle de riz [...]. Leur chair était plus tendre, plus croquante et plus délicieuse qu'ailleurs. Cuite, coupée en tranches minces, assaisonnée d'un peu de sauce de soja, si vous la mâchiez bien, vous lui trouviez un goût de noix. (1981 *Rides* 84-85)

On sent que le passage ici peine pour préserver une bribe d'exotisme teinté d'un parfum de terroir dans l'évocation du porc ; malheureusement ce n'est pas tout.

L'exemple suivant appauvrit dramatiquement la version originale haute en couleur qui fait l'apologie de l'exclusivité locale à travers les bonnets, l'objet emblématique des gens du lieu :

> Un autre article qui avait aussi une place importante dans ce marché était les bonnets pour hommes et les bandeaux de Su pour femmes. À cette époque de l'année, les bonnets en laine de Yan et de Pékin étaient déjà en vente, et c'était la fin de la saison pour les chapeaux d'été. Dans la décoration des étalages, on ne trouvait que des choses très banales ; par exemple, des bonnets d'hiver avec un cordon rouge ou des bonnets d'automne de Rui. (1981 *Rides* 87)

Une vraie platitude se dégage de ce passage qui réduit le bonnet aux accents sichuanais dans l'original à une dénomination de généralité. Gommés sous le sceau de la traduction, les articles sont désignés en termes de « bonnets en laine de Yan et de Pékin »/« bandeaux de Su », alors qu'ils sont en appellation sichuanaise consacrée dans l'original[31]. D'où résonnent des désignations spécifiques de bonnet aux accents locaux, des dénominations en patois de la matérialité des tissus, donnant une diction sonore, rythmée, combien savoureuse. La mimésis flaubertienne vivifiante, saisie en pleine volée dans la version originale, n'a pu être retransmise dans sa version traduite affadie, diminuée et diluée, dénouée de la saveur exquise d'un sichuanais coloré. De sorte que le lecteur occidental en est réduit à méditer sur la saveur, la sonorité et la luxuriance de l'art descriptif combien fin et intarissable d'un des Sichuanais de renom Li Jieren. Copieuses, minutieuses et mimétiques des coutumes, mœurs et mode de vie des habitants de Sichuan, les descriptions que brosse inlassablement Li dans l'original, mettent en relief des traits relevant tant de l'art culinaire que du style vestimentaire en vogue à l'époque de la fin des Qing ou encore de l'architecture sichuanaise proprement dite.

Or, c'est dans cette peinture de « la petite vie » banale du bourg que Li s'affiche précisément comme héritier incontestable de Flaubert (1981 *Rides* 90-91) :

31 Une traduction plus fidèle à l'original serait « bonnet comme une peau de melon », « bandeau tissé en satin de Suzhou ». Dans l'original, le terme exact employé par Li est « 毡帽 », ce qui n'équivaut pas à « bonnet » en français. Sa définition selon les Chinois renvoie aux chapeaux faits de poils (dans le sens de peau) d'animaux, par exemple : « chapeau de poils de loutre ».

> Elle portait ses vêtements avec grâce et élégance. Ses larges pantalons marron étaient brodés d'une haute bande de satin vert ornée d'un galon clair. Elle portait par-dessus sa veste ouatée, dont on ne pouvait voir la couleur, un vêtement de coton, blanc et net, avec une large bordure verte aux épaules et aux manches. Elle avait noué autour d'elle un tablier bleu foncé. Son cou fin, tendre et lisse sans être tout à fait blanc, apparaissait dans l'échancrure évasée selon la mode de son col[32]. (1981 *Rides* 32)

Malgré l'inaptitude innée due à la traduction qui rend prosaïque la touche originale sichuanaise, dans le filigrane le lecteur ressent tant bien que mal la richesse de l'écriture de Li. De l'incrustation à l'ornement, de la coupe du col à la broderie des souliers, de la texture de la veste au raffinement du pantalon qui recoupe l'assortiment des couleurs, sans éclipser la position des agrafes (tenant lieu de boutons), la largeur du col de même que celle des manches…, Li s'attarde abondamment sur la mode fin mandchoue en cours à travers la tenue splendide de Deng avec un souci maladif et scrupuleux des menus détails.

Du même coup, cette mimésis flaubertienne contribue à marquer l'originalité de Li. Derrière la destinée d'Emma qui aura inspiré celle de Deng et le réalisme flaubertien qui aura modelé l'approche réaliste de *Rides*, il ne faut pas gommer le « terroir sichuanais », vecteur de *Rides*. Les spécialistes de Li Jieren le décrivent en ces termes :

> Le terroir est l'art de vivre. Il est une conscience de vie quotidienne propre aux villageois du lieu, un quotidien enrichi d'un héritage historique local que reflète cette communauté à travers une vie sociale différente aux autres groupes ou communautés[33]. (2008 Collectifs 420 notre traduction)

Par rapport aux œuvres traditionnelles des années 1930, l'apport de *Rides* à titre de pionnier du roman réaliste réside dans sa configuration à l'occidentale. Au-delà d'une diégèse à forte saveur de bovarysme, *Rides* rompt radicalement avec la structure chronologique (Zhanghuiti) à laquelle est condamné l'ancien roman, en adoptant une structure narrative anachronique à l'occidentale. Du même souffle, Li reconfigure le héros chinois sous l'emprise du souci littéraire et artistique et non des critères idéologiques, tel que c'était le cas traditionnellement. Ainsi au lieu de figures historiques

32 Soulignons encore que la magnificence des costumes de Mandarin décrits par Li ne se lit comme tel qu'en chinois.

33 Wang Ling, « *Rides sur les eaux dormantes* sous l'optique villageois ».

adulées, transcendées de génération en génération par un héroïsme hypertrophique, ses protagonistes, munis de caractères multidimensionnels et enrichis de données psychologiques, demeurent vraisemblables reflétant fidèlement les diverses couches de la société sichuanaise de l'époque. Tel propriétaire terrien du bourg terre à terre, commerçant citadin mesquin, missionnaire occidental faux dévot, ils côtoient toute une panoplie de figures féminines. Elles sont épouses légitimes des mandarins et leurs concubines frivoles, paysannes innocentes du bourg, prostituées des bordels… Au-delà de son indéniable ressemblance avec le chef-d'œuvre français, *Rides* demeure chinois par son cadre géo-historique, son référentiel chinois et sa spécificité sichuanaise. De sorte que l'histoire adultère de Deng n'est pas une copie conforme de celle d'Emma Bovary. Victime de sa chimère, celle-ci s'engouffre littéralement dans une spirale du néant ; alors qu'il faut inscrire l'émancipation de Deng dans la foulée de l'effondrement des Qing et l'avènement de l'ère républicaine qui créent une conjoncture propice aux mutations des conditions socio-féminines. C'est une époque où les femmes osent affranchir les assujettissements matrimoniaux féodaux et réclamer l'accès à l'éducation.

Précurseur du roman réaliste chinois, *Rides* s'affiche aussi comme œuvre pionnière de l'école provinciale qui émerge dans les années 1930. Le provincialisme de Li s'étale à travers le déroulement de diverses scènes qui font penser aux tableaux de mœurs dans *Madame Bovary* : Tostes-Retour du Ciel ; comices agricoles-Nouvel An au temple ; bal à la Vaubyessard-foire des lanternes. Une vraie symphonie provinciale que dévoilent ces tableaux : mode de vie à Chengdu, comportements des paysans et rituels sociaux aussi bien qu'attraits géographiques, bourg, faune, flore, etc. L'aspect le plus percutant de tout ce provincialisme est le célèbre patois de Sichuan auquel la version chinoise rend toute sa sonorité avec ses jargons, ses tournures consacrées, son accent combien distinct du mandarin standard. Sans oublier sa diction qui est la fierté des gens locaux. Si le sous-titre *mœurs de province* de *Madame Bovary* suggère le choc que provoquera l'adultère d'Emma dans un milieu provincial ancré dans un fond d'esprit conservateur et refermé sur lui-même, dans *Rides*, les mœurs de province se manifestent plutôt à travers le déploiement de couleur locale dont les traits formeront l'école. De fait, le mode de vie distinct des habitants connote un provincialisme manifesté à travers la cadence quotidienne tout comme les habitudes singulières des villageois de la plaine sichuanaise. Ainsi rituels, fêtes, jours d'offrande, devoirs du veuf et rites d'enterrement enrichissent un folklore de culture locale que chérit Li Jieren.

Depuis son introduction en 1925, *Madame Bovary* jouit d'une réputation inébranlable face aux règnes successifs que traversent la Chine post-impériale, républicaine, maoïste et post-maoïste, malgré une diégèse

« scandaleuse » qui choque les valeurs « rouges » dictées comme seul salut du peuple sous Mao. À la fois pastiche de *Madame Bovary* et œuvre majeure des années 1930, *Rides* gagnerait à être mieux connu aussi bien en Occident qu'en Chine. Au demeurant, son véritable mérite réside autant dans son authenticité du terroir sichuanais que dans ses éléments de pastiche. Son parcours offre un cas prototypique du transfert littéraire France-Asie. Pour le monde littéraire chinois, Zeng Pu et Li Jieren appartiennent plutôt à l'école romanesque française avec leur peinture des mœurs et leurs antihéros qu'à toute école chinoise (2008 Collectifs 263 et 266)[34].

Le pastiche de *Jean-Christophe*

Le transfert des œuvres françaises en Asie, leur traduction ainsi que leur pastiche créent un véritable phénomène sur la scène littéraire en Chine comme au Japon. Dans la foulée de *Rides*, évoquons succinctement le cas des *Rejetons d'hobereau* (1945)[35] de Lu Ling (1923-1994), considéré par la critique comme le jumeau de *Jean-Christophe* (2007 Song 181)[36]. L'œuvre comprend deux tomes dont le premier relate la perdition de la famille Jiang – première fortune de Souzhou – et le second, les sorts réservés à ses rejetons, notamment Jiang Chunzu, le héros du roman. Jeune, fringant, au statut de Jean-Christophe, Jiang bute contre les mêmes rites de passage et se heurte de plein fouet aux galères de la vie. Aspirant à la justice sociale, mais naïf au vice de l'homme comme au rapport humain, le héros désabusé et désillusionné pâtit dans une société boudant ses idéaux :

> Comme Christophe, Jiang Chunzu s'exile aux quatre coins. Après avoir éprouvé les affres de l'existence humaine et buté contre tous les obstacles, il ne trouve aucun débouché vers l'avenir. Le héros-provotarien refuse toute négociation dérogeant à l'intégrité de sa personne, aspirant à un libéralisme mais incapable de se positionner au sein de la société dans laquelle il est condamné à végéter. (Yang ; Zhang 169, notre traduction)

34 Yang Lienfeng, « De Zeng Pu à Li Jieren : l'émergence du modèle actuel du roman historique chinois ».

35 Dorénavant *Rejetons*. Complétée en 1940, la première version est perdue durant la guerre de Hong Kong. Le premier volume de la deuxième version complété en 1943 est paru en 1945 dans la revue *L'Espoir* et le deuxième volume complété en 1944 est paru en 1948 chez la même.

36 Voir à ce sujet, la rubrique « Nouveau livre » de la revue *Ni tu* [*La Terre*], n° 4, septembre 1947, citée par Song Xuezi. Dans son article « Saisir Romain Rolland » paru dans un recueil de Hu Fong publié à Shanghai en 1946, Lu réitère le rôle d'initiateur que joue *Jean-Christophe* dans la conception de sa propre œuvre.

Étant francophile et n'ayant pas de lien personnel avec Romain Rolland comme ce fut le cas de Jing Yinyu (le premier traducteur de *Jean-Christophe*), Lu Ling ne dispose pas d'un héritage français tangible susceptible d'influer sur son œuvre. Il n'en reste pas moins que celle-ci demeure un pastiche exemplaire de *Jean-Christophe*. Hélas, l'œuvre n'a pas pu acquérir les conditions nécessaires pour subsister.

Dans l'histoire littéraire chinoise, la littérature des années 1940 fait exception. Deux sociétés antithétiques, dont une sous contrôle du Parti National et l'autre du Parti Communiste, composent une dualité hostile qui déchire le pays. La production littéraire en subit le contrecoup avec des œuvres reposant sur deux mondes hétérogènes. Même aujourd'hui, avec un demi-siècle de recul, les spécialistes de Lu Ling conviennent avec force que le romancier, ayant vécu les dix années de genèse du roman entre Nanjing et Chongqing – villes emblématiques du Parti National – aurait une perception occultée ou fauchée du « zèle révolutionnaire » du peuple de l'autre partie de la Chine sous Mao (Yang ; Zhang 158). Et l'histoire démontre qu'une telle disposition opiniâtre à l'endroit de l'auteur et de son œuvre n'a pas aidé. La condamnation de l'œuvre entraînant sa disparition augure des conséquences tragiques du sort abominable qui frappera l'auteur du pastiche. Muselé peu après l'intronisation du PCC, Lu est impliqué en juin 1955 dans le « Cercle anti-révolutionnaire de Hu Fong » entraînant perquisition au domicile, suivie d'une condamnation de vingt ans derrière les barreaux, une peine qu'il a dû purger dans sa totalité. L'honneur avorté des *Rejetons* au sein du monde littéraire chinois un demi-siècle durant, et la descente aux enfers de son auteur s'avèrent fatals à l'épanouissement de l'œuvre. Et pourtant la comparaison des deux œuvres survit, grâce à laquelle les *Rejetons* fait hisser au sommet toute la création de Lu Ling.

Ayant les massacres de janvier 1932 à Shanghai comme arrière-plan, cette épopée descend dans les affres que subit la nation pendant dix ans de guerre (1932-1942) au cours desquels « les Chinois tuent les Chinois ». L'auteur brosse un tableau de la vie sociale qui met l'accent sur l'univers des intellectuels impliquant 70 protagonistes avec en toile de fond un déplacement spatial dans des grandes villes. Et l'œuvre française joue le rôle d'accompagnateur (2007 Song ; Xu 238)[37]. Des attributs innés des protagonistes aux parcours et rites de passage similaires qu'ils traversent, en passant par la diégèse, les deux œuvres se complètent et se recoupent. L'exploit audacieux et minutieux dont fait preuve Lu Ling en dépeignant le

37 Li Huei, « Lu Ling et la littérature étrangère. Dialogue avec Lu Ling », *Littérature étrangère*, n° 8, 1985, cité par Song; Xu (éd).

for intérieur des protagonistes vaut au roman chinois la réputation d'être « l'encyclopédie du sentiment » et de la lucidité de la génération née du 4 mai 1919 (Yang ; Huai 118)[38], qui plus est, l'écho à *Jean-Christophe* lui vaut la réputation de Jean-Christophe chinois (Yang ; Huai 169)[39]. Dans son article « Saisir Romain Rolland » repris comme l'« Avant propos » de son roman, Lu Ling affirme que la lecture en 1942 de *Jean-Christophe* le guide tout au long de la rédaction (2007 Song 238)[40]. Particulièrement le second tome, centré sur les événements tragiques à Shanghai jusqu'avant la Deuxième Guerre mondiale, met en relief les affres des intellectuels chinois (Yang ; Huai 5). Dans une approche romanesque rendue célèbre par les grands classiques, tels le *Rêve au pavillon rouge* ou la *Famille*, le roman retrace le déclin d'une famille féodale en déployant horizontalement les diverses couches sociales submergées dans le tourment. S'appuyant sur l'âpreté des guerres sino-japonaise et civile comme toile de fond, l'auteur explore la bataille intérieure qui déchire l'âme de Jiang Chunzhu. Dans cette descente au for intérieur du héros qui descend dans la spirale infernale du néant, le lecteur suit les vicissitudes de la vie des protagonistes, miroir de l'histoire sinueuse de la Chine.

De même calibre que *Madame Bovary*, *Jean-Christophe* reste une des œuvres françaises les plus populaires en Chine, de même que son auteur longtemps connu des Chinois à partir de *Pierre et Luce* traduit par Li Jieren et paru en 1926 dans la *Revue mensuelle du roman* (2007 Song 33). Depuis lors, la réputation de Romain Rolland ne s'est pas démentie. L'amitié qu'il tisse avec plusieurs auteurs francophones de la première génération que nous avons évoquée au chapitre précédent ne fait que consolider la fortune littéraire de l'écrivain français. Et plusieurs revues dont *Jeune Chine* et *La filiale du journal du matin* (2007 Song 35)[41] servent d'instance de promotion de l'écrivain français. Et tous les grands journaux et revues, en particulier la *Revue mensuelle du roman*[42], consacrent leur page de titre à Romain Rolland lors de ses 60e et 70e anniversaires. Dans un autre registre, si le pastiche de *Jean-Christophe* n'est ni traduit en français (ou en anglais), ni réhabilité en Chine à la hauteur de son mérite, cela découle grandement du statut

38 Lu Yu, « La victoire de Jiang Chunzu. Lecture de *Rejetons d'hobereau* », Yang Yi; Zhang Huai (éd.).

39 Voir encore *Ni tu*, n° 4, septembre 1947.

40 Voir plus particulièrement la rubrique « Conversation avec l'écrivain Lu Ling ».

41 Mentionnons également qu'en 1934 le *Journal de traduction internationale* fait paraître *Vie de Beethoven* de Romain Rolland (Paris, Hachette, 1900s-) traduit par Fu Lei.

42 Voir les numéros d'avril et de juillet 1921 de la revue.

politique qu'affiche Lu Ling comme écrivain anti-maoïste. Combien les chefs-d'œuvre chinois portent en eux le stigmate ou l'empreinte idéologique du siècle dernier !

3 Des littératures d'expression française

La manifestation du phénomène francophone en Chine, sous forme de littérature de cohabitation, de pastiche, de traduction que nous venons d'évoquer, tend à démontrer que l'acquisition de la francophonie s'effectue dans le cas de l'Asie grâce au processus de transfert. En d'autres termes, ces pastiches ou œuvres de cohabitation ne sont pas des produits de colonisation, mais plutôt des rencontres transculturelles à un moment déterminé de l'histoire. Et la translittérature ne se délimite pas qu'à cette période. De fait, le vingt-et-unième siècle voit s'effriter la notion de « littérature nationale », fragilisée par l'avènement de la mondialisation. Dans cette foulée, le concept de « Littérature-Monde » prime sur l'ancien concept de « littérature francophone », de « littérature non-francophone », ou encore de « littérature nationale ». Dans le cadre de la francophonie en Orient, l'existence de la littérature d'expression française dans les pays non-francophones, en l'occurrence la Chine, permet de constater qu'une littérature nationale peut être exprimée dans une langue autre. D'où un pays (comme la Chine), épargné par la colonisation classique, dont la langue officielle semble intacte, voit aussi sa littérature s'exprimer en français[43]. De nos jours les cas de Gao Xingjian et de Ying Chen (au risque d'omettre François Cheng, Dai Shijie et beaucoup d'autres), dont les œuvres sont parues en France et au Québec, illustrent à merveille la translittérature. Leurs œuvres réaffirment la manifestation d'une littérature jadis nationale et homogène sous d'autres formes d'expression.

Dans un autre registre, même si *Fleur sur l'océan des péchés* et *Rides* sont d'expression chinoise, elles sont les héritières proclamées de leur œuvre-mère d'auteur français. Tel qu'abordé au début du chapitre, l'héritage français ne réside pas seulement dans la langue à laquelle recourt l'œuvre, mais plutôt dans le paradigme de sa création. Ainsi dans le cas de l'Asie, il est donc question d'une littérature de cohabitation. À nouveau, Zeng Pu et Li Jieren, francophones et traducteurs des écrivains français, appartiennent plus à l'école littéraire française qu'à toute l'école chinoise. Le climat de cohabitation se vérifie encore avec les œuvres des 200 écrivains français

43 Il existe aussi une littérature chinoise d'expression anglophone.

recensées dans la *Grande encyclopédie* (1999 She 178) pour leur traduction complète ou partielle qui attestent sans l'ombre d'un doute le transfert accompli de la littérature française vers l'Asie. Dans le cas de la littérature chinoise/japonaise d'expression française, même si de tels transferts sont incontestables, retracer le corpus de cette littérature s'avère être une autre paire de manches. Notre hypothèse est qu'au départ, cette littérature tend à percer ailleurs. Un premier dépouillement des textes d'auteurs asiatiques publiés en France le confirmera.

Le corpus chinois comme échantillon

Retracer les textes des Francophones asiatiques parus en France relève d'un défi de taille. Suivant nos recherches liminaires, aucun ouvrage d'auteur asiatique ne paraît en France avant 1870. Cette ligne de démarcation correspond à l'ère d'ouverture forcée au cours de laquelle les Qing et le gouvernement Meiji se mettent à envoyer des jeunes pour s'instruire en Occident. Ce clivage se confirme encore dans la *Revue des Deux Mondes*, le *Mercure de France* et *L'Europe* où les articles d'auteurs asiatiques sont postérieurs à 1876. Dans le cas des Francophones chinois, il faudra attendre les deux premières décennies du vingtième siècle pour voir le foisonnement de leurs textes parus en France. Il va de soi que des revues et journaux français s'avèrent un terrain de prédilection – une tribune – pour ces Francophones. Un dépouillement systématique de toutes les revues métropolitaines de l'époque confirmera notre hypothèse et donnera une idée de l'ensemble des articles publiés par ces auteurs en France. Étant donné le nombre impressionnant de revues/journaux, nous nous en tenons à titre d'échantillons à la *Revue des Deux Mondes*, au *Mercure de France* et à *L'Europe*.

L'article de Chen Jitong paru en 1884 serait le premier, sinon un des premiers provenant d'un asiatique (Tcheng 278-305). Depuis cette date jusqu'au début du vingtième siècle nous constatons une apparition croissante de la littérature chinoise d'expression française sous de multiples formes telles anthologies, recueils ou thèses. Pour s'en tenir au corpus chinois, citons le texte de Shen Cheng dans *L'Europe* (1927 Shen 108-111) qui traite un phénomène marquant l'actualité : le mouvement Travail-études en France. Il est suivi de poèmes et de traductions de Liang Zongdai[44] parus la même année. De fait, son poème *Hasard du chemin* (titre en chinois) paru sous *Souvenir* (titre en français) est offert au lectorat français aux côtés des vers transcendantaux de Wang Wei (699-759) – un des plus grands poètes d'inspiration de la nature

44 Voir *L'Europe*, vol. xv, 1927, 503.

– traduits par Liang[45]. La passion de ce dernier de promouvoir les classiques chinois ne s'en tient pas qu'aux textes dans *L'Europe*, elle va plus loin. Ainsi lors des vacances d'hiver de 1929, Liang traduit les trois pièces magistrales de Tao Yuenming (365-427) – poète canon d'inspiration taoïste – et les fait lire à Paul Valéry et à Romain Rolland (rencontré en 1929), qui lui offrent des annotations avec leur approbation (Jin 59). Le recueil intitulé *Poèmes de T'ao T'sien* paraît en 1930 chez Lemarget à Paris (Dai 176-181)[46].

Il en va de même pour le *Mercure* qui fait paraître en 1920 une nouvelle intitulée « La colère du Ma-Wang » (1920 W. 86-106) signée d'un Chinois baptisé Henry-Auguste W et rédigée en 1912 à Yunnanfu (1920 W. 106)[47]. Cette source n'est pas anodine ; elle confirme d'un angle insoupçonné le rôle de fief français que joue ce chef-lieu au Sud de la Chine dû à son emplacement dans la périphérie indochinoise. Ce genre de fiction paraît aussi dans *L'Europe*, avec par exemple « Mademoiselle Lysing » (1929 Tcheng 337-346), signée de la main d'un des premiers Anglophones chinois Tcheng-Wi-Mô (1903-1955), traduite par J.B. Kin Yu (Jing Yinyu, premier traducteur de *Jean-Christophe*). Le texte réapparaît la même année dans l'anthologie éditée par Jing (1929 Jing). Les années 1920-1930 s'avèrent fécondes pour le corpus francophone chinois en concordance avec la progression du nombre de jeunes partant pour la France. Un autre texte qui mérite une mention est l'étude de fond de Sung-Nien Hsu (Xu Songnian 1902-1981), parue dans le *Mercure* et intitulée « Tou Fou, poète classique chinois » (Hsu 78-95)[48], introduisant le Père du classicisme chinois au lectorat français. Pensionnaire numéro 47 de l'Institut franco-chinois de Lyon de 1921 à 1930, Xu œuvre pendant longtemps dans le champ de la francophonie chinoise et est éditeur en chef de la *Revue de la littérature française* à Chongqing[49]. Pour conclure, des essais, des œuvres

45 Voir *L'Europe*, « Retour aux apparences », vol. 16, 1928, 324.

46 Dans la foulée des poèmes chinois traduits en français, relevons ceux de Dai Wangshu parus en mars 1935 dans *Les cahiers du Sud*. Voir aussi leur reproduction dans *Œuvres complètes* de Dai.

47 À la fin de l'article on lit cette source : « 1912 à Yunnanfu ». Ce qui signifie en chinois le fief Yunnan.

48 Tou Fou (712-770) fut le plus célèbre poète des Tang. Xu est celui qui a écrit sur Jing Yinyu avec des données erronées.

49 La revue serait éditée aux alentours de 1946. Mentionnons d'autres publications de Xu en France, telles *Anthologie de la littérature chinoise : des origines à nos jours : la poésie, le roman, le théâtre, la philosophie, l'histoire*, Paris, Librairie Delagrave, 1933, ainsi que sa thèse, *Li Thai-po*, Lyon, Bosc Frères & Riou, 1935. Toutes les thèses des pensionnaires chinois sont conservées dans le fonds de l'Institut franco-chinois à la Bibliothèque municipale de Lyon. On trouvera l'état civil tout comme la durée d'études et la spécialisation de ces pensionnaires dans l'ouvrage de Jean-Louis Boully.

de fiction et des traductions (de chinois en français ou d'anglais en français) parus dans les trois revues que nous avons dépouillées donnent un exemple de corpus de la littérature chinoise d'expression française. Mais ce corpus ne s'en tient pas qu'à cela, il s'étend.

Des collections sur le Levant

Une autre piste susceptible de retracer ce corpus serait de suivre les différentes collections dont disposent les maisons d'édition. Par exemple, la collection « Les prosateurs étrangers modernes » de la maison Rieder comprend le recueil édité par Jing Yinyu *L'Anthologie des conteurs chinois modernes* qui porte sur la littérature chinoise contemporaine et la traduction des textes anciens. Cette anthologie connaît aussi ses traductions anglaise et new-yorkaise. De fait, *The Tragedy of Ah Qui, and other modern Chinese stories*[50] paraît l'année suivante à Londres, suivie de l'édition new-yorkaise. Sans doute, Jing n'est pas le seul à avoir assumé la direction d'un des numéros dans une collection française. De fait, le numéro 19 de la collection « Études théoriques et pratiques de droit étranger, de droit comparé et de droit international » de la maison Rousseau, sous la direction de M. Henry Lévy-Ullmann, est de la main de Tchang Ting-Tchang (Tchang). Ainsi ce filon de collection spéciale ayant un Francophone d'origine asiatique comme collaborateur, mérite d'être exploré davantage en fonction du corpus qui nous intéresse. Au demeurant, nos recherches préliminaires sur la manifestation des littératures asiatiques d'expression française rendent compte des pistes à explorer, mais surtout d'un immense travail à accomplir en la matière. Certes, une liste exhaustive de tous les textes publiés en France par des Francophones d'origine asiatique de première génération exigerait une recherche dans l'ensemble des journaux, revues et maisons d'édition françaises. Force est de constater que ces quelques exemples évoqués ici suffisent à témoigner de l'existence d'un corpus de la littérature chinoise/japonaise d'expression française.

Nous n'effectuerons pas une étude de la réception des textes d'expression française d'auteurs chinois en France. Comme recherche initiale, le dépouillement des textes de la première génération de Francophones dans les trois journaux ciblés aura comme vertu de mesurer l'« écho de la littérature d'un autre pays, afin de dégager une logique de réception » (Postel, 273). D'autant plus que la réception de la littérature chinoise a été beaucoup étudiée chez

50 London, Routledge & Sons, 1930. La même version paraît à New-York l'année suivante (L. MacVeagh : Dial Press, 1931).

les grandes figures telles Claudel, Segalen ou Saint John Perse, pour ne nommer que les plus connus.

La Littérature japonaise d'expression française

Il serait opportun d'aborder, fût-ce succinctement, le cas japonais pour voir si l'historique du milieu francophone en Chine, dans son émergence et son émancipation est similaire au Japon. Non seulement le parcours de la première génération de Francophones chinois s'avère identique à celui des Francophones japonais, mais surtout l'ère Meiji (1868-1912) et son ouverture sous contrainte se situent à l'époque des guerres de l'opium. De sorte que le Japon voit émerger ses Francophones aux alentours de la même époque que la Chine. Comme l'humanité se rejoint inéluctablement dans les archétypes les plus reculés, notamment les contes et légendes et d'autres formes de la littérature orale, on relève dans l'imaginaire japonais de nombreux parallèles avec les mythes et légendes européens avant toute pénétration de l'Occident. Dans le transfert de la littérature française vers le Japon, la traduction sert aussi de voie de dissémination. Tout comme en Chine, ce sont les journaux et revues qui forment une tribune privilégiée pour l'accueil de la littérature française. Par exemple, la revue *Libération* (Jiyu-shinbun) fait paraître la traduction de *Joseph Balsamo*, d'*Ange Pitou* de Dumas père et d'un extrait de *Quatre-vingt-treize* de Hugo en 1884, suivie d'une série de traductions des romans de Hugo[51] (2005 Cheng 83).

Dans l'histoire francophone japonaise, on retient d'emblée le nom de Nagai Kafû (1879-1959) avec son essai *Récits de France* publié en 1909 après son retour de France. Si les nouvelles de Maupassant occupent l'attention des Francophones et traducteurs du premier temps en Chine, ce sont les romans de Zola qui sont les plus traduits au Japon et c'est lui le romancier le plus réécrit (2005 Cheng 85)[52]. Le Japonais zolien le plus versé et le plus appliqué est sans contredit Nagai Kafû avec ses nombreux articles, traductions et introductions de l'auteur de *Rougon-Macquart*. Sa traduction de *Nana*, tout comme son pastiche *L'Actrice Nana* paru en 1903, lui assure une place majeure dans le monde francophone japonais (2005 Cheng 57 ; 135)[53]. Dans cette foulée, évoquons Gustave Boissonade, fondateur de la

51 Yoshikawa Yasuhisa, « Appropriation de la littérature française et formation du champ littéraire moderne au Japon », Cheng Pei (éd.).

52 Voir notamment l'analyse minutieuse sur les réadaptations des œuvres de Zola par divers auteurs japonais.

53 Autour de l'année 1906 émerge La Nouvelle littérature coréenne. Avec quelque vingt ans de retard par rapport à sa traduction chinoise, *Vingt mille lieues sous les mers* de Jules Verne

Revue française du Japon (1892-1897), une des publications de la Société de la langue française fondée en 1886[54] (Blanchon 161). Aussi l'inauguration de la Maison franco-japonaise en 1924 à Tôkyô (2008 Thiébaud 148) par le mécène Shibusawa Eiichi (1840-1931) et l'ambassadeur Paul Claudel marque-t-elle le temps fort de la présence culturelle française au Japon.

Et les littéraires japonais signent aussi traductions et essais dans les revues et journaux avant-gardistes (Cahiers de l'association 49)[55]. À plusieurs égards, le Japon emboîte le pas à la Chine quant à la façon de disséminer la culture française. Ainsi les pièces de théâtre de Claudel se jouent dans le Japon impérial auprès d'un public initié (Yamata 295)[56] et le gouvernement impérial envoie aussi des jeunes Japonais en France et aux États-Unis, comme le font les Qing de la même époque. Mais le Père de l'introduction de la langue française au Japon est Murakami Eishun, avec ses ouvrages *Manuel commode en trois langues* et *Précis de la langue française* (Sadao 17) qui servent de base pour l'acquisition du français par les Japonais.

Dans la même foulée, notons le premier dictionnaire français-japonais intitulé *Futsugo-meiyô* paru en 1864, de la main du médecin Hidetoshi Murakami (1811-1890) qui ouvre d'ailleurs une école française en 1868 (2008 Thiébaud 147). Inévitablement, la manifestation de la vie francophone au Japon s'affirme avec l'introduction de plusieurs auteurs français contemporains de l'ère Meiji. Paru en 1878, *Le Tour du monde en quatre-vingts jours* de Jules Verne demeure le premier ouvrage français traduit en japonais (2005 Cheng 81), quatre ans à peine après sa sortie en France, un décalage mineur à l'époque. La traduction par Nakae Tchomin du *Contrat social* de Jean-Jacques Rousseau vient en deuxième place pour paraître en 1882. Dès lors l'idée de la démocratie occidentale est introduite au Japon (2005 Cheng 82).

Tel qu'en Chine, c'est aux alentours de 1930 que paraît au Japon la première traduction des poèmes de Valéry, suivie de celle des *Œuvres complètes*. Et la réputation de Valéry s'envole grâce à l'homme de lettres éminent, Hideo Kobayashi (2001 Cahiers de l'Association n° 53, 73)[57], un

est traduit en 1907 par Park Yong-hee. C'est la toute première traduction d'œuvre française en Corée.

54 Gérard Siary, « La présence française au Japon depuis l'ère Meiji (1868-1912) », Flora Blanchon (éd.)

55 En 1921, Shigetoku Shisui signe un article sur Proust pour paraître dans la fameuse *Nouvelle revue française* et traduit un passage de *La Prisonnière* dans la revue *Myojo*. Voir à ce sujet, Jo Yoshida, « Proust au Japon ».

56 Kikou Yamata affirme que le théâtre de Claudel est joué au Japon impérial et qu'un couvent français au Japon envoie des jeunes Japonaises en France, en Europe et aux Etats-Unis. (Yamata 302)

57 Kunio Tsunekawa, « Valéry au Japon. Intérêt pour la francophonie ».

des admirateurs du poète français. Dès lors la considération et l'influence de *Variétés* sont notables (2001 Cahiers de l'Association n° 53, 17)[58]. Dans un registre personnel, l'amitié que tisse Valéry avec des auteurs francophones japonais reçus chez lui, donne aussi un air de déjà vu. Masayuki Nakamura (Ferrier ; Miura 19)[59], francophone et diplômé de l'Université de Tokyo, est considéré par la postérité comme le Père de la critique littéraire française au Japon. Son penchant, voire son culte pour Flaubert sont affichés dès l'âge de vingt ans avec ses publications dans la prestigieuse revue *L'Univers littéraire*. Avant même son départ pour la France, il avait déjà fait paraître sa traduction des *Lettres de Gustave Flaubert à George Sand* (1936) et celle de *Bel-Ami* (1935) de Maupassant (2001 Cahiers de l'Association, n° 53, 17)[60]. Étudiant au Collège de France entre 1938 et 1939, il fait part ainsi de son appréciation de Valéry : « Les cours de Valéry sont une des rares choses à Paris qui ne déçoivent jamais » (2001 Cahiers de l'Association, n° 53, 17).

Certes, l'émergence et la manifestation francophones au Japon auront besoin d'études de fond qui examinent tous les aspects relevant du phénomène francophone propre au Japon. Cependant d'un point de vue préliminaire, nous pourrions avancer que l'ampleur et la profondeur de la vie francophone au Japon n'est pas de taille comparable à celle en Chine. Ceci est dû, entre autres, au progrès du Japon en matière de science et de technologie, ainsi qu'à la saine gestion du gouvernement Meiji par rapport aux Qing ; de sorte que l'Occident n'incarne ni le salut ni la Lumière pour le Japon, contrairement au cas chinois. Par ailleurs, le nombre des jeunes envoyés en Occident durant l'ère Meiji est sensiblement moindre que ceux envoyés par les Qing (16 seulement pour la France). Et la prestigieuse Université de Tokyo (créée en 1886) ne dénombre que 13 étudiants en littérature française (Ferrier ; Miura, 18) au début du vingtième siècle alors que l'Aurore envoie des dizaines d'étudiants en France pour poursuivre leur doctorat en lettres françaises. Ces chiffres sont éloquents pour démontrer l'ampleur amoindrie de la présence française au Japon par rapport au cas chinois. Toutefois cela n'atténue en rien notre hypothèse sur l'existence d'une littérature japonaise d'expression française.

58 Shiguehiko Hasumi, « L'École française de critique littéraire ».

59 Voir particulièrement l'annexe « Répertoire des principaux écrivains d'expression japonaise » qui donne une idée d'ensemble des écrivains japonais francophones.

60 Masayuki Ninomiya, « Le « sacré » complexe face à la littérature française : le cas de Kabayashi Hideo et de Mori Arimasa ».

V Les croisements France-Asie : le cas du corpus français

1 Une littérature de l'intime nourrie du Levant

L'historique du phénomène francophone en Asie tel que nous l'avons présenté dans les chapitres précédents nous conduit naturellement aux textes provenant des auteurs français. Pour une raison évidente : les croisements vont dans les deux sens. Ainsi circonscrire le corpus de croisements aux œuvres d'auteurs d'origine asiatique, c'est le tronquer. Car un des volets de ce corpus, notamment la littérature sur le Levant, provient bel et bien des œuvres françaises, plus particulièrement celles postérieures au dix-huitième siècle dont l'inspiration, la conception ou la genèse puise dans l'univers oriental. Incontestablement, l'apparition de l'Orient qui s'affirme dans une littérature éprise du monde oriental remonte à loin. Le tâtonnement vers une image vague, floue et fugitive de l'Orient s'amorce en Occident au Moyen-Âge. Cette propension est teintée originellement de christianisme pour qui l'Orient fusionne avec la religion chrétienne. Cet imaginaire médiéval déformé et faussé, dû à une méconnaissance des sciences, se dérobe derrière un mysticisme lointain où la terre se confond avec le Levant :

> […] cette idée jointe à ce qu'on devinait confusément de l'origine orientale de la religion, poussait tout naturellement les hommes du moyen âge à placer le paradis terrestre dans quelque pays situé très loin vers l'Est […] l'Inde, le Thibet apparaissent successivement dans les légendes comme le lieu […]. (Martino 5)

Ainsi l'opinion publique est subjuguée d'un côté par l'émerveillement que suscitent les voyages de Marco Polo qui apportent un premier éclairage à l'imaginaire du temps, et de l'autre, par le peu de contact réel avec le monde oriental avant le treizième siècle.

Des expéditions magistrales ponctuées de progrès gigantesques vers l'Asie auront marqué le seizième siècle. Dès lors l'Orient pénètre dans l'imaginaire occidental et le phénomène s'amplifie grâce aux premières missions effectuées en Asie, qui ramènent des données inédites sur l'Orient[1].

1 L'ambiguïté des notions entre l'Orient, l'Extrême-Orient ou l'Asie a été soulevée dans l'Introduction. Dans l'optique de la francophonie en Orient, le vocable « Orient » signifie le Levant.

D'où apparaît une profusion de textes ayant la prétention d'un « produit d'Orient » : ils ne font que feindre le monde oriental. Et l'épopée de cette terre inatteignable aboutit à un paroxysme au cours du dix-septième siècle avec un imaginaire embrasé et tourné vers l'Orient : « Dès le milieu du XVIIe siècle, l'attention publique se trouva attirée de toutes parts vers l'Orient » (Martino 85). Hélas, cette envie inassouvie d'Orient bute sur un dénuement de savoir. D'emblée, le corpus magistral cumulé depuis le seizième siècle avec une variété d'écrits touchant l'Orient, aussi imposant qu'il soit, laisse à désirer quant à sa valeur relative aux croisements France-Asie. Car le manque aussi cruel que flagrant de matériel de première main comme de vécu authentique en Orient relègue les écrits de cette période sous l'étiquette de *made in Europe*. Et la liste des « romans orientaux » établie par Pierre Martino l'illustre bien. L'exemple le plus saillant est *Le fameux Chinois* de Du Bail en 1642 (Martino 28), sorti tout droit d'un salon parisien, aussi peu authentique ou oriental qu'il soit. Ce phénomène de l'Orient couvé dans « le salon parisien » traduit le temps où le monde occidental, écarté par trois mille lieux infranchissables, bute sur le mal d'imagination d'un Orient reposant sur des langues et des coutumes fermées à tout l'Occident.

Si l'on situe l'entrée des livres de Confucius en France par le Père Philippe Couplet aux années 1680 (1910 Cordier 113)[2] comme premier repère de la pénétration des livres venant d'Asie, on aura acquis une idée concise de la progression de l'Asie dans l'imaginaire français. Et les volumes que remet le Père Joachim Bouvet, revenu de Pékin en 1697, à Louis XIV sont là pour atténuer le manque de matériel. Les dix-septième et dix-huitième siècles restent infructueux à tout écrivain français voulant se doter de matière concrète sur la Chine, le Japon ou les Indes ; car les moyens lui manquent, peu de livres lui étant abordables. Il est donc condamné au déficit matériel, fût-ce fictif. Ainsi ces écrits d'« amours chevaleresques, hauts faits d'armes, conversations galantes, enlèvements, déguisements, duels, empoisonnements, intrigues de cour et révolutions » (Martino 30), sont conçus et rédigés sous serre tiède. Même le génie voltairien fait défaut : teinté de saveur à l'européenne, il confond « la Chine et les divers pays orientaux[3] » (1989 Song 262). Mais le temps de Voltaire connaît une amélioration sensible en la matière pour avoir, le premier, eu accès aux objets concrets de la Chine par le biais de « services à thé, figurines en porcelaine, parasols, papiers

2 C'est dans l'ouvrage de Pierre Martino (159) qu'on connaîtra les détails bibliographiques de ces volumes, datés à partir de 1672, qui portent sur Confucius ou les sacrés des Chinois.

3 Voltaire n'est pas le seul à mélanger les deux. Le phénomène commun de l'époque sur la confusion entre la Chine et l'Asie tout entière est souligné par Franck Michel (73).

peints, paravents, bibelots et petits meubles en laque, tissus en soie » (1989 Song 261). Il en résulte que la production littéraire issue de cette période pseudo-orientale est peu valable pour son entrée dans le corpus qui nous intéresse.

La naissance d'une littérature sur le Levant

Grâce au décret de l'Empereur Qian Long d'imprimer 160.000 ouvrages en 1773 (1910 Cordier 114), les Jésuites parviennent à envoyer depuis Pékin de nombreux volumes en France marquant le début de la pénétration systématique des livres depuis l'Asie. L'osmose entre l'Empire du Milieu et l'Occident s'effectue grâce encore à un des premiers dictionnaires de la main du Jésuite Joseph de Prémare (Daniel 366)[4]. L'apport de *Notitia Linguae Sinicae*, le premier ouvrage de grammaire chinoise (Daniel 366), permet un réel avancement de la connaissance des Européens vis-à-vis de la civilisation chinoise. Il s'ensuit une vogue de chinoiseries qui déferlent sur toute l'Europe. Une dizaine de pièces (de théâtres, d'écrits, de pamphlets, de textes philosophiques) « signées Voltaire » et répertoriées par Song Shun-Ching, brossent un portrait fidèle de l'imaginaire occidental de l'époque sur l'image de la Chine. Pour preuve « un tiers des récits de voyages étaient consacrés à la Chine » (1989 Song 262).

Sur ce long chemin vers une meilleure connaissance de l'Orient, plusieurs œuvres posent des jalons. Le fameux *L'Orphelin de la Chine* de Voltaire, dont la genèse avait suscité des débats passionnants entre voltairiens et sinologues, doit sans aucun doute sa source à *L'Orphelin des Zhou* traduit par Joseph de Prémare (Halde ; Ji)[5]. Éditée par Jean-Baptiste du Halde[6] en 1736, cette traduction pose le premier jalon de la littérature chinoise parvenue au lectorat français. Par conséquent dans la perspective des croisements France-Asie, la pièce de Voltaire est considérée comme « la première en France dont le sujet ait été emprunté à l'Extrême-Orient » (1910 Cordier 115). Dans la conjoncture d'une Europe éprise d'une Chine adulée, la tragédie chinoise génère de multiples traductions en langues européennes. De sorte que cette pièce des Yuan demeure la pierre angulaire dans la démystification de l'Orient dans l'imaginaire européen et est un repère

4 Né à Cherbourg le 17 juillet 1666, arrivé à Canton le 7 novembre 1698 et mort dans le dénuement à Macao en septembre 1736, sa biographie du côté chinois concorde avec le côté français.

5 La tragédie chinoise occupe les pages 417-460 du troisième volume d'un rassemblement, triage et correction des lettres des Jésuites éditées par le Père J-B Du Halde et Junxiang Ji.

6 L'insertion du *Petit orphelin de la maison de Tchao* par Du Halde est aussi confirmée par Henri Cordier (1910 Cordier 115).

dans la littérature sur le Levant. Ainsi le dix-huitième siècle entame une ère d'émancipation de la connaissance de l'Orient grâce aux expéditions croissantes vers l'Asie.

Dans ce temps d'éclaircissement, la divulgation des *Relations* des Jésuites contribue à apporter un souffle nouveau contre la fabulation de l'Orient depuis le Moyen-Âge. Dans cette foulée, plusieurs Pères jésuites (Bouvet, Gaubil, Le Comte[7]) avaient préparé ou influé sur l'horizon d'attente du lectorat de par leurs travaux d'érudition. Soulignons dans la même veine, Joseph Marie Amiot et Isidore Stanislas Helman[8] dont les écrits forment aussi un repère majeur dans l'avancement de la connaissance européenne sur l'Orient. Grâce aux missionnaires, voyageurs, ou encore commerçants qui ramènent des bribes de témoignage d'Orient, le monde littéraire de la métropole des dix-huitième et dix-neuvième siècles entretient ingénument des stéréotypes, ainsi « l'Asiatique tolérant ou le Chinois philosophe deviendront au dix-huitième siècle de faciles lieux communs » (Martino 62). Et le dix-neuvième siècle fera un grand bond en avant avec des expéditions soutenues et systématiques permettant de disséminer une littérature signée des acteurs de l'empire oriental français, témoins oculaires du monde oriental jadis désincarné. En ce sens, les traductions magistrales réalisées par Julien Stanislas (1797-1873)[9] donnent un autre grand coup de pousse à la floraison d'une telle littérature. Cet apport de l'Orient qui contribue dans la foulée à un enrichissement de l'esprit européen est souligné de justesse par Ferdinand Brunetière :

> [...] le XIXe et le XVIIIe siècle français ne seraient pas tout ce qu'ils sont si les choses d'Orient et d'Extrême-Orient, de l'Inde et de la Chine en particulier, n'étaient entrées pour une part dans la composition de leur esprit. (Brunetière 707)

7 En particulier, l'ouvrage de Louis Le Comte, *Nouveaux mémoires sur l'état présent de la Chine*, est particulièrement cité par des chercheurs comme matériel de base pour les écrivains français de l'époque.

8 Ils sont auteurs d'une dizaine d'ouvrages majeurs de leur temps. Voir par exemple, *Abrégé historique des principaux traits de la vie de Confucius* publié en 1788 à Paris.

9 Mentionnons à titre d'exemples, Li Hsing-tao (Li Xingdao), Julien Stanislas, *Hoeï-lan-ki; ou, l'Histoire du cercle de craie, drame en prose et en vers*, London, Printed for the Oriental Translation Fund of Great Britain and Ireland, sold by J. Murry; Zhang Shao, Julien Stanislas, *Les deux jeunes filles lettrées* (Pingshang ling yan : roman chinois), Paris, Didier, 1860 ; Laozi, Julien Stanislas, *Lao Tseu Tao te king ; Le livre de la voie et de la vertu, composé dans le VIe siècle avant l'ère chrétienne*, Paris, Imprimerie royale, 1842.

Le « moi » français depuis l'Orient

Si la seconde moitié du dix-neuvième siècle demeure une des périodes les plus déshonorantes que l'Empire du Fils du Ciel ait jamais traversée, elle est pourtant un repère important dans l'historiographie européenne. D'un côté l'avènement de la présence des Européens, qui impose une culture de cohabitation, brise à jamais l'homogénéité des Han ; de l'autre l'Asie pénètre massivement dans l'esprit européen par la voie de l'historiographie. Pensons à la géographie (cartographie) de l'Asie, à ses objets, à ses écritures, à ses langues qui s'infiltrent avec les premiers Français ayant foulé le sol de ce continent. Cette impression d'Orient, matérialisée à travers un contact physique avec les peuples indigènes, donne libre cours à un corpus qui fera florès au dix-neuvième siècle. À noter que les armateurs, officiers, diplomates, négociants ou marins, promoteurs de la civilisation française hors de France, font paraître à qui mieux mieux d'innombrables écrits. C'est un temps où les enjeux vis-à-vis de l'Asie se transforment et le corpus français de croisements France-Asie s'exprime d'abord, croyons-nous, sous forme de la littérature de l'intime.

Ainsi sous l'angle du « moi », l'Orient est étalé au public européen du dix-neuvième siècle qui parcourt ce monde d'ailleurs à la première personne. Sans doute, la popularité du « moi » depuis l'Orient ne saurait être détachée de la vogue du Romantisme qui avait incité un public initié au genre de l'écriture de l'intime. De fait, la divulgation au grand public des journaux intimes, mémoires et correspondances des écrivains en métropole accorde une notoriété au genre. Et les longues lettres de *Delphine* ou la langueur de la mélodie solitaire d'*Oberman* sollicitent le public à savourer le « moi » monologique ou intimiste. Au sein de cet immense corpus du « moi » depuis l'Orient, certains sont Maîtres d'œuvre d'une littérature du Levant :

> Et voici que l'âge moderne devient planétaire. Les grands noms se pressent : c'est Loti, cet Hamlet du soleil, qui cherche, aux pays de la lumière, la joie qui le fuira toujours. [...] C'est Paul Claudel, qui soulève les voiles de la *Connaissance de l'Est*. (Hanotaux 138-139)

Considérées comme dépositaires d'un vécu en Orient, les œuvres de Loti et de Claudel, entre autres, tiennent lieu de documents de première main. Ainsi la vertu de cette importante littérature personnelle écrite de la main des « colonisateurs »[10], est d'offrir l'autre version du croisement culturel France-

10 À titre d'exemples : Ferdinand Philippe Marie d'Orléans Alençon, *Luçon et Mindanao. Extraits d'un journal de voyage dans l'Extrême Orient*, Paris, Michel Lévy Frères, 1870 ; Pierre

Asie. Leur parution courante dans les revues majeures du dix-neuvième siècle apporte un témoignage direct de l'Orient pour le lectorat européen.

Les mémoires d'Auguste Haussmann, un des membres des premières missions françaises en Extrême-Orient, servent de prototype de cette littérature de témoin :

> Vers la fin d'août 1844, tous les membres de la mission placée sous les ordres de M. de Lagrené, envoyé extraordinaire de France en Chine, se trouvaient réunis à Macao [...]. Le commissaire impérial Ki-ing, fut chargé, depuis 1843, de toutes les négociations du gouvernement chinois avec les puissances maritimes étrangères [...]. C'est à bord de l'Archimède, on le sait, que le traité de commerce conclu entre la France et la Chine fut signé le 24 octobre 1854 jour du niai-tsz que les Chinois regardent comme le plus propice de la lune à la célébration des mariages [...]. (Haussmann 298-299)

Chevauchant entre mémoires et autobiographie, ce genre d'écriture rend compte de l'avancement des intérêts français en Asie en retraçant à la première personne les détails des événements vécus par le scripteur. Le genre connaît aussi sa variante appelée « souvenirs », telle « La colonie européenne en Chine : Souvenirs d'une station dans les mers de l'Indo-Chine », parue dans la *Revue des Deux Mondes* en 1851 :

> Après un long voyage à contre-mousson, nous avions jeté l'ancre devant Macao le 4 janvier 1848 [...]. Le traité de Nan-king avait consacré l'admission des étrangers dans les cinq villes maritimes ouvertes au commerce européen [...]. Le gouvernement des deux provinces du Kouang-si et du Kouang-tong se trouvait alors confié au vice-roi Ki-ing, le plus honnête Tartare qui ait jamais porté la plume de paon et le bouton rouge [...]. Ki-ing avait compris l'impuissance des armés chinoises et les obstacles presque insurmontables qui s'opposaient à l'introduction de l'organisation militaire et de la tactique des Européens dans le céleste Empire. [...] il avait inauguré en Chine la politique des concessions [...]. (Gravière 785-786)

Loti, *Suprêmes visions d'Orient : fragments de journal intime*, Paris, [s.n.], 1900s ; Amédée Anatole Prosper Courbet, *L'Amiral Courbet en Extrême-Orient : notes et correspondance*, Paris, L Chailley, 1896.

Par rapport aux mémoires classiques auxquels sont habitués les lecteurs[11], ces souvenirs adaptés sous forme d'articles pour le compte des revues touchent un lectorat élargi. Peu importent les variantes sous lesquelles est coiffé le texte, cette écriture du « moi » retraçant les premières instances de la France en Chine/Asie envahit la *Revue des Deux Mondes* avec une parution systématique dans presque chaque numéro ; elle atteste incontestablement la popularité du genre.

En parallèle, l'écriture épistolaire frôle aussi le genre autobiographique et cherche son épanouissement au sein d'un lectorat déjà initié. Et la correspondance du célèbre japoniste irlandais (naturalisé japonais)[12] qui stationne à Kyoto l'illustre bien. À travers ses lettres sont lisibles le Japon, son peuple, ses coutumes. Le « moi » depuis l'Orient, même d'origine irlandaise, répond à l'aspiration du lectorat français :

> « Quelques lettres japonaises (1890-1892) »,
> Les lettres suivantes sont extraites de la correspondance de Lafcadio Hearn, – une des plus belles, des plus complètes et des plus variées qui aient été publiées jusqu'à ce jour : véritable autobiographie dont la sincérité et la spontanéité forment un document littéraire précieux [...]. Les quelques lettres que nous publions ici ont été choisies avec le souci de donner une idée succincte mais aussi complète que possible de l'évolution qui se produisit dans l'esprit de Lafcadio Hearn à l'égard du Japon. (1924 Hearn 319-320)
>
> À Élisabeth Bisland
>
> Yokohama, avril 1890
>
> Chère Élisabeth,
> J'éprouve un sentiment indescriptible à l'égard du Japon. Bien entendu, la nature d'ici n'est pas la nature des Tropiques, qui est si splendide, si sauvage, si puissamment belle, qu'au moment même où je vous écris, je ressens dans mon cœur la même douleur que j'ai éprouvée en quittant la Martinique. [...] Et, bien entendu, j'étudie le bouddhisme de tout mon cœur, de toute mon âme. J'ai pour compagnon un jeune étudiant d'un des temples. Si je reste au Japon, nous vivrons ensemble. (1924 Hearn 321)

11 À titre d'exemple, *La Chine et le Japon, mission du comte d'Elgin de 1857 à 1859* de Laurence Oliphant (Paris, Michel Lévy Frères, 1860).

12 Le cas de Lafcadio Hearn fait penser à Joseph Charignon (1872-1930), naturalisé chinois.

Aux dires de l'éditeur, la revue divulgue ce genre de correspondance fréquemment parce qu'elle est une « véritable autobiographie » et « un document littéraire ».

Dans la même veine, il y a le genre diaristique qui affiche le « moi » monologique et introspectif du scripteur. Dans une structure fragmentaire et intermittente, le diariste tente de conserver le vécu en Orient par le biais de sa transcription au quotidien. Un extrait du journal de bord de Loti, intitulé « Escales au Japon 1902 », en est illustratif :

> Samedi, 8 décembre 1900 – l'horreur d'une nuit d'hiver, par coup de vent et tourment de neige, au large, sans abri, sur la mer échevelée, en plein remuement noir. Une bataille, une révolte des eaux lourdes et froides contre le grand souffle mondial qui les fouaille en hurlant [...][13]. (1904 Loti 721)

> Dimanche, 9 décembre 1900 – Réveillé tard, après une telle nuit de grande secouée, j'ouvre mon sabord, pour saluer le Japon. Et il est bien là, toujours le même, à première vue du moins, mais uniformément feutré de neige, sous un pâle soleil qui me déroute et que je ne lui connaissais point. (1904 Loti 722)

Comme le genre renferme en soi une dichotomie intrinsèque, à savoir si l'énonciation diaristique appartient au monde réel (journal intime) ou au monde fictif (journal fictif), l'ambiguïté s'aiguise davantage quand il s'agit de Loti. Affirmé par le diariste comme un journal authentique (texte intransitif fermé à l'intrusion d'autrui et ayant exclu l'horizon d'attente), le texte de Loti n'offre aucun indice pouvant trahir l'horizon d'énonciation présupposé. C'est-à-dire qu'il peut s'agir d'un « moi » diariste témoin de l'Orient ou d'un « moi » fictif relevant de l'imaginaire.

Mais il y a plus. Le fait que le texte accède à la sphère publique du vivant de son scripteur laisse présumer qu'il ne s'agit pas du diariste Viaud, mais plutôt de l'écrivain Loti. Et le recours ostentatoire de Loti à la première personne dans ses écrits sur l'Orient penche dans le même sens. Dans un contre argument, qu'il s'agisse d'un journal fictif ou réel n'altère en rien la qualité du « moi » français de sauvegarder des événements de la France au Japon, puisque toutes tentatives de catégorisation du texte diaristique

13 Dans la même foulée, voir le journal de bord de Ed. Du Hailly intitulé « Souvenirs d'une campagne dans l'Extrême-Orient » paru dans la *Revue des Deux Mondes* (juillet-août 1866, 957-983).

risquent d'aboutir au faux débat. Après tout l'écriture en soi est une dérive naturelle vers un « univers sociolectoral » tel qu'avancé par Michel Butor (1960 Butor 127). Et le « moi » lotien fictif ou réel englobe cette propension innée vers le monde public que renferme toute écriture.

Le Levant dans les revues et journaux d'expression française 1840-1940

Nous réitérons que cette subdivision ne repose pas sur l'approche de l'orientalisme vs. contre-orientalisme. Loin des courants d'Edward Said et de ses adeptes qui avaient généré les typologies occidentales de l'Orient, les textes évoqués ici serviront d'indice sur l'évolution du lectorat français sur le Levant. Tout d'abord, la longue durée d'existence de plusieurs périodiques est remarquable, signe d'un temps rivé sur le Levant. À Paris, relevons à titre d'exemples, les *Mémoires de la Société des études japonaises, chinoises, tartares et indo-chinoises* (E. Rouveyre, 1877-1901), *Bibliothèque orientale* (Maisonneuve, 1872-), *Relations de Chine* (Compagnie de Jésus, 1903-1940). Certaines revues sont le fruit de la collaboration franco-chinoise, telles *Aujourd'hui la Chine : revue de l'Association des amitiés franco-chinoises*[14]. D'autres qui circulent en Asie sont imprimées sur place pour le lectorat francophone local. En premier lieu mentionnons *L'Écho de Chine* (1901-1919, l'Imprimerie de La Presse orientale) (2005 Claudel 228-229)[15] dont le mérite relève non seulement du rôle de référence qu'il tient à titre de journal français en Chine, mais aussi de la durée considérable de son existence. Hebdomadaire publié tous les mercredis à Shanghai, *L'Écho* transmet les informations de première main sur la France en Chine et en Extrême-Orient pour tout Français en Asie.

Classés jusqu'ici sous l'étiquette de l'orientalisme, ces revues et journaux méritent d'être envisagés autrement, par exemple, comme le produit de croisements culturels faisant ressortir un dynamisme différent. Quels sont donc les sujets abordés dans cette tribune privilégiée qui donne le baromètre des intérêts des lecteurs sur l'Orient ? À nouveau, le dépouillement de la *Revue des Deux Mondes* donne un indice permettant de constater que ce filon est constitué d'études thématiques, de la traduction des chefs-d'œuvre des littératures asiatiques et de la création littéraire d'inspiration orientale. Par exemple, le bouddhisme s'avère un thème largement traité. Introduite depuis le dix-septième siècle en Europe, cette philosophie religieuse

14 Paris, L'Association des amitiés franco-chinoises, 1900-.

15 Le sérieux de cette maison qui publie le seul journal français en Chine est souligné dans une lettre de Claudel.

attire beaucoup d'adeptes, tels Jules de Gauthier et Léon de Rosny dont les travaux décrivent son ancrage, sa pratique, de même que sa saisie par le lectorat français (Gauthier 367-394). En sens inverse, le prosélytisme chrétien aux pays du Levant demeure un autre pôle d'intérêt. Parmi les nombreuses études qui lui sont consacrées, celles réalisées par Alexandra Myrial sont incontournables. Elles retracent l'histoire du christianisme en Asie en remontant aux origines de la congrégation chrétienne en Chine[16]. Si la notoriété des grands naturalistes et voyageurs (tel Dabry de Thiersant 1826-1898) marque la conjoncture d'intérêt du dix-neuvième siècle, les littéraires, sinologues ou japonistes tels Henri Cordier, Léon de Rosny et Soulié de Morant[17] s'affirment aussi avec leurs écrits et traductions sur les civilisations du Levant.

Grace au progrès des missions commerciales systématiques et soutenues, la seconde moitié du dix-neuvième siècle fait le constat d'une profusion de textes qui examinent le Levant sous toutes les coutures. Signe du temps, la connaissance sur l'Extrême-Orient fait un grand bond en avant au vingtième siècle éclairé qui se porte garant de sa perception du monde oriental où les stéréotypes deviennent les cibles :

> Depuis cinquante années, le contact de plus en plus intime que nous avons pris avec la Chine et le Japon nous fit connaître quelles divergences, quels contrastes, quelles incompatibilités même séparent les familles indo-européennes et les peuples de l'Extrême-Orient. (Tailhade 63)

> Il est vraiment temps que les esprits libres soient éclairés sur cette civilisation chinoise, méconnue, bafouée, méprisée par le plus grand nombre, que garde, contre toute épreuve sincère, un sot préjugé de supériorité a priori. Des gens de haute culture partagent encore sur la Chine le préjugé populaire. (Nesles 290)

Il est temps de sonner le glas d'un temps obscur sur le Levant. Et l'heure n'est plus au stade d'introduction de ces contrées lointaines avec des études de survol panoramique des orientalistes qui effleurent les civilisations en Asie, mais plutôt aux travaux approfondis, voire érudits. Des sujets hautement

16 Il s'agit de « La congrégation en Chine » et du « Clergé tibétain et ses Doctrines ».

17 Journaliste, diplomate et essayiste, De Morant laisse de nombreuses études sur le Levant. Citons sa traduction de l'œuvre de Chen Yubao, *La piété filiale en Chine* (Paris, E. Leroux, 1877), ainsi que son ouvrage *Histoire de l'art chinois, de l'antiquité jusqu'à nos jours* (Paris, Payot, 1928, 301).

spécialisés font leur apparition. Ainsi Léon Charpentier introduit en 1901 « Les transmigrations de Yo-Tchéou, comédie chinoise Tao-see » qui parodie l'école taoïste, initiant le lectorat français aux diverses écoles constellées dans la littérature chinoise classique :

> La comédie Tao-see tourne en ridicule les cérémonies et superstitions du taoïsme [...]. La comédie dont nous donnons ici les deux premiers actes est une adaptation de deux pièces tao-see [...]. Ajoutons qu'aucune pièce tao-see n'a encore été traduite dans une langue européenne[18]. (Charpentier 25)

Il est juste d'affirmer que le vingtième siècle se réjouit d'un lectorat averti, passionné et fin connaisseur du Levant. Les essais sans teneur qui frôlent un exotisme lointain comme garniture n'ont plus la cote. Au contraire, des études pointues capables d'apporter une connaissance approfondie sur des sujets érudits font florès, par exemple les différentes écoles poétiques des dynasties Tang, Song etc. D'un point de vue général, les vers immortels en l'ancien chinois cumulés depuis les temps immémoriaux rebutent le Chinois contemporain. Rares sont ceux qui s'y connaissent. Pourtant Soulié de Morant a su traduire ceux de la dynastie Song et a jugé bon de les partager avec le lectorat français :

> La poésie chinoise ne nous est plus inconnue. Cependant pour des époques entières nous n'avons encore que de rares œuvres citées dans quelques ouvrages d'ensemble [...]. Les trop rares poèmes publiés de la dynastie Song ont donné la curiosité de connaître davantage cette époque [...]. Les moyens de la poésie chinoise sont plus nombreux et plus variés que les nôtres. La poésie française est reconnue comme simplement syllabique. [...] La poésie chinoise est non seulement rythmique, c'est-à-dire formée d'une suite de longues et de brèves, mais de plus, véritablement chantée. (1919 Morant 611-612)

Collègue de Claudel, le diplomate de Morant accomplit des travaux importants sur les littératures et sociétés chinoises et japonaises dont certains sont traduits en langues locales, par exemple un de ses reportages, intitulé *Ce qui ne s'avoue pas, même à Shanghai, ville de plaisir.*

Évidemment, d'autres civilisations asiatiques connaissent aussi leur temps fort en France. De fait, dans ce temps d'effervescence du Levant, le japonisme

18 En 1920 la maison parisienne : Société Anonyme d'Éditions et de Librairie publie cette étude en volume.

fait sensation et les études sur le Japon sont en vogue. En particulier, le théâtre japonais (Tailhade 63-73) notamment le genre du Nô détrône tous les autres sujets et séduit de nombreux spécialistes (Seche ; Bertaut 673-684). L'essor du japonisme revient aussi aux efforts d'Albert Maybon dont les études sur la poésie et le théâtre japonais sont magistrales (1920 ; 1923 Maybon). Georges Bonneau (directeur de la Maison française à Tokyo) dont les essais paraissent systématiquement dans le *Mercure* (1931 ; 1932 Bonneau) mérite aussi une mention. L'épanouissement qu'atteint la littérature sur le Levant au cours du vingtième siècle se reflète également à travers la création littéraire dont le genre de la « nouvelle » semble privilégié. Tels Gilbert de Voisins et Alexandre Arnoux s'y adonnent avec la leur parue dans le *Mercure* (Voisins ; Arnoux). Quant au genre du « roman », il paraît sous forme d'extraits, par exemple, celui de Jean Marquet intitulé « Master Lou Po To Capitaine marchand » paru en série dans le *Mercure*. Classons dans cette veine, le roman de Mollard paru dans *L'Europe* (Wei-Kin-Tche 501-508) provenant de la traduction d'un texte chinois réadapté, modifié et reconfiguré. Certes, nous pourrions continuer de citer un répertoire prodigieux de cette littérature sur le Levant dans les revues et journaux des dix-neuvième et vingtième siècles ; les quelques exemples mentionnés plus haut servent d'illustration sur le genre et surtout la teneur de cette littérature qui nous intéresse.

Du côté des maisons d'édition et de leurs collections

Les croisements culturels France-Asie forment aussi le crédo de certaines maisons d'édition en métropole. Pensons à Ernest Leroux dont la carrière flamboyante recoupe la réputation de sa maison. De la traduction des textes anciens de Ma Duanlin (1254-?) (*Bibliothèque orientale*) ou de néoconfucéen Zhu Xi (1130-1200) (Zhu ; Kia) aux classiques japonais (Dautremer), la maison Leroux enrichit le corpus sur l'Orient avec des ouvrages basés sur des documents originaux. Par exemple, *Un mariage impérial chinois cérémonial* (1887) provient de deux documents dont l'un du Ministère des rites annotant le protocole millénaire du cérémonial des mariages en Chine, l'autre sur le mariage impérial rédigé originairement par l'Intendant de la Cité Interdite lors de son service. S'ajoute à cela, une série de mémoires portant sur l'Asie publiés par la maison : tels *Mémoires concernant l'Asie orientale, Inde, Asie centrale, Extrême-Orient* (1913-1919). Il va sans dire que l'authenticité et la rareté de ces manuscrits traduits et publiés par la maison contribuent à cultiver un lectorat penché sur le Levant.

Un autre filon provenant de ces maisons qui enrichissent le corpus du Levant est leurs collections thématiques, telle la « Bibliothèque d'histoire contemporaine » de la maison Félix Alcan. Cette collection comprend d'une part des textes anciens originaires des pays du Levant traduits par le célèbre sinologue Henri Cordier (1920 Cordier) et de l'autre, des récits sur les plus anciennes expéditions ou voyages en Asie effectués par des Français. La vertu de ce genre de collection est que l'Asie y figure comme un intérêt majeur. Il en va de même pour la collection « Bibliothèque contemporaine » de la maison Calmann-Lévy avec des ouvrages basés sur des documentations historiques, tels *Voyage en Asie : le Japon, la Chine, la Mongolie, Java, Ceylan, l'Inde* (1874). Ce qui distingue cette collection, ce sont les œuvres de Pierre Loti qui s'y trouvent aux premières loges, telles *Japoneries d'Automne* et *Les derniers jours de Pékin*. Enfin la « Bibliothèque orientale » de Maisonneuve & Cie, cette collection contient des ouvrages de haute valeur historique sur les civilisations en Asie, au Moyen-Orient et à l'Extrême-Orient.

En guise de conclusion, nous dirions que d'un Orient confus avec la religion au Moyen-Âge, au déploiement du « moi » français en temps réel de la seconde moitié du dix-neuvième siècle, la progression de la connaissance de l'Orient dont fait preuve le lectorat initié et averti atteste l'évolution du Levant dans l'imaginaire français. Par rapport aux œuvres parues aux dix-septième et dix-huitième siècles, les textes du dix-neuvième siècle l'emportent notamment avec l'authenticité et la transmission d'une expérience personnelle vécue sur le terrain. Cette littérature personnelle sort de la perspective de l'orientalisme européen qui lui est traditionnellement accolée.

2 Le « moi » oriental chez Loti et Claudel

Un autre volet majeur de ce corpus de croisements est le Levant dans la fiction. Non pas que toute œuvre de fiction touchant à l'Asie sera d'emblée intégrée dans ce corpus, mais celles dont la conception créative puise dans l'univers oriental. Comme nous venons de le démontrer, les Européens notamment les Français, écrivent sur le Levant depuis longtemps, et dans l'esprit de beaucoup, le *Livre des Merveilles de Marco Polo* (1298) pose un premier jalon de l'apparition du Levant dans l'historiographie européenne. En réalité, le catalogue de Ternaux-Compans mentionné plus loin donne une idée concrète des premiers écrits sur l'Asie. Peu importe de déterminer qui fut le premier, mais il convient de souligner cet enivrement, jamais démenti chez les Européens, d'un Orient mirifique qui séduit. Encore une fois, les dix-neuvième et vingtième siècles rompent la glace pour voir cette littérature s'émanciper grâce aux acteurs de l'Empire oriental français dont les écrits tranchent avec le phénomène de l'Orient « couvé dans un salon parisien ». Dès lors l'historiographie française s'enrichit d'un répertoire d'archives, de fiction, de littérature personnelle (journal intime, correspondance, mémoires) sur le Levant, tel que démontré plus haut.

Au sein de ce foisonnement d'écrits sur l'Extrême-Orient, *Madame Chrysanthème, Le Soulier de satin* et *Comment Wang-Fô fut sauvé* offrent des exemples emblématiques d'œuvres d'inspiration orientale au sein du patrimoine français. De formes divergentes, ces textes, dont l'imaginaire s'appuie autant sur l'expérience de première main d'un auteur-témoin du Levant que sur des documents traduits, recoupent les flagrants montages de l'Orient dans les textes parus aux siècles précédents. Qui plus est, Loti comme Claudel, l'orientaliste incontestable avec une expérience marquée par des hauts et des bas de l'Empire oriental français, détrône toute fabrication de l'Orient conçu auparavant depuis la métropole. Le vécu au Levant se porte garant de l'authenticité de l'Orient dans leurs œuvres, même classées comme patrimoine français.

Madame Chrysanthème en Asie

Figure majeure d'un écrivain marqué par le Levant, Loti laisse à la postérité une écriture de fiction (publique) qui côtoie celle de l'intime (privée) ; toutes deux convergent pour créer un paramètre pour le corpus du Levant. De pages glorieuses signées d'un marin dépaysé en Asie à l'œuvre prototypique de la littérature du Levant, Loti et ses émules demeurent un filon vivant pour l'histoire littéraire française en Orient. À la différence de Paul Claudel dont la réception chinoise accuse un retard important par rapport à celle au Japon, Loti est connu à la même période en Chine et au Japon. Ainsi *Mon frère Yves*, son premier roman traduit en chinois, paraît en 1900 à Hong Kong (1900 Loti) cinq ans après *Madame Chrysanthème*, son premier roman paru au Japon. Grâce à Lin Xu son *Pêcheur d'Islande* est traduit en ancien chinois et paraît en 1915 aux Éditions Shang Wu (2008 Han 331). Son « Alsace ! » (1917 Loti)[19] traduit par Liu Bannong[20] à partir de sa version anglaise *Alsace Reconquered* (*New York Times* 1916) est paru dans la *Nouvelle jeunesse* en 1917 (2008 Han 334)[21]. C'est dire que les textes de Loti, rédigés en français publiés

19 Daté de juillet 1916, le texte français paraît dans les pages 83-96 de ce recueil.

20 Lettré classique, professeur à l'Université de Pékin et biographe de l'héroïne du chef-d'œuvre de Zeng Pu, *Fleur sur l'océan des péchés* (1903-1936).

21 Voir vol. 2, n° 6 de la revue *Xin Qingnian*, cité par Han Yiyu.

en métropole ou traduits en anglais et parus outre-mer, sont rapidement traduits en chinois, laissant croire que Loti est dès le départ un écrivain français ciblé de par la nature de ses écrits. Au sein de cette profusion d'œuvres lotiennes *Madame Chrysanthème* fait prototype, fusionnant un vécu réel au Levant avec un imaginaire témoignant de l'empreinte occidentale.

Il va sans dire qu'appartenir au patrimoine de la littérature française, l'œuvre l'affiche ostensiblement avec son expression française, renchérie de l'identité de son auteur. De toute l'encre coulée sur cette œuvre depuis sa sortie, de l'apologie du japonisme vouée par son premier lectorat métropolitain au pire dénigrement de ses détracteurs (1931 Bonneau 526-543)[22], personne ne daigne contester l'origine de l'œuvre et, par conséquent, son appartenance au corpus oriental. D'où l'intérêt que lui portent les premiers Francophones chinois et japonais. Il n'est pas étonnant que son transfert en Asie passe d'abord par Tokyo où l'œuvre fait sa première apparition sur le continent en 1895 (1895 Loti), trente-quatre ans avant sa parution à Shanghai. Selon Qian Linsen, c'est Xu Xiacun qui l'aurait amenée pour la première fois en Chine à son retour de Paris vers 1930 (2004 Qian 211), une assertion partiellement avérée dans le *Catalogue des livres traduits du français en chinois*. L'œuvre française, selon la maison Shang Wu aurait été traduite en chinois à partir de la version anglaise (1929 Loti). Si cette source s'avère véridique, cela signifierait que la version française n'a pas pénétré, ni circulé en Chine à l'époque. Pourtant d'autres sources affirment le contraire.

Dans le « Prologue » de l'édition de 1932, Xu affirme que sa traduction parue en 1929 s'appuie sur la 17e édition du roman (Lévy Frères), de concert avec la traduction anglaise de la maison Ensor (Loti ; Xu v), sans préciser toutefois laquelle des deux lui a servi de texte-mère. Une telle révélation signifie au moins pour sa part que l'œuvre française circule aux côtés de la version anglaise. Ne pouvant déterminer ce qui amène la maison Shang Wu à affirmer que la traduction anglaise est le texte-mère, la révélation de Xu sur le recours à deux versions sème le doute sur son lieu de rentrée (le parcours physique du livre) tel qu'avancé par Qian. S'agit-il de Paris ou d'ailleurs ? L'interrogation sur l'itinéraire de l'œuvre française atteint sa pleine signification si l'on envisage le déplacement de l'œuvre sous l'optique du transculturel. À savoir que le parcours d'un livre de sa culture d'origine à sa culture d'hôte, s'accomplit souvent par le biais d'une tierce culture (intermédiaire). Si le transfert de *Madame Chrysanthème* suivait un parcours

22 *Madame Chrysanthème* de Loti est ridiculisé en termes de « La farce japonaise dans le roman français contemporain » par Georges Bonneau, directeur de la Maison de France à Kyôto.

Paris-Londres-Shanghai ou Paris-Tokyo-Shanghai, le fait que sa traduction chinoise s'appuie sur une double version (française et anglaise) irait de soi. Autrement, il serait invraisemblable que le francophone Xu soit rentré au pays depuis Paris avec une version anglaise. Malgré ces présomptions plausibles, toute conjecture ne saurait résoudre l'énigme. Rabattons-nous sur l'œuvre elle-même.

Le « moi » français dépaysé

Comme le genre diaristique s'avère le genre de prédilection dans l'écriture lotienne sur le Levant, sous forme fragmentaire, le roman déploie le « moi » naïf d'un Français dépaysé :

> Au petit jour naissait, nous aperçûmes le Japon. Juste à l'heure prévue, il apparut, encore lointain, en un point précis de cette mer qui, pendant tant de jours, avait été l'étendue vide. Ce ne fut d'abord qu'une série de petits sommets roses (l'archipel avancé des Fukaï, au soleil levant)[23]. (Loti 652)

> [...] des bonshommes et des bonnes femmes entra[ient] en longue file ininterrompue [...]. Sur leur dos ils apportaient tous des petits paniers, des petites caisses, des récipients de toutes les formes. [...] il en sortait des choses inattendues, inimaginables, des paravents, des souliers, du savon, des lanternes ; des boutons de manchettes, des cigales en vie chantant dans des petites cages ; de la bijouterie, et des souris blanches apprivoisées sachant faire tourner des petits moulins en carton [...]. (Loti 654)

Cette sensation inédite qu'éprouve le marin approchant pour la première fois des côtes du Japon, tout comme ses constats d'étonnement à l'endroit des indigènes, corrobore le lieu commun des Français foulant le sol japonais de leurs premiers pas. Sous ce regard ingénu, l'archipel des Fukaï ou le mont Fuji, enveloppé de son habit de neige, renchérit un sens mythique. De la fascination que nourrit la France impériale vis-à-vis du Japon au soleil levant, de la thématique du mariage mixte avec une femme orientale, Loti pose un des premiers paradigmes du genre. L'œuvre séduit par le dépaysement et la singularité de sa diégèse d'un mariage à sensation. Sa sortie devant le lectorat intimiste en mal d'ailleurs, fait tabac. Il a fallu attendre

23 Les extraits proviennent de l'édition 1989 des Presses de la Cité (*Aziyadé, Le mariage de Loti, Le roman d'un spahi, Mon frère Yves, Pêcheur d'Islande, Madame Chrysanthème, Ramuntcho, Les Désenchantées*).

un demi-siècle pour que le regard superficiel et la fresque d'un faux Japon criblé de préjudices venant d'un marin européen soient décriés :

> Il y a dans la littérature mondiale, et, autant qu'ailleurs, dans notre littérature française contemporaine, une farce japonaise. Poètes de serre en mal d'exotisme, marins d'escale en mal d'amour, voyageurs d'un jour en mal d'impressions, il n'est personne qui n'ait pris à cœur d'y ajouter un bout de rôlet. [...] Littérature encore, médiocre littérature, cette théorie japonaise du baiser complaisamment imaginée à la page 250 de *Madame Chrysanthème.* (1931 Bonneau 526)

Malgré ces propos sévères du directeur de la Maison française à Tokyo, un des fins connaisseurs du Japon, la postérité doit savoir gré, après tout, à Loti d'avoir su étaler, sous le couvert du mariage, le for intérieur d'un Européen dépaysé.

Loti : créateur de l'Orientale

La fortune légendaire de *Madame Chrysanthème* en France et hors de France a non seulement provoqué un regain d'intérêt pour la thématique de l'exil, mais surtout elle expose la femme orientale en pleine lumière. Loti est un créateur inégalé de l'Orientale de son temps. Et un siècle d'études consacrées à cette œuvre et à ses traductions convergent vers la femme orientale lotienne qui fusionne l'animalité et la fugitivité. De l'Afrique au Japon, d'Aziyadé à Kikou-San, Loti ne s'est pas dévoyé dans son portrait de Orientales reposant sur des archétypes mythiques ou anthropologiques et comparées souvent au papillon, au poisson, au chat ou à l'oiseau (2002 Yee 258)[24]. Ainsi dans la « petite poupée en toilette » culmine la fugitivité de l'Orientale lotienne. Et les descriptions inlassables apparemment bienveillantes et gracieuses, telles « les impayables minois, les piquets de fleurs drôlement plantés » (2002 Yee 258), à l'endroit de « mademoiselle Jasmin...ma fiancée », trahissent, malgré elles, en filigrane un prisme teinté d'un complexe de supériorité (1992 Barthèlemy 36) dont dispose l'Europe impérialiste à l'endroit de l'Orientale :

> Oh ! L'étonnante petite compagnie que nous traînons à notre suite, dans les maisons de thé, le soir ! Les impayables minois, les piquets de fleurs drôlement plantés sur des têtes enfantines et comiques ! [...] Yves nous

24 Voir notamment le renvoi de ces animaux dans les cultures des pays en Moyen-Orient.

> raccompagne lorsqu'il s'agit ensuite de remonter chez nous, – Chrysanthème poussant de gros soupirs d'enfant fatigué, s'arrêtant à chaque marche, s'appuyant à nos bras. (Loti 689)

Et la petite Okané-San conquit le lectorat de l'époque avec son minois exotique, sa désinvolture de femme-enfant (gros soupirs d'enfant fatigué), et le tout dans un fond d'univers folklorique étranger aux coutumes européennes. Malgré cela, l'ingénuité lotienne ne réside pas dans l'étalage d'un sentiment commun partagé, mais sur un autre registre, en un mariage « transculturel » arrangé dont la variante réapparaît chez d'autres, notamment chez Puccini[25].

À côté de Mademoiselle Jasmin qui pose un paradigme de l'Orientale devant un lectorat épris du thème de l'exil et d'ailleurs, les chercheurs soulignent également d'autres lieux communs lotiens (Barthèlemy et Yee) que cristallisent notamment le ton et l'approche condescendants du marin français débarqué à Nagasaki :

> « Où faut-il vous conduire mon bourgeois ? » À quoi je réponds dans la même langue : « Au Jardin-des-Fleurs, mon ami ! » [...] ce Jardin-des-Fleurs est une *maison de thé*, un lieu de rendez-vous élégant. Une fois-là, je demanderai un certain Kangourou-San, qui est à la fois interprète, blanchisseur et agent discret pour croisements de races[26]. (Loti 18)

> Dans un appartement aussi nu que le mien, ils sont là une dizaine assis en rond par terre ; longues robes en coton bleu à manches pagodes, longs cheveux gras et plats surmontés d'un chapeau européen de forme *melon* ; figures niaises, jaunes, épuisées, exsangues. (Loti 25-26)

Certes, avec presqu'un siècle et demi de recul, les artifices d'une telle mise en scène nous sautent aux yeux. De sorte que ces énoncés futiles et superficiels, truffés de verbalisme et dotés de perception naïve à l'égard du Japon font défaut, ne pouvant plus tenir devant le « Lecteur du Monde » pour qui la Littérature-Monde fait tomber toute barrière d'exotisme. Malgré tout, cela ne devrait pas gommer l'apport oriental inouï que représente l'œuvre pour le corpus qui nous intéresse. De l'univers oriental ingénu

25 Le célèbre opéra *Madame Butterfly* se joue non seulement en langues européennes mais également en chinois et en japonais. Nous avons assisté à sa première mise en scène post-maoïste en automne 1982, à l'Opéra de Pékin.

26 Les extraits proviennent de l'édition Calmann-Levy 1887.

qu'éprouvent les premiers Français foulant le sol japonais, à la fugitivité évasive de Jasmin inexplorée pour le lectorat français, Loti élargit l'horizon de ce lectorat français vers un monde de l'ailleurs. Quant à l'écart, voire l'antipode des critiques que connaît l'œuvre, cela fait ressortir l'évolution du monde occidental dans sa perception du monde oriental et réaffirme dans cette foulée le jalon pionnier que pose cette œuvre, conçue et puisée en Orient.

Du Siècle d'Or espagnol aux légendes chinoises

L'exemple de croisements France-Asie que nous avons choisi d'évoquer est *Le Soulier de satin*. Car en matière de littérature sur le Levant, le nom de Paul Claudel traverse notre esprit. De fait, peu de poètes de son temps peuvent se targuer d'avoir passé un temps aussi substantiel que lui, en Chine et au Japon : « J'ai passé quinze ans de ma vie en Chine comme consul, cinq ans au Japon comme ambassadeur »[27] (Wasserman 207). En ce sens, Claudel reste inégalé. Il serait toutefois téméraire de se fier à l'apparence. Malgré ce long séjour en Chine (deux fois supérieur à celui au Japon), Claudel semble être mieux apprécié au Japon. D'abord son théâtre se joue dans l'ère Meiji (Yamata 295)[28] et aucun, à notre connaissance, n'est joué en Chine, à toutes époques confondues. Puis, ses œuvres atteignent le lectorat japonais dès leur sortie[29] ; alors qu'il faudra attendre plus d'un demi-siècle pour voir seulement deux d'entre elles traduites en chinois. Malgré le manque de documents de première main pour élucider ces faits, une chose est sûre. Ce temps substantiel vécu au Levant accorde non seulement une légitimité, mais surtout cautionne une authenticité du monde oriental évoqué dans ses écrits, à une exception près : Claudel est fermé aux langues orientales. N'empêche que ce déplacement en Asie lui permet d'accoucher d'une profusion de correspondances, notes de consul ou pièces de théâtre dans lesquelles l'Orient prend corps et âme. Du même coup, cette panoplie d'œuvres prête aussi le flanc aux claudéliens pour fustiger les emprunts flagrants de mythes et de légendes chinois ou japonais que confond involontairement l'art claudélien.

Tel que souligné plus haut, dans l'optique de Claudel et l'Orient, un aspect dépasse toute attente : la disparité entre l'immense mérite du corpus

27 Il s'agit des années 1895 à 1909.

28 Dans son article paru en 1924 dans le *Mercure de France*, l'auteur évoque la représentation des pièces de Claudel aux théâtres locaux.

29 Voir la traduction japonaise du *Soulier de satin*.

claudélien et le peu de traductions en chinois. Les seules œuvres qui aient été traduites sont *Le Soulier de satin* en 1992 et *Connaissance de l'Est* en 1997. Trop peu, trop tard, qui plus est, aucune des deux n'a été cautionnée par une maison de renom à Shanghai ou à Pékin. Autrement dit, les œuvres de Claudel ne font pas partie de celles ciblées par les maisons d'édition séculaires et réputées en Chine. Un tel fait alimente bien des conjectures. Une chose s'avère évidente. Si les Chinois n'en ont traduit que deux, ce n'est certainement pas parce que le *Partage de midi*, *Tête d'or* ou *Figures et paraboles* auraient moins de mérite, mais parce que d'emblée l'appartenance du *Soulier* au corpus oriental leur est évidente.

Pourtant à première vue, cette pièce n'annonce rien de chinois ou d'oriental, rien que du commun claudélien : évocation divine, encadrement méditerranéen, protagoniste chrétien, référence à Dieu en tout lieu. Michel Butor, de sa perspicacité prodigieuse trie un des fils conducteurs de la pièce :

> L'action se déroule à la fin du XVIe siècle et au début du XVIIe lors de la conquête de l'Amérique. Don Rodrigue, après mainte aventure, devient vice-roi des Indes occidentales, mais le nouveau roi d'Espagne, Philippe II, qui succède à Charles-Quint, se méfie de ce personnage qui risque de prendre trop d'importance, et le disgracie. (1995 Butor 119)

Même avec les débroussaillages de Butor, la question reste tout entière : comment une telle œuvre peut-elle appartenir au corpus oriental ? Il n'en est rien, puisque cette mise en scène « chrétienne » sert de mise en scène au sens propre. Au-delà du soleil du Midi et de l'itinéraire des conquistadores, les méandres des liens sous-jacents de cette pièce avec l'univers chinois s'avèrent incontestables une fois le voile (de mise en scène) levé.

Non seulement le *Soulier* ne saurait être interprété par son apparat de christianisme, teinté de hauts faits d'armes dans sa doxologie du Siècle d'Or espagnol, mais encore il serait impertinent de l'isoler de l'ensemble du corpus claudélien :

> Les structures de toute la production théâtrale claudélienne se confondent sur ces assises complexes de la théologie, d'une philosophie finaliste de l'histoire, comme de la psychologie humaine et de la dramaturgie, qu'ils s'agissent des dieux ou demi-dieux des mythes antiques, ou que l'auteur manipule les acteurs de l'univers chrétien [...]. (Maëstre 60)

Et le *Soulier* ne saurait échapper à ce paradigme claudélien. La teneur chrétienne, l'appel divin et le renvoi théologique qui aliènent ou freinent l'action initiale des protagonistes amoureux ne sont que des lieux communs claudéliens. Et ce, même si l'œuvre appartient au corpus oriental, d'où le cas du *Soulier*. Deux fils conducteurs se croisent : d'une part la mise en scène chrétienne dans toute pièce claudélienne, de l'autre le sacrifice de la femme qu'incarne le soulier féminin sur lequel repose l'œuvre entière. Évidemment, son évocation dans la pièce, lors du départ de la protagoniste pour rejoindre son amant séparé, n'exhume pas le fond mytho-culturel oriental dans lequel s'ancre l'œuvre : « Don Balthazar tient la tête de la mule. Prouhèze monte debout sur la selle et se déchaussant elle met son soulier de satin entre les mains de la Vierge »[30] (Claudel 41). Ici le soulier sert de relique, dépositaire du sacrifice féminin et de la rédemption de l'amour interdit.

Toujours est-il que la question n'est pas résolue : comment cela renvoie-t-il à l'univers oriental ? Selon Maëstre : « L'atmosphère et la thématique du *Soulier de Satin* primitif n'ont pas en effet la simplicité formelle d'un pur drame passionnel, évoqué et vécu dans le cadre historique, religieux et culturel du Siècle d'Or espagnol » (Maëstre 44). Malgré son paravent à l'occidental et à la conviction chrétienne, le cadre espagnol, le cadre spirituel et le cadre psychologique ne font qu'un cadre dramaturgique claudélien. Dépouillée de ces ornements, la pièce reste nuement chinoise. Car depuis l'esquisse de la rédaction débutée en Chine et terminée au Japon, jusqu'aux racines nourricières des légendes chinoises, la pièce est renchérie de surcroît d'un souvenir de cœur à Fuzhou. Quoique de prime abord les méandres entre le sabre des conquistadores espagnols dans un fond de l'obédience à Dieu, et le temps immémorial des dynasties chinoises au cours desquelles transposent les légendes, semblent foncièrement éloignés l'un de l'autre, les deux univers se rejoignent dans l'image du soulier féminin, cristallisant l'amour interdit et sa rédemption. Ainsi le *Soulier* sort de l'univers chrétien malgré les appels de Dieu de Rodrigue ou de Prouhèze. Le décor méditerranéen, la toile de fond du siècle des conquistadores et la piété des protagonistes à Dieu ne forment que le devant de la scène.

Cendrillon et « la pantoufle oubliée »

Une telle enjambée spatiale et référentielle entre la genèse orientale, nourricière de l'œuvre, et la configuration structurale reposant sur un fond de midi espagnol fait l'unicité audacieuse du *Soulier*. Et combien éloquent est son titre surtout si l'on observe l'inclination de Claudel devant le soulier des Chinoises, symbole de sacrifice féminin. Sa récurrence chez Claudel

30 Nous utilisons la réédition 1962 de Gallimard.

est soulignée par Gilbert Gadoffre qui affirme que « La Cloche » dans *Connaissance de l'Est* découle de la réminiscence d'une légende chinoise. Ainsi pour sauvegarder son père Maître-cloche, une jeune fille, en se jetant dans une fonderie d'or bouillant, perd ses souliers qui restent comme ultime témoignage du sacrifice (Gadoffre 350-351). Du soulier perdu à la pantoufle oubliée, Claudel s'incline devant une même image :

> La première idée du *Soulier de Satin* me vint d'une pantoufle oubliée, comme celle de Cendrillon, aux pages d'un roman chinois. [...] Jadis, des pages de je ne sais plus quel roman feuilleté dans un club d'Extrême-Orient, il s'échappa un soulier qui devint, vingt ans après, *Le Soulier de satin*[31]. (Hue 195)

Le renvoi de Claudel à Cendrillon comme la source inspiratrice du *Soulier* fait rapidement tache d'huile au sein des claudéliens qui recourent à ce mythe – considéré comme emblématique de l'imaginaire occidental – comme le point de départ d'où provient l'œuvre. Est-ce la vraie finalité du *Soulier* ?

Si Claudel suivi par les claudéliens renvoie à Cendrillon comme prototype de référent européen, autrement dit en tant qu'image-mère, une rectification s'impose. Le mythe de Cendrillon ne relève pas de l'imaginaire européen mais il puise sa source dans le Sud de la Chine au temps des Qin (221 av. J.-C.). C'est une époque d'avant les Han (206 av. J.-C.), pour prendre un repère chronologique connu des Occidentaux, un temps où le mythe serait transmis oralement. Sa première mise en texte daterait du neuvième siècle dans *Youyang zazu* (*Tables variées au crépuscule du jour*). On doit la révélation magistrale de cette source au folkloriste japonais Kumagusu Minakata qui, en 1911, la dévoile dans *Tokyo Jinruigaku Zasshi* (*Revue de la Société d'Anthropologie de Tokyo*) (Watanabe 151-155). De sa version du neuvième siècle aux diverses adaptations européennes, dont celle de Perrault, le mythe subit des modifications majeures dans sa tentative d'acculturation aux cultures d'hôte. Mais l'axe immuable et transcendantal qui traverse toutes les versions est l'image du soulier féminin.

Du soulier brodé au soulier de satin

Pendant que Cendrillon accumule en Occident une richesse mytho-imaginaire en symbolisant l'innocence et la promesse d'un amour princier, la thématique du soulier féminin génère un répertoire de chants dans

31 Cité par Bernard Hue.

l'imaginaire chinois. Et les poètes s'épanchent sur le soulier (de pied bandé) – emblème et dépositaire des valeurs patriarcales – en y versant beaucoup d'encre. Sa forme minuscule – requérant un pied déformé (souffrant) – et la vulnérabilité qu'il dénote, corroborent les vertus qu'impose la société féodale à la femme chinoise. Que de chants au cours des siècles, que d'encre coulée sur le soulier de femme notamment celui de Yang Kwei-fei qui occupe le premier rang.

Étant donné qu'aucun claudélien ne parvient à déterminer dans quel roman chinois Claudel a été touché par la « pantoufle oubliée », on se rabat sur le soulier brodé de Yang Kwei-fei, la concubine impériale des Ming. D'une constellation de légendes de soulier perdu comme symbole de sacrifice féminin, il en ressort l'une des plus populaires, tous siècles confondus : celle qui enchante les Ming. La beauté de cette courtisane idolâtrée et gâtée est proverbiale[32]. Yang se pend pour sauvegarder l'Empire menacé de toutes parts par des troupes révoltées qui exigent la tête de la favorite accusée des malheurs de l'Empire :

> Après la mort de Yang Kwei-fei, qui dut se pendre pour apaiser la rébellion, une vieille femme entra dans le temple qui avait abrité les souverains pendant les dernières heures du drame, et « sur les marches de l'autel elle aperçoit un petit soulier brodé, puis un bas de soie tombés du pied charmant de la victime. Elle les ramasse avec respect et les emporte »[33]. (Gadoffre 351)

Après la légende de la fille du Maître-cloche, Gadoffre recourt à celle de Yang Kwei-fei en citant De Morant pour faire la lumière sur le mytho-terroir dans lequel puise le *Soulier*. Précisons que ce récit émouvant signé De Morant, qui ne manque pas d'éclaircir l'origine de l'œuvre, est paru deux ans plus tôt sous forme d'article[34]. Toutefois, ni Gadoffre, ni De Morant n'ont été le premier à avoir introduit cette légende. Pour le lectorat français, elle est présentée par le biais de son adaptation japonaise sous le nom de Yokiki, et ce, grâce au japoniste estimé Lafcadio Hearn. Malgré une erreur typographique fâcheuse sur le nom même de Yang Kwei-fei dans la traduction française, le texte de Hearn a le mérite d'avoir introduit la légende :

32 En Chine antique sont classées une impératrice et quatre concubines impériales aux rangs hiérarchisés dont la première est kuei-fei (concubine précieuse).

33 Georges Soulié de Morant, *La passion de Yang Kwé-feï, favorite impériale, d'après les anciens textes chinois*. Paris, L'Édition d'art, 1924, cité par Gilbert Gadoffre.

34 Voir l'article paru dans le *Mercure de France* (septembre 1922, 439-478).

> Je souhaiterais aussi être mieux renseigné sur les papillons de l'Empereur Genso, qui les obligeait à lui choisir ses amours !... L'Empereur avait un beau jardin où il invitait à se rafraîchir avec lui tous ses amis... Il conviait aussi les femmes les plus célèbres pour leur beauté. [...] Mais lorsque l'Empereur eut aperçu Yokiki, que les Chinois nomment Yang-Kwei-Tei [sic], il ne permit plus aux papillons de choisir à sa place, ce qui, du reste, lui porta malheur, car la gracieuse Yokiki lui causa de très graves ennuis... (1909 Hearn 250)

La variante japonaise concourt à la légende chinoise pour cristalliser l'image sublime de la femme-objet (de sacrifice). Découlant de Cendrillon, cette légende transcendée de l'imaginaire chinois (et japonais) laisse son empreinte dans le *Soulier* pour signifier la femme sacrifiée (la disparue) et son soulier (qui reste) comme témoin de la disparition.

L'archétype de *Bouvier et Tisserande*

Le recours audacieux des chercheurs aux répertoires de mythes et légendes chinois à la recherche de l'image-mère du *Soulier* ne fait pas scandale tant que Claudel aligne ses pensées sur le même axe. Car après Cendrillon et la « pantoufle oubliée », il révèle bien des années plus tard une autre pièce du puzzle dans une allocution prononcée le 23 mars 1944 au cours d'un gala devant les cheminots :

> Le sujet du *Soulier de satin*, c'est celui de la légende chinoise, des deux amants stellaires qui chaque année après de longues pérégrinations arrivent à s'affronter, sans jamais pouvoir se rejoindre, d'un côté et de l'autre de la voie lactée. (Autrand 93)

Ici « la légende chinoise des deux amants stellaires » s'appelle *Bouvier et Tisserande*. Elle raconte la tragédie entre un garçon bouvier du nom de Niu Lang et une fée tisserande de la septième stellaire appelée Qi xingnu. Leur alliance aurait transgressé le code matrimonial du Ciel ; le couple est écarté par la force divine et est condamné à se voir une fois par an lors du septième jour du septième mois, sans jamais pouvoir se rejoindre. Si la perspective du lecteur progresse vers un référentiel prégnant du soulier féminin perdu puisé aux légendes de Cendrillon, de Yang Kwei-fei, de Yokiki..., quel enrichissement connotatif le renvoi à *Bouvier et Tisserande* apporte-t-il ?

Dans les diverses réadaptations de cette légende par les sociétés modernes au cours des siècles, le sacrifice surhumain dont fait preuve la Tisserande dans une attente infinie de revoir le Bouvier est transmis de génération en génération :

> Il était sur le point d'atteindre Shokujo, aux portes du Royaume, lorsque l'Impératrice mit fin à cette poursuite. Elle détacha une épingle d'or de sa chevelure et la lança entre les deux amoureux. À l'instant même, l'épingle se transforma en rivière déchainée. Une rivière large et tumultueuse qu'aucun humain ne songerait à traverser. Le Bouvier déposa ses enfants sur la berge et entra dans l'eau. [...] Sur l'autre rive, Shokujo, impuissante, sanglotait de douleur [...]. Empreint d'une profonde tristesse, son chant s'éleva au-dessus de l'eau agitée [...]. (Bergeron 54-55)

Farouchement vénérée dans la littérature orale, cette légende signifie l'amour immuable et intègre ennobli dans l'épreuve de la séparation. Elle connote le sens de sacrifice auquel renvoie le *Soulier* : les affres de la séparation de l'amant dont souffre la femme. Ainsi l'imaginaire chinois s'éprend de la séparation des amants qui, au lieu d'affaiblir ou d'altérer l'amour, est censée renforcer le couple. Entre les sanglots de Tisserande et le cri du cœur de l'amante de Fuzhou qui languit devant la séparation avec le bien-aimé (Claudel), il n'y a qu'un pas. Quoique lointain, ce souvenir déchirant de Fuzhou recoupe la souffrance de Tisserande : l'incarnation de l'idéal d'amour que bercent « les descendants du Dragon » (le peuple chinois). C'est à ce bonheur inatteignable qui rebute tout humain du monde profane que sont voués, de la Chine ancienne à la Chine moderne, les idéaux d'amour :

> [...] je t'autorise à revoir tes enfants et Kengyû le Bouvier. Une seule fois, chaque année, tu pourras les rejoindre. Le septième jour du septième mois lunaire [...]. À l'aube du septième jour du septième mois lunaire, une fine bruine tombe sur la Terre. Ce sont les larmes de la Tisserande qui, serrant tendrement ses enfants et son époux contre elle, pleure ce si court instant de bonheur qui lui est accordé[35]. (Bergeron 62-64)

La longévité d'un amour qui survit à l'épreuve de la séparation des amants, écartés par la force divine comme par la force humaine, forme le fond de cette légende. L'emprunt au tragique de *Bouvier et Tisserande* réside dans cette fidélité d'une vie durant pour revoir (fût-ce un instant) le bien-aimé

35 Dans la version moderne de la légende, Tisserande serre ses enfants et l'époux dans ses bras au lieu de les apercevoir de l'autre côté de la voie lactée.

qui se consomme en idéal d'amour. Le renvoi de Claudel à l'archétype de Tisserande pour l'abnégation de la femme atteint sa pleine signification ici.

Il ne faut pas s'étonner qu'une telle langueur prête le flanc au réquisitoire des claudéliens sur le séjour orageux du poète à Fuzhou : « dans l'imbroglio enchevêtré des duperies, inventées par le Roi d'Espagne, Rodrigue et l'Actrice, pour s'abuser mutuellement, il peut y avoir le reflet, sinon le transfert d'épisodes biographiques vécus » (Maëstre 52). Et d'autres n'hésitent pas à pointer du doigt la « faute » commise par le poète :

> [...] par rapport à une réalité empruntée à son expérience vécue et déjà exploitée, quinze ans auparavant, dans une œuvre confidentielle, ouvertement autobiographique, transposition du drame de l'amour-passion vécu à Foutchéou. (Hue 13-14)

Les transports à Fuzhou ne resurgissent pas que dans le *Soulier* ; cette réminiscence sert aussi d'axe dans d'autres œuvres telles *L'Homme et son désir* (1921), notamment les nuits noires agitées et fiévreuses dont souffre l'homme aux prises avec cette insomnie tenace :

> [...] c'est la danse éternelle de la Nostalgie, du Désir et de l'Exil, celle des captifs et des amants abandonnés, celle qui pendant des nuits entières fait piétiner d'un bout à l'autre de leur vérandah les fiévreux que tourmente l'insomnie [...]. On est au plus près de certaine nuit de paroxysme à Foutcheou [...] et dans *Le Soulier de satin* [...][36]. (Wasserman 115)

Ce transport enrichi de l'épisode intime de Fuzhou traverse plusieurs œuvres et forme l'arrière fond du *Soulier* qui s'appuie aussi sur d'autres données orientales. De ses années passées au Japon, Claudel, le dramaturge épris de mysticisme, adhère ostensiblement au genre Nô (Kawanabe 205-218 ; Mayaux 145-163)[37] dont la forme est présente dans le *Soulier*, notamment à la fin de la pièce où le mystique claudélien fusionne avec le chant musical.

De prime abord le *Soulier de satin* n'adhère nullement à la sphère orientale avec les protagonistes chrétiens dans un univers de conquistadores espagnols. Tout le contraire si l'on le dépouille de ses paravents. Ses emprunts à l'univers occidental, tels le décor, le lieu, le dieu et la piété des protagonistes ne

36 Paul Claudel, *La Danse des morts*, cité par Michel Wasserman.

37 Dans le genre Nô, le penchant envers le mystère à sujet religieux sollicite d'autant plus l'inclination de Claudel.

forment qu'une mise en scène. Composée d'un fond de vécu à Fuzhou, cette pièce s'ancre dans plusieurs thèmes transcendés de l'imaginaire chinois. En ce sens, Claudel et ses émules demeurent des exemples incontournables du corpus de croisements France-Asie de par le caractère transculturel de leurs œuvres où l'univers oriental sert de fond-concepteur. Car le déplacement biographique de Claudel, capital dans la création du *Soulier*, offre un cas emblématique de la part d'un auteur français. Si Claudel, Loti et Segalen, pour ne nommer que les plus connus, se proclament voyageurs du Levant dont les œuvres inspirent l'authenticité, d'autres, qui n'y ont jamais mis le pied, écrivent aussi pour ce corpus.

3 La fortune orientale de *Comment Wang-Fô fut sauvé*

Cette nouvelle de Marguerite Yourcenar représente un autre exemple du corpus de croisements. Son appartenance à la littérature du Levant nous semble indiscutable tant au niveau thématique qu'à celui de l'imaginaire, d'autant plus que l'œuvre se veut l'héritière d'un conte taoïste[38]. Ainsi sous le couvert du monde taoïste se déroulent la vie d'un peintre impérial et la vénération que lui voue son disciple dans l'ère antique des Han. Faisant l'apologie de la sagesse taoïste à travers le sort du peintre Wang-Fô, le récit transcendé du taoïsme est assorti d'une touche de merveilleux où le vieux peintre s'envole dans l'horizon qu'il peint et où le disciple surgit de la mort. De la toile de fond empruntée au monde taoïste aux énonciations puisées dans une rhétorique figurative chinoise, la teneur du texte affiche ostensiblement son appartenance au monde oriental. De fait, s'appuyant sur les cinq composantes de la nature – emblématiques de l'imaginaire chinois – la mimésis de l'univers oriental dans la narration de Yourcenar est sans faille :

> Le vieux peintre Wang-Fô et son disciple Ling erraient le long des routes du royaume de Han. Ils avançaient lentement, car Wang-Fô s'arrêtait la nuit pour contempler les astres, le jour pour regarder les libellules. [...] Ils étaient pauvres, car Wang-Fô troquait ses peintures contre une ration de bouillie de millet et dédaignait les pièces d'argent[39]. (Yourcenar 11)

38 Le taoïsme est depuis longtemps traduit et introduit en Europe. Voir à ce sujet, l'étude de Léon de Rosny (*Le taoïsme*, Paris, E. Leroux, 1892).

39 Les extraits proviennent de l'édition Gallimard de 1999.

Le royaume auquel conduisent ces évocations, le « royaume de Han », « le vieux peintre Wang-Fô », « contempler les astres », « regarder les libellules » affranchit le lecteur de l'imaginaire occidental. La fusion harmonieuse que noue Wang-Fô avec la nature relève du taoïsme, même si l'on sent que le dédain de l'argent relève plutôt du confucianisme, une école concurrente de l'école taoïste.

Dès les premières évocations, et ce, tout au long du récit, des lieux communs de l'imaginaire chinois s'imprègnent dans l'univers des protagonistes : « Montagne sous la neige », « fleuves au printemps », « visage de la lune » (Yourcenar 11). L'empreinte du monde taoïste s'accentue à mesure qu'avance le texte : « Wang-Fô rêvait de faire le portrait d'une princesse d'autrefois jouant du luth sous un saule » (Yourcenar 14). Le luth, renvoyant au pipa (ou bipa)[40] symbolisant la musique traditionnelle, tout comme le saule, renvoyant au saule pleureur[41], sert à étoffer un fond oriental. Yourcenar ne les aurait pas évoqués si ce n'était pour trancher avec l'imaginaire occidental. De tels renvois sciemment agencés se poursuivent :

> Les soldats firent franchir à Wang-Fô d'innombrables salles carrées ou circulaires dont la forme symbolisait les saisons, les points cardinaux, le mâle et la femelle, la longévité, les prérogatives du pouvoir. (Yourcenar 17)

Le complément d'harmonie composé de Yang avec son contraire Yin, tel le jour et la nuit, le soleil et la lune, le feu et l'eau, l'un étant masculin l'autre féminin, renvoie à l'alternance cyclique de l'univers. D'où les images en paires qui fonctionnent en complémentaires, comme la salle carrée et la salle circulaire, les quatre saisons et les points cardinaux, le mâle et la femelle, s'inscrivent dans un continuel effort de vouloir conduire l'imaginaire du lecteur occidental vers le monde oriental. À côté de cette articulation ingénieusement agencée, d'autres font défaut, accusant des lacunes et peinent à camoufler la défaillance : « Le Maître Céleste était assis sur un trône de jade, et ses mains étaient ridées comme celles d'un vieillard, bien qu'il eût à peine vingt ans » (Yourcenar 18). Quoique le jade tout comme l'émeraude représente des pierres prisées par les Chinois, au même titre que le diamant en Occident, l'historiographie chinoise ne confirme en aucun lieu que le trône des empereurs[42] était en jade, mais plutôt en bois

40 L'instrument de musique chinois, daté du 2e siècle avant J. C., qui connaît une popularité depuis la dynastie Tang.

41 De son nom initial Salix babylonica (originaire de Chine).

42 Appelée Long Yi (chaise du Dragon).

au temps antique et en or pour les Qing. Quant à l'évocation de « mains ridées » accolée au Fils du Dragon, elle risque de paraître grossière, même si de nombreux empereurs sont fauchés à la fleur de l'âge dû, entre autres, au protocole millénaire de concubinage entretenu avec des centaines de courtisanes[43], voire au-delà.

Une autre empreinte affichée du taoïsme est le ton qui imprègne le récit de Yourcenar et qui s'inscrit dans un registre tragique. Suivant l'esthétique de Zhuang Zi (le Père du taoïsme), le tragique est la compassion pour l'homme probe ruiné par autrui (2007 Jiang 55). Cet héritage vit dans Wang-Fô, le supplicié à l'instant d'avoir les yeux crevés par l'Empereur :

> Wang commença par teinter de rose le bout de l'aile d'un nuage posé sur une montagne. [...] Le pavement de jade devenait singulièrement humide, mais Wang-Fô, absorbé dans sa peinture, ne s'apercevait pas qu'il travaillait assis dans l'eau. Le frêle canot grossi sous les coups de pinceau du peintre occupait maintenant tout le premier plan du rouleau de soie. Le bruit cadencé des rames s'éleva soudain dans la distance, rapide et vif comme un battement d'aile. [...] Depuis longtemps, le fer rouge destiné aux yeux de Wang s'était éteint sur le brasier du bourreau. (Yourcenar 24-25)

La touche de merveilleux qui éteint le fer rouge du bourreau relève du tragique taoïste, dépêché ici à la rescousse du vieux peintre ruiné par autrui. À la question de *Comment Wang-Fô fut sauvé* ? la réponse serait : par la pensée taoïste. Le titre même de la nouvelle donne un éclaircissement herméneutique de premier plan au tragique taoïste, lequel culmine dans la fusion harmonieuse de l'homme avec la nature :

> Le rouleau achevé par Wang-Fô restait posé sur la table basse. Une barque en occupait tout le premier plan. Elle s'éloignait peu à peu, laissant derrière elle un mince sillage qui se refermait sur la mer immobile. Déjà, on ne distinguait plus le visage des deux hommes assis dans le canot. (Yourcenar 26)

Sous l'optique taoïste, Wang-Fô fusionne avec sa peinture et sa peinture fusionne avec la nature. La dualité composée de concret/abstrait, de clair/obscur constitue l'axe du récit de Yourcenar. S'appuyant sur le concret comme métaphore pour expliquer l'abstrait, le taoïsme, dans sa tentative

43 Durant l'ère des Qing, les concours de courtisanes d'empereur se tiennent tous les trois ans.

d'interpréter l'origine de l'univers, signifie la vérité (2009 Cheng 4). Donner sens à l'abstrait cognitif par le biais du concret d'une image. Autrement dit, emprunter une image pour saisir un sens (2007 Jiang 24-25) est le vecteur du taoïsme. Dans un contre-argument, le taoïsme préconise que le sens ne peut être ressenti que par le cœur ; il se dérobe dans sa transmission en langage (2007 Jiang 28) : « Si le Tao (vérité) pouvait se communiquer, dit Tchouang tse, le mari le communiquerait à sa femme et le père à son enfant »[44] (1929 Jing 10). Sous le couvert du Meng-Long (équivoque/ambigu) renvoyant à l'antagonisme réel/irréel, présent/absent, couvert/découvert (2007 Jiang 66), l'école taoïste préconise l'harmonie entre l'homme et son intégration dans la nature (2007 Jiang 73), une harmonie reprise pleinement dans le texte de Yourcenar. Ainsi Wang-Fô est sauvé grâce à la barque qu'il peint, la barque surgit de l'eau qu'il peint, l'eau ainsi peinte crée la mer.

La genèse orientale inédite de l'œuvre

Devant un important corpus d'œuvres réalisées par Yourcenar, seules les *Mémoires d'Hadrien, L'œuvre au noir* et les *Nouvelles orientales* sont traduites en chinois, un autre indice révélateur de l'appartenance de ce recueil au corpus qui nous intéresse. Même son de cloche du côté français qui se targue de l'inspiration taoïste du recueil. À preuve, les aveux de Yourcenar sur la provenance de sa nouvelle « d'un apologue taoïste de la vieille Chine »[45] (Poignault 174) sont relayés systématiquement par des chercheurs occidentaux qui ne daignent pas démontrer sa genèse (Laude 83). Il s'agirait donc d'une retranscription d'une fable, d'un apologue taoïste. Qu'en est-il vraiment ? Nos recherches menées sur les contes et légendes chinois et japonais de toutes époques confondues, parus en langue originelle ou en traduction (*Contes en peinture*)[46], ne parviennent à cibler aucun texte-mère de la nouvelle de Yourcenar, si ce ne sont que des bribes de réminiscences dans un prototype de contes axés sur la représentation du monde à travers la peinture. Ainsi nos ambitions de retracer le texte-mère se voient d'emblée refouler

Comme alternative, on se rabat sur les contes portant sur la peinture dans le but de ressortir quelques invariants. Le *Portrait d'un laideron* en offre une belle illustration. On y lit ceci : « Un laideron se croit beau. Il

44 La philosophie de Zhuang Zi, citée par Jing Yinyu.

45 Sandra Beckett, « La réécriture pour enfants de *Comment Wang-Fô fut sauvé* », Rémy Poignault et coll. (éd).

46 À titre d'exemple, cet ouvrage comprend 300 apologues, légendes et mythes chinois, mais nous n'en avons trouvé aucun susceptible de servir de texte-mère à Yourcenar.

demande à un peintre de lui faire un portrait. Le peintre en peint plusieurs et tous ces portraits laissent, selon l'homme, à désirer. Il impute au peintre la faute de l'avoir enlaidi dans le portrait [...] » (1996 Ma ; Zhang, 90-92 notre traduction). L'antagonisme opposant le laideron et le peintre recoupe celui entre Wang-Fô et l'empereur, mais en sens inverse. Car le châtiment que mérite Wang-Fô n'est pas d'avoir manqué d'embellir mais d'avoir trompé l'empereur sur l'âpreté ou la laideur du monde réel :

> Tu m'as fait croire que la mer ressemblait à la vaste nappe d'eau étalée sur tes toiles, si bleue qu'une pierre en y tombant ne peut que se changer en saphir, que les femmes s'ouvraient et se refermaient comme des fleurs [...]. Tu m'as menti, Wang-Fô, vieil imposteur : le monde n'est qu'un amas de taches confuses, jetées sur le vide par un peintre insensé, sans cesse effacées par nos larmes. (Yourcenar 20-21)

Cette dualité antagoniste entre beau et laid traverse la plupart des contes qui portent sur la vie des peintres. Ainsi le texte de Yourcenar relève plutôt d'une abstraction de quintessence des fondamentaux taoïstes que d'un calque d'un conte particulier. Et le dépouillement de divers répertoires de légendes chinoises et japonaises continue de renforcer notre sentiment. En ce sens, *Le Plus grand peintre* (Solet 77)[47] offre un autre exemple de prototype :

> Il s'appelait Ku K'ai-Chih et il était un peintre célèbre en Chine ; les grands seigneurs venaient de partout afin qu'il fasse leur portrait, ou bien celui de leur épouse. Ils le payaient largement, Ku ne manquait de rien. (Solet 80)

> On disait que Wang-Fô avait le pouvoir de donner la vie à ses peintures par une dernière touche de couleur qu'il ajoutait à leurs yeux. Les fermiers venaient le supplier de leur peindre un chien de garde, et les seigneurs voulaient de lui des images de soldats. (Yourcenar 15)

Il est regrettable que nos tentatives de retracer la version originelle de ce conte chinois s'avèrent infructueuses. Malgré ceci, les ressemblances entre sa traduction française et le texte de Yourcenar sont palpables. Au-delà des écarts innés relevant de toute traduction, la version française situe le lecteur dans un univers similaire au peintre impérial Wang-Fô avec d'entrée de jeu, le ton adopté, le statut vénéré du peintre et l'ère antique. À côté de

47 Groupés sous la rubrique « Trois contes étranges », dont l'origine provient des provinces de Shandong et de Fujian, ces contes nous font penser à ceux de Pu Songling.

ce fond textuel semblable, les énoncés se recoupent aussi. Dans le conte chinois « la fille de son voisin [était] *frêle comme un roseau* » (Solet 80) ; chez Yourcenar « L'épouse de Ling était '*frêle comme un roseau*' » (Yourcenar 12). Aussi prometteuses qu'elles soient, de telles ressemblances relèvent plutôt du fortuit que du pastiche. Ancrés dans « un terreau légendaire »[48] (Autrand 93) du même type, les énoncés des deux textes puisent dans des images identiques. Dans tous les cas, ces contes qui relatent les vicissitudes d'un peintre se rejoignent dans la retranscription du monde réel en peinture. Par ailleurs, Yourcenar n'avait pas parcouru tous les contes taoïstes avant de concevoir le sien ; encore fallait-il qu'ils fussent traduits en français. A fortiori, son peu de contact avec l'Asie, et la Chine en particulier, de même que sa non-familiarité avec la langue chinoise la réduisent à œuvrer sur des documents traduits. Tous ces aspects concordent pour expliquer que les ressemblances relèvent de l'alchimie de quintessence taoïste et non d'une copie d'un conte en particulier.

Où se cache donc le fond taoïste ? Il culmine selon Anne-Yvonne Julien dans le titre même de la nouvelle, notamment l'ambivalence que renferme le participe « sauvé » :

> [...] l'ambivalence du participe « sauvé » qui renvoie tout aussi bien au processus de « sauvetage » d'un personnage en péril dans un contexte « romanesque » qu'au cheminement vers le « salut » d'un être dont le parcours mérite d'être médité. (Julien 121)

Ce constat équivaut à une demie vérité. Admettons que le titre s'avère être un filon prometteur, l'héritage taoïste se canalise non dans le participe « sauvé », croyons-nous, mais plutôt dans le choix du nom Wang-Fô, oh combien emblématique dans l'imaginaire chinois. Classé parmi les plus populaires dans le Registre des noms de familles, que « Wang » soit attribué au protagoniste comme nom de famille, cela va de soi ; mais c'est le prénom Fô qui dénote la genèse orientale de la nouvelle.

Depuis les temps immémoriaux, ce prénom dont l'origine remonte à une légende millénaire jouit de popularité chez les garçons :

> D'après la légende, l'empereur Ming-Ti vit en songe, un homme de stature gigantesque dont le visage avait la couleur et l'éclat de l'or. À son réveil, il consulta ses ministres sur la signification que pouvait avoir ce rêve. Or, parmi son conseil, se trouvait un personnage qui, sans doute, avait

48 Pour emprunter l'expression à Michel Autrand.

> voyagé ou, tout au moins, s'était trouvé en relation avec des marchands venus de l'Inde : il raconta à l'empereur qu'en Occident [l'Inde et le Tibet] on tenait en grand honneur un génie du nom de Fo, dont la statue, de dimensions considérables, avait un visage couleur d'or. (1903 Myrial 291)

Paru pour la première fois en 1903 au *Mercure de France*, ce récit avait sans doute échappé à l'attention de Yourcenar. Mais il n'en est rien. Le recours ostentatoire à ce prénom de la littérature métropolitaine depuis le dix-huitième siècle ne saurait échapper à son attention. Car dans son paroxysme oriental le monde littéraire de la métropole appréhende déjà la dénotation du caractère Fô signifiant fortune, chance et bonheur. Et François Jacob le confirme : « C'est sous le nom de Fo que se trouve désigné, dans la très grande majorité des écrits relatifs à l'Extrême-Orient au dix-huitième siècle, le bouddha Sâkyamuni » (Jacob 30). La popularité de ce prénom se vérifie encore avec Thomas-Simon Gueullette qui, dans sa reproduction du prototype provenant des *Mille et une nuits*, crée les *Aventures merveilleuses du mandarin Fum-Hoam*. Sans doute Gueullette puise-t-il ce nom dans *La Chine illustrée* du Père Athanase Kircher qui révèle une version différente de l'origine du Fô : « on trouve de certains oiseaux dans la Chine qu'on ne voit pas dans les autres royaumes [...] cet oiseau royal qu'il[s] appellent Fum Hoam [...]. Le mâle s'appelle Fum et la femelle Hoam » (Gueullette 833). Fô et sa variante Fû convergent vers le mandarin standard Fu pour signifier fortune/bonheur, tel que nous l'avons évoqué plus haut. Aussi érudite qu'elle fût, et historienne avérée dont le talent ne se dément pas à travers le magistral *Mémoires d'Hadrien*, Yourcenar choisit sciemment le prénom Fô pour la connotation mytho-culturelle et la dénotation sociolinguistique qu'il renferme.

Nous nous en tiendrons à cette étape-ci de notre étude sur la genèse orientale de la nouvelle. Si nous n'avons pas pu retracer le conte-mère sur lequel est calquée sa nouvelle, nous avons réussi, par contre, à en démontrer le croisement avec le Levant au niveau de sa conception, de son renvoi référentiel, de sa teneur et de son fond. L'analyse de ces trois œuvres signifie que même si elles sont la création de Maîtres français, consacrées canoniquement, s'adressant de prime abord au lectorat français, elles ne renoncent en rien au fond oriental dans lequel elles sont ancrées. Certes, une telle osmose aurait besoin d'être confirmée avec beaucoup d'autres cas d'écrivains français et de leurs œuvres. Il n'empêche que les trois œuvres analysées demeurent des exemples prototypiques de cas translittéraires France-Asie. Car l'Orient ne sert pas de décoration ou de garniture exotique, mais bien d'attribut inné à partir duquel est conçue l'œuvre. Qui plus est, chez Loti comme chez Claudel, l'œuvre s'enrichit d'un vécu biographique sur le sol même du Levant. La mimésis de l'Orient réalisée dans ces trois œuvres doit donc être appréhendée sous l'approche transculturelle qui serait la clé de voûte de la saisie méthodologique de la francophonie en Orient.

Composé de différents volets et de différentes matières, le patrimoine français tel que nous venons de l'évoquer fait partie intégrale du corpus de croisements France-Asie. De l'écriture de l'intime des acteurs de l'Empire oriental français aux maisons d'édition françaises déplacées en Asie, en passant par les œuvres de fiction de Loti, Claudel et Yourcenar, les diverses parties traitées dans ce chapitre auront valeur d'exemple pour illustrer l'autre direction du transfert France-Asie. Enfin, de l'apparition fugitive d'un Orient mystifié au Moyen-Âge, aux expéditions d'envergure réalisées au dix-neuvième siècle, sans oublier le raffinement dont fait preuve le lectorat de la métropole du vingtième siècle, l'évolution du Levant dans l'imaginaire français témoigne de la pénétration de l'Orient dans l'esprit européen.

Conclusion : vers une francophonie de cohabitation

L'histoire de la France en Asie

La reconsidération d'une francophonie en Orient au-delà de l'Indochine exige un examen global des faits francophones manifestés dans tous les pays d'Asie. Un tel examen se doit de respecter chronologiquement des faits historiques survenus sur le continent. Dès lors, l'Union indochinoise ne représente plus l'origine de la civilisation française en Asie, qui plus est, l'histoire de la France en Asie n'équivaut pas à l'histoire de l'Indochine française. Au contraire, cette histoire se déroule dans chacun des pays asiatiques ayant croisé la civilisation française sur son propre chemin. Depuis les voyages vers l'Asie amorcés par La Société des Missions-Étrangères de Paris au dix-septième siècle, conjugués à l'évangélisation opérée par la Compagnie de Jésus, la France écrit les premières pages des hauts et des bas de ses œuvres salvatrices dans le Levant. Et les missions commerciales emboîtent aussitôt le pas aux autres missions pour embrasser le succès avec comme temps fort celui de la Compagnie des Indes orientales Dès lors l'histoire française et l'histoire de l'Asie se rejoignent dans la propagation de la civilisation française sur le continent.

Ce fut une époque où la France misait sur les Indes et l'Empire de Cathay en fondant les premiers fiefs dans les contrées qui, jadis, ne relevaient que de l'imaginaire. D'où émergent à Pondichéry, à Shanghai et en d'autres lieux, les conditions favorisant le milieu francophone. Et l'itinéraire de Macao-Pondichéry-Canton-Shanghai-Indochine-Guangzhouwan non seulement résume en soi les points saillants de la France en Asie, mais surtout il témoigne chronologiquement des cultures jadis qui ont accueilli la France avant l'Indochine. Et la France en ces lieux est largement abordée dans les deux premiers chapitres avec l'apparition des arsenaux (Fuzhou, Yokosuka et Yokohama), des écoles françaises (Tong Wenguan, l'École française des constructions navales de Fuzhou), de l'université (L'Aurore), des journaux français (*L'écho de Chine*). Jusqu'à aujourd'hui, l'héritage français en ces lieux a été traditionnellement occulté, omis/écarté du monde francophone, banni de la francophonie et absent des études francophones. Il serait naïf de croire que notre étude suffira à mettre fin à cette équivalence, ancrée dans les mentalités, entre la francophonie en Asie et l'Indochine. Tant s'en faut.

La limite et aussi la carence du présent ouvrage est que d'une part, nous ne sommes qu'au seuil d'une réévaluation de la problématique entourant la francophonie orientale sous la poussée du transculturel, et de l'autre, nos recherches ne s'étendent pas sur toutes les civilisations ayant un passé de liens avec la France. Paradoxalement cela fait la force de notre étude. Car le cas chinois seul suffit à démontrer que concevoir la présence de la France en Asie en la réduisant à la seule entité indochinoise est un postulat qui ne saurait tenir désormais. Un tel constat conduit le débat à une question essentielle : comment identifier et reconnaître les faits culturels francophones au sein des cultures souveraines ? Cela met en première ligne notre approche se basant sur l'historiographie. C'est encore les faits historiques qui guideront notre démonstration de l'essaimage français dans divers ports, concessions et territoires en Asie, devenus les berceaux des ancrages/fiefs français au-delà de l'Indochine. À travers l'installation des intérêts français dans ces cités, tels arsenal, fonderie, hôpital, université, se transmet le savoir-faire français, et en son sein, la langue française qui donne naissance aux premiers Francophones asiatiques.

Par ailleurs, la réalité francophone constatée sur le plan linguistique et littéraire dans diverses contrées explique les littératures asiatiques d'expression française dont l'acquisition se base sur le transfert culturel. Ainsi le nouveau regard porté sur le phénomène francophone se doit de tenir compte des diverses formes dans lesquelles survit le monde francophone asiatique qui revêt une nature et un degré francophones différents, d'où la primauté de l'approche transculturelle. Cette approche méthodologique permet d'expliquer non seulement les faits francophones qui survivent dans ces pays, mais aussi les œuvres d'expression française provenant de ces littératures appelées non-francophones. L'enjeu fondamental du transculturel est de dénoncer les concepts qui ont fait fortune hier, véhiculés jusqu'ici sans heurt dans les mentalités. La déconstruction de ces concepts a priori fait voler en éclats le postulat de « colonisation fait francophonie », puisque les prémisses du phénomène francophone asiatique ne sont pas la colonisation.

L'Asie comme aire francophone ?

Par rapport aux aires francophones établies, telles l'Afrique sub-saharienne, le Maghreb et d'autres, l'Asie dans son ensemble est classiquement exclue de la francophonie, à l'exception de l'Indochine. De sorte que parler des faits francophones dans ce continent suscite toujours la suspicion. Dans cette infortune, certains pays reçoivent plus de reconnaissance que d'autres, telle l'Inde dont le passé en relation avec la France fait aujourd'hui l'objet d'études d'un groupe de chercheurs ; mais pour d'autres, les échanges et les contacts avec la France demeurent jusqu'à ce jour ignorés. Cet état des lieux met en avant le fait que les études francophones relatives à l'Asie se cantonnent toujours à l'Indochine. C'est particulièrement manifeste aux États-Unis où le champ des études francophones fait florès avec des aires francophones bien établies ; et le continent asiatique n'en fait pas partie. Pour preuve, sur les quelques 4140 établissements universitaires existants[1], on dénombre à peine deux séminaires portant sur le phénomène de la francophonie en Asie[2]. En d'autres termes, un tel pourcentage aussi faible que négligeable qui frôle le zéro en dit long sur le désert d'attention des chercheurs américains pour l'aire d'« Asie » et souligne l'immense travail à accomplir dans l'avenir. La seule entité indochinoise a réussi jusqu'ici à éclipser plusieurs siècles d'histoire francophone asiatique.

Tout l'enjeu de faire ressortir le passé historique et la réalité présente de la francophonie en Asie est de pouvoir répondre à la question de savoir si : la francophonie doit-elle être circonscrite aux aires géographiques des anciennes colonies ? À cela le « Manifeste » qui se veut historique apporte une réponse édifiante devant la mouvance du monde francophone : « [...] l'émergence d'une littérature-monde en langue française consciemment affirmée, ouverte sur le monde, transnationale, signe l'acte de décès de la francophonie »[3]. Serait-elle bien morte (dans les mentalités) cette francophonie basée sur le passé colonial et divisée en aires géographiques ? Si oui, cela redistribue les cartes du monde francophone établi jusqu'ici, qui comprend le continent d'Asie.

Où va la littérature francophone asiatique ?

Même si le monde francophone du vingtième siècle greffé sur la France métropolitaine serait mort, tel que déclare le « Manifeste », les problèmes « posthumes » ne manquent pas. D'emblée, où va la littérature francophone ? Car entraînée dans la mort de cette francophonie, la dichotomie jadis établie entre la littérature francophone (des colonies) et la littérature non-francophone, tombe dans la désuétude. Du coup, cela ouvre l'horizon à

1 Le site www.infoplease.com recense toutes les universités publiques et privées aux États-Unis (2000-2017 Sandbox Networks, Inc., publishing as Infoplease).

2 Intitulés « De l'Extrême-Orient aux Antipodes : représentation francophone de l'Asie et du Pacifique » et « Francophonie & Orient », les deux séminaires ont eu lieu respectivement à Macalester College et à l'université de Stony Brook.

3 Manifeste 'Pour une « littérature-monde » en français', *Le Monde*, 16 mars 2007.

une question qui s'inscrit dans la cohérence : « la littérature francophone » équivaut-elle à la littérature d'un pays francophone ? Si oui, comment classer, par exemple, la littérature chinoise ou japonaise d'expression française ? Puisqu'elle ne provient pas d'un pays francophone. Pour y voir plus clair dans les connotations et surtout les corrélations entre les notions telles que « colonisation », « francophonie » « littérature francophone » et « langue française », reformulons la question sous un autre angle. La langue officielle d'un pays détermine-t-elle la langue choisie par ses citoyens-auteurs ? La réponse est évidemment négative. Car on peut être Chinoise, mais écrivant en français, ou Québécois, écrivant en anglais[4]. Dès lors nous sommes amenés au seuil d'un constat inédit : dans le contexte translittéraire, le pays francophone (ou non) n'impose pas de paradigme à sa littérature. Et une littérature nationale peut être exprimée sous d'autres formes et en d'autres langues, tel qu'il l'a été démontré dans les chapitres IV et V. Si la littérature francophone s'affranchit de sa sphère (coloniale) circonscrite initialement, que dire du monde francophone classiquement conçu ? Un changement de fond dans les mentalités sur sa saisie et sa manifestation est donc indispensable. On revient au « Manifeste » qui prononce l'acte de décès de ce monde identifié par la colonisation.

Des études annonciatrices de renouveau

Il va sans dire qu'une seule étude aussi liminaire que restreinte comme la nôtre ne saurait espérer apporter toute la lumière sur la problématique entourant la francophonie en Orient. Qui plus est, plusieurs aspects évoqués dans notre ouvrage, du fait qu'ils dépassent le cadre initial envisagé par nos recherches, n'ont pas été traités. Néanmoins, ces éléments auront besoin d'être éclaircis dans l'avenir dans l'espérance de mieux saisir les ramifications francophones en Asie. Donnons-en quelques exemples. En premier lieu, il convient de considérer l'apport des réseaux d'édition française dans l'acquisition de l'héritage français de plusieurs régions classées non-francophones. Qui sont les premières maisons d'édition françaises opérant en Asie ? Comment leur apparition façonne, favorise et crée le milieu francophone ? Comment leur mode d'opération et de fonctionnement influe et organise-t-il des réseaux de livres français qui circonscrivent à leur tour un lectorat francophone ? Autrement dit, comment à travers leurs crédos de publication, leur mode de diffusion et de publicité, ces maisons canalisent et orientent-elles un milieu francophone émergent en Asie ?

4 Nous renvoyons ici aux cas de Ying Chen et de Yann Martel.

Le monde de l'édition n'est évidemment pas le seul intervenant impliqué dans l'examen du phénomène francophone en Asie. D'autres acteurs ou promoteurs du rayonnement français sont aussi absents de notre étude pour les mêmes raisons. En premier lieu l'Alliance française, son apport dans la propagation de la culture française, notamment dans la formation d'un lectorat francophone à travers l'Asie, ne peut être négligé. Son réseau de bibliothèques qui recouvrent les villes majeures du contient est un filon d'or. Ainsi les diverses actions qu'entreprend l'organisation laissent des empreintes au sein des sociétés locales en faveur de la culture française. Sans énumérer davantage d'autres acteurs et d'autres intervenants à examiner, il importe de souligner que la compréhension de la vie francophone en Asie dépendrait d'immenses études sur les faits historiques, linguistiques et littéraires qui attestent la réalité culturelle francophone dans l'ensemble du continent.

En dernier lieu, nous dirons que l'ambition première de notre étude est de souligner l'existence des faits francophones hors d'Indochine en Asie. De là nous constatons que le caractère distinct du phénomène francophone asiatique ne peut être appréhendé par la trilogie appliquée aux anciennes colonies, d'où le recours à l'approche transculturelle. Nous sommes convaincus que le cas de l'Asie sert de prologue à une longue réflexion sur les concepts d'« aire francophone », de « littérature francophone », voire de « monde francophone ».

Bibliographie sélective

I Sources primaires

1 Œuvres littéraires

1.1 Œuvres de la littérature française

Claudel, Paul. *Connaissance de l'Est.* Paris, Larousse, 1920.
—. *Soulier de satin.* Paris, Gallimard, 1929.
—. [*Soulier de satin*], *Shusu no kutsu : barearu shoto no kaze no shita de* [traduit en japonais]. Tokyo, Runobarogekidan, 1900[s].
—. *Les agendas de Chine. Texte établi, présenté et annoté par Jacques Houriez.* Paris, L'Âge d'homme, 1991.
—. *Le Soulier de satin*, traduit par Yu Zhongxian. Hefei, Anhui wen yi chu ban she, 1992.
—. *L'Arsenal de Fou-Tchéou, œuvres consulaires : Chine 1895-1905.* Paris, L'Âge d'homme, 1995.
—. *Connaissance de l'Est*, traduit par Xu Zhimian. Tianjin, Bai hua wen yi chu ban she, 1997.
—. *Correspondance consulaire de Chine (1896-1909).* Besançon, PU de Franche-Comté, 2005.
Flaubert, Gustave. *Madame Bovary. Mœurs de province.* Paris, G. Charpentier, 1877.
—. *Madame Bovary* traduit par Katai Tayama. Tokyo, Shinchosha, 1914.
—. *Madame Bovary*, traduit par Li Jieren. Shanghai, Éditions Zhonghua Shuju, 1925.
—. *Madame Bovary*, Paris, Éditions de la Pensée moderne, 1968.
Loti, Pierre. *Madame Chrysanthème.* Paris, Calmann Lévy, 1888.
—. [*Madame Chrysanthème*] *Okame hachimoku*, traduit en japonais par Kiken Lida. Tokyo, Shun'yodo, 1895.
—. *Quelques aspects du vertige mondial.* Paris, Ernest Flammarion, 1917.
—. [*Madame Chrysanthème*] *Ju zi fu ren*, traduit par Xu Xiacun. Shanghai, Éditions Shang Wu, 1929.
Rolland, Romain. *Jean-Christophe.* Paris, Cahiers de la Quinzaine, 1904.
—. [*Jean-Christophe*] *Yuehan Qilisiduofu*, traduit en chinois par Qun yi tu shu gong si. Xianggang [Hong Kong], 1900[s].
—. [*Jean-Christophe*] *Jiyan Kurisutofu 1*, traduit en japonais par Sueo Goto. Tokyo, Kokumin Bunko Kankokai, 1917.
—. *Cloître de la rue d'Ulm. Journal de Romain Rolland à l'École normale.* Paris, Albin Michel, 1952.
Valéry, Paul. *Études pour narcisse.* Paris, Éditions des cahiers libres, 1927.
—. [*Narcisse parle*] *Shui xian ci*, traduit par Liang Zongdai. Shanghai, Éditions Zhonghua, 1931.
Yourcenar, Marguerite. *Nouvelles orientales.* Paris, Gallimard, 1938.
—. *Nouvelles orientales*, traduit par Luo Peng et coll. Beijing, Renmin wenxue chu ban she, 1987.

1.2 Œuvres de la littérature chinoise

Li, Jieren. *Si shui wei lan.* Shanghai, Zhonghua shu ju, 1936.
—. [*Si shui wei lan*] *Rides sur les eaux dormantes*, traduit du chinois par Wan Chunyee. Paris, Gallimard, 1981.
Lu, Ling. *Cai zhu di er nu men* [*Rejetons d'hobereau*], en deux volumes publiés en série dans la revue *Cénacle d'espoir*, 1945.
—. « Saisir Romain Rolland » , *Ni tu* [*La Terre*], n° 4, septembre 1947.

Zeng, Pu. *Nie hai hua*. Tokyo, Xiao shuo lin she, 1905, 2 vols.
—. [*Nie hai hua*] *Fleur sur l'océan des péchés*, roman traduit du chinois par Isabelle Bijon. Paris, Éditoins Trans-Europ-Repress, 1983.
—. *Nie hai hua*, Shanghai, Gu ji shu ban she, 1991.

2 Notes ou récits de voyage, journal intime, mémoires ou souvenirs

2.1 *Français*

Ajalbert, Jean. « Notes sur l'Indo-Chine : au Cambodge ». *Mercure de France*, t. 78, n° 282, 1909, 218-235.
Alençon, Ferdinand Philippe Marie d'Orléans. *Luçon et Mindanao. Extraits d'un journal de voyage dans l'Extrême-Orient*. Paris, Michel Lévy Frères, 1870.
Chassiron, Charles Gustave Martin, baron de. *Notes sur le Japon, la Chine et l'Inde 1858-1860*, Paris, E. Dentu, 1861.
Courbet, Amédée Anatole Prosper. *L'Amiral Courbet en Extrême-Orient : notes et correspondance*, Paris, L Chailley, 1896.
François, Auguste [1857-1935]. *Le mandarin blanc : souvenirs d'un consul en Extrême-Orient 1886-1904*. Paris, Calmann Lévy, 1990.
Gravière, E. Jurien de la. "La colonie européenne en Chine – Macao, Canton, Hong-Kong – Souvenirs d'une station dans les mers de l'Indo-Chine". *Revue des Deux Mondes*, vol. 12, octobre 1851, 785-830.
Hérisson, Le Comte de. *Journal d'un interprète en Chine*. Paris, Paul Ollendorff, 1886.
Hailly, Ed. Du. « Souvenirs d'une campagne dans l'Extrême-Orient ». *Revue des Deux Mondes*, vol. 64, juillet-août 1866, 957-983.
Jésuites. *Relations de Chine : Kiang-Nan : bulletin trimestriel*. Paris, Compagnie de Jésus, 1903.
Le Comte, Louis. *Nouveaux mémoires sur l'état présent de la Chine*. Paris, Jean Annison, 1697, 2 vols.
Loti, Pierre. « Escales au Japon 1902 ». *Revue des Deux Mondes*, vol. 24, novembre 1904, 721-748.
—. *Suprêmes visions d'Orient : fragments de journal intime*. Paris, [s.n.], 1900s.
Marin, Catherine. *Les écritures de la mission en Extrême-Orient : le choc de l'arrivée, XVIIIe-XXe siècles, de l'attente à l'arrivée, Chine, Asie du Sud-Est, Japon : anthologie de textes missionnaires*. Turnhout, Brepols, 2007.
Mondion, Albert-Henri Foucault de. *Journal d'un mandarin, lettres de Chine et documents diplomatiques inédits*. Paris, Librairie Plon, 1887.
Oliphant, Laurence. *La Chine et le Japon, mission du comte d'Elgin de 1857 à 1859*. Paris, Michel Lévy Frères, 1860.
Raquez, A. *Au pays des pagodes, notes de voyage : Hongkong, Macao, Shanghai, Le Houpé, Le Hounan, Le Kouei-Tcheou*. Shanghai, La Presse orientale, 1900; [s.n.].

2.2 *Asiatique*

Chen, Jitong [1851-1907]. *Xue Jia Yin*, édité par Qian Nangxiu. Shanghai, Shanghai gu ji chu ban she, 2005.
Chen-Schrader, Feng (éd). *Lettres chinoises : les diplomates chinois découvrent l'Europe 1866-1894*. Paris, Hachette, 2004.

Kim, André. *Lettres, relations de voyage et notice inédites du bienheureux André Kim, premier prêtre coréen, martyrisé à Séoul le 16 septembre 1846 à l'âge de 25 ans*. Séoul, Mission catholique, 1925.

Lévy, André. *Nouvelles lettres édifiantes et curieuses d'Extrême-Occident par des voyageurs lettrés chinois à la Belle Epoque, 1866-1906*. Paris, Seghers, 1986.

Xu, Xiacun, *Pa li yu ji* [*Notes de voyage à Paris*]. Shanghai, Guanghua shu jiu, 1931.

Zhu, Zhao-ning. *Chronique d'une illustre famille de Shanghai. Souvenirs de Zhu Yi-sheng*. Paris, Éditions Rive Droite, 2002.

2.3 *Anglo-Saxon*

Hearn, Lafcadio. « Quelques lettres japonaises (1890-1892) », traduites par Marc Logé. *Revue des Deux Mondes*, vol. 22, juillet 1924, 319-343 et 644-665.

3 Textes ou études de la première génération de Francophones

3.1 *Œuvres traduites par la première génération de Francophones*

Baudelaire [traduit par Zhang Caizhen]. *Zen yang ren shi xi fang wen xue ji qi ta* [*Comment saisir la littérature occidentale chose et autres*]. Beijing, Éditions Pu she, 1927.

Liang, Qichao. *Wai shi lin zhua* [*Traduction d'ouvrages historiques et littéraires dans le monde*]. Shanghai, Shang wu yin shu guan, 1916, 3 vols.

Liang, Zongdai. *Les poèmes de T'ao T'sien*, préfacés par Paul Valéry. Paris, Lemarget, 1930.

Loti, Pierre. *Wo di Yifan* [*Mon frère Yves*], traduit par la maison Xian dai shu ju. Hong Kong, 1900.

—. *Okiku fujin* [*Japoneries d'Automne*], traduit en japonais par Jun Tsutsui. Tokyo, Éditions Seishindo Shoten, 1902.

Morant, Soulié de. *Ce qui ne s'avoue pas, même à Shanghai, ville de plaisir*, traduit par Zhang Ruogu. Shanghai, Éditions vérité/bonté/beauté, 1929.

Prévost, l'abbé, *Histoire de Chevalier des Grieux et de Manon Lescaut*, traduit par la maison Shang Wu. Shanghai, Shang wu yin shu guan, 1907.

Rolland, Romain. *Déclaration de l'indépendance d'Esprit*, traduit par Zhang Gaonien. Shanghai, *Nouvelle jeunesse*, décembre 1919, [s.p.].

—. *Okami* [*Les Loups*], traduit en japonais par Shigeya Hatano. Tokyo, Gekidanmingei, 1900[s].

Tcheng, Wi-Mô. « Mademoiselle Lysing », traduit en français par Jing Yinyu. *L'Europe*, vol. 19, 1929, 337-346.

Verne, Jules. *Shi wu xiao hao jie* [*Les voyages extraordinaires de Jules Verne, 18 chapitres dont les neuf premiers traduits à partir du japonais par Liang Qichao*]. Shanghai, Shi jie shu ju, 1930.

Voltaire. *Candide*, traduit par Xu Zhimo. Shanghai, Beixin Shuju, 1927.

3.2 *Thèses de la première génération de Francophones réalisées en France*

a Chinoises

Chang, Cheng-ming. *L'écriture chinoise et le geste humain, essai sur la formation de l'écriture chinoise*, thèse, U de Paris. Changhai, T'ou-sè-wè, Zi-ka-wei/Paris, P. Geuthner, 1937.

—. *Le parallélisme dans les vers du Chen King = Shih-ching chung chih tai ou-lü*, thèse complémentaire, U de Paris. Changhai, T'ou-sè-wè, 1937.

Chao, chun-chou. *L'évolution des relations diplomatiques de la Chine avec les puissances (1578-1929)*, thèse, U de Paris. Paris, A. Pédone, 1931.

Chen, Chao Shung. *La vie du paysan en Mandchourie*, thèse, U de Paris. Paris, P. Bossuet, 1937.

Hoshien, Tchen. *Étude sur les relations diplomatiques entre la Chine et le Japon de 1871 à nos jours*, thèse de droit [s. précision]. Paris, [s.n.], 1921.

Hsi-Wen-Tsao. *La question d'argent dans le théâtre français sous le Second Empire*, thèse, U de Paris. Paris, Imprimerie P. André, 1934.

Hung, Cheng Fu. *Un siècle d'influence chinoise sur la littérature française (1815-1930)*, thèse [s. précision]. Paris, F. Loviton, 1934.

Kang, Sié. *L'amour maternel dans la littérature féminine en Chine*, thèse U de Paris. Paris. A. Pédone, 1937.

Kia, Yu-tong. *Essai d'un aperçu historique des relations politiques (industrielles, commerciales, religieuses) de la France et de la Chine depuis le XVIIe siècle jusqu'à nos jours*, thèse, U de Paris. Paris, Jouve & Cie, 1920.

Li, Dzeh-Djen. *La presse féministe en France de 1869 à 1914*, thèse [s. précision]. Paris, L. Rodstein, 1934.

Loo, Yu. *La morale féminine en Chine à l'époque des Ming (1368-1644)*, thèse, U de Paris. Paris, Jouve & Cie, 1932.

Song-Kono-Tchou. *L'Administration de la justice aux étrangers en Chine*, thèse [s. précision]. Paris, Les Presses modernes, 1929.

Tchou, Kao-Yong. *De l'indivision sous ses deux principales formes en droit chinois comparé avec le droit étranger*, thèse, U l'Aurore. Paris, Librairie du Recueil Sirey, 1934.

b *Japonaises*

Hara, Bujiro. *De l'importance de l'élément subjectif de l'infraction et des droits reconnus au juge dans la fixation de la peine en droit pénal japonais*, thèse, U de Grenoble. Paris, Librairie Sirey, 1911.

Ishikawa, Takéshi. *Étude sur la littérature impressionniste au Japon*, thèse U de Paris. Paris, A. Pédone, 1909.

Matsudaira, K. *Le Droit conventionnel international du Japon*, thèse, U de Paris. Paris, Librairie du Recueil Sirey, 1931.

Matsudaira, Narimitsu. *Étude sociologique sur les fêtes saisonnières dans la province de Mikawa du Japon*, thèse [s. précision]. Paris, Maisonneuve, 1936.

Nagaoka, Harukazu. *Histoire des relations du Japon avec l'Europe aux XVIe et XVIIe siècles*, thèse, U de Paris. Paris, H. Jouve, 1905.

Yasunaka, Tariho. *Déshydratations catalytiques* [...] *sur la terre acide du Japon*, thèse, U de Toulouse. Toulouse, Imprimerie H. Cléder, 1930.

Yoshitomi, Masaomi. *Étude sur l'histoire économique de l'ancien Japon, des origines à la fin du XIIe siècle*, thèse U de Paris. Paris, A. Pédone, 1927.

c *Coréennes*

Hong, Soohn-Ho. *La question coréenne face aux conflits sino-japonais de 1894 à 1895*, thèse, U de Paris. Paris, [s.l.], [s.n.], 1936.

Youn, Eul-Sou. *Le confucianisme en Corée*, thèse, U de Paris. Paris, P. Téqui, 1939.

4 Contes, mythes ou légendes

4.1 *Français*

Desbordes-Valmore, Marceline [1786-1859]. *Contes*. Lyon, PU de Lyon, 1989.
Gudule. *Petits contes amoureux*. Toulouse, Milan jeunesse, 2009.
Gueullette, Thomas-Simon. *Contes. Édition critique établie sous la direction de Jean-François Perrin, vol. II*. Paris, Honoré Champion, 2010.
Nodier, Charles [1780-1844]. *Contes : avec des textes et des documents inédits*. Paris, Garnier, 1961.
Perrault, Charles [1628-1703]. *Contes : suivis du Miroir ou la Métamorphose d'Orante, de La peinture, poème et du Labyrinthe de Versailles*. Paris, Gallimard, 1981.

4.2 *Chinois*

Bergeron, Diane. *La Tisserande du ciel légende chinoise*. Montréal, Éditions de l'Isatis, 2005.
Dobzynski, Charles. *Fable Chine*. Mortemart, Rougerie, 1996.
Han, Fei [233 av. J.-C.]. *Han Fei yu yan gu shi xuan* [*Contes choisis de Han Fei*]. Beijing, Ren min chu ban she, 1975.
Hsueh-Ling, Mure. *La naissance du monde : contes de la mythologie chinoise*. Paris, L'Harmattan, 2007.
Jing, Yinyu (éd). *Anthologie des conteurs chinois modernes*. Paris, Les Éditions Rieder, 1929.
Liu, Delien (éd). *Zhongguo gu dai yu yan gu shi* [*Contes de la Chine ancienne*]. Beijing, Beijing da xue chu ban she, 2001.
Ma, Kefu ; Zhang, Peicheng. *Jing gong zhi niao* [*L'oiseau échaudé de l'arc*]. Shanghai, Shao nian er tong chu ban she, 1996.
Mathieu, Rémi. *Anthologie des mythes et légendes de la Chine ancienne : textes*. Paris, Gallimard, 1989.
Pu, Songling [1640-1715]. *Contes magiques d'après l'ancien texte chinois de Pou Soung-lin* (*L'Immortel en exil*). Paris, l'Édition d'art, 1925.
—. *Trois contes étranges : Le fou de livres, Le grand-saint égal du ciel, Le dieu grenouille*. Paris, PUF, 2009.
Qiao Che ; Jieling éds. *Zhongguo gu dai yu yan yi bai pian* [*Cent contes de la Chine ancienne*]. Hong Kong, Shang wu yin shu guan Xianggang fen guan, 1985.
Solet, Bertrand. *Contes traditionnels de Chine*, Illustrations d'Antoine Ronzon. Toulouse, Éditions Milan, 2001.
[s.n.], *L'Antre aux fantômes des collines de l'Ouest. Sept contes chinois anciens* (*XIIe-XIVe siècles*), traduction d'André Lévy et René Goldman. Paris, Gallimard/Unesco, 2011.
Ye, Shengtao. *Contes choisis*. Pékin, Éditions en langues étrangères, 1979.
Zhao, Zengwan (éd). *Zhongguo yu yan gu shi* [*Contes et légendes de Chine, textes*]. Jinan, Mingtian chu ban she, 1988.
Zhu, Dizhuo; Hong, Xiao. *Yu yan hua dian zhe li jing shi* [*Contes en peinture*]. Guang Zhou, Guang Zhou chu ban she, 2003.

4.3 *Japonais*

Bonneau, Georges. « Deux contes japonais ». *Mercure de France*, t. 7, n° 793, 1931, 22-35.
Coyaud, Maurice. *Aux origines du monde : contes et légendes du Japon*. Paris, Flies France, 2001.
Esme, Jean de. *Le Japon héroïque : mille ans de légende et d'histoire*. Paris, Société continentale d'éditions modernes illustrées, 1963.

Hideichi, Matsubara. *La Canne qui murmure, conte médiéval japonais, et l'Ermite de La Fontaine.* Paris, Institut des hautes études japonaises du Collège de France, 2008.
Yanagita, Kunio [1872-1962]. *Contes du Japon d'autrefois*, traduit en français par Geneviève Sieffert. Paris, Publications orientalistes de France, 1983.

5 Archives, documents ou rapports gouvernementaux

Documents diplomatiques Chine, Ministère des affaires étrangères. Paris, Imprimerie nationale, 1900, t. 1894-1898 and t. 1898-1899.
Guangdong li shi zi liao [*Les archives de l'Histoire de Guangtong*]. Guangzhou, Guangdong ren min chu ban she, 1959-, vol. 1.
Qing dai hai juin zi liao [*Archives de la marine de fin des Qing*], 1860-1900. Beijing, Zhongguo ke xue yuan, 1986-2000.
Rapport sur la situation administrative, économique et financière du territoire de Kouang-Tchéou-Wan 1930-1938. Hanoi, Gouvernement général de l'Indochine, Imprimerie G. Taupin & Cie, 1938.
Relation de l'expédition de Chine en 1860 : rédigée au Dépôt de la guerre d'après les documents officiels. Paris, Imprimerie Impériale, 1862.
Sources de l'histoire de l'Asie et de l'Océanie dans les archives et bibliothèques françaises, 1, archives, Conseil international des archives. München/New York; Paris, K.G. Saur, 1981.
Zhong gong zai Guangzhouwan huo dong shi liao, 1926-1949 [*Les activités historiques du Parti communiste chinois à Guangzhouwan. Archives du Parti communiste de ZhanJiang*]. Guangzhou Shi, Guang dong ren min chu ban she, 1994.
Zhongguo fei chu bu ping deng tiao yue de li cheng/The Record of abolishing all unequal treaties in China. Nanchang Shi, Jiangxi ren min chu ban she, 2000.
Zhong Fa zhan zheng zi liao [*Archives des guerres Chine-France*]. Taibei, Wen hai chu ban she, 1967.

II Instruments de recherche

1 Répertoires bibliographiques ou index consultés

Cordier, Henri. *Essai d'une bibliographie des ouvrages publiés en Chine par les Européens au XVIIe et au XVIIIe siècles.* Paris, E. Leroux, 1883.
Han yi Faguo she hui ke xue yu ren wen ke xue tu shu mu lu [*L'Index des livres français sur la science sociale et la science humaine traduits en chinois*]. Beijing, Shi jie tu shu chu ban gong si, 1996.
Ishida, Mikinosuke. *Bibliographie de l'orientalisme japonais.* Tokyo, Maison franco-japonaise; Paris, PUF, 1958-1962.
Missions-Étrangères & langues orientales : contribution de la Société des Missions-Étrangères à la connaissance de 60 langues d'Asie : bibliographie. Paris, L'Harmattan, 1997.
MLA International Bibliography, 1981-2015.
Répertoire bibliographique des traductions et adaptations françaises du théâtre étranger du 15e siècle à nos jours. Paris, Centre national de la recherche scientifique, 1958-1967.
Xiao shuo yue bao suo yin 1921-1931 [*Index de la Revue mensuelle du roman*]. Beijing, Shu mu wen xian chu ban she, 1984.

2 Dictionnaires ou encyclopédies consultés

Bailly. *Cochinchine française. Dictionnaire chinois-français.* Saigon, Imprimerie commerciale Rey & Curiol, 1889.

Broc, Numa; Siary, Gérard. *Dictionnaire illustré des explorateurs et grands voyageurs français du XIXe siècle II Asie.* Paris, Éditions du C.T.H.S., 1992.

Hidetoshi, Murakami. *Futsugo meiyo [dictionnaire français-japonais].* Yamashiroya Sahe, 1864, 4 vols.

Noël, François. *Faguo hua gui = Grammaire française.* Pékin, Imprimerie des Lazaristes, 1864.

Smedt, A. de ; Mostaert, Antoine. *Le dialecte monguor parlé par les mongols du Kansou occidental, 3 parties : dictionnaire monguor-français.* Pei-ping [Beijing], l'Imprimerie de l'Université catholique, 1933.

3 Catalogues, bulletins ou séries spéciales dépouillés

Boully, Jean-Louis. *Catalogue des thèses de doctorat des étudiants de l'Institut franco-chinois.* Lyon, Bibliothèque municipale de Lyon, 1987.

—. *Ouvrages en langue chinoise de l'Institut franco-chinois de Lyon (1921-1946).* Lyon, Bibliothèque municipale de Lyon, 1995.

Bulletin de l'Alliance française, 1914-1918. Paris.

Bulletin de l'Université l'Aurore, 1937-1949. Shanghai, PU de l'Aurore.

Cahiers de l'Association internationale des études françaises, 1951-2000. Paris.

Catalogue de la bibliothèque de M. Ernest Renan. Paris, Calmann Lévy, 1895.

Étudiants-ouvriers chinois en France, 1920-1940 : catalogue des archives conservées au Centre de recherches et de documentations sur la Chine contemporaine de l'École des hautes études en sciences sociales. Paris, Éditions de l'École des hautes études en sciences sociales, 1981.

Centre Etiemble de l'Université de Pékin. *Catalogue des livres traduits du français en chinois. Lettres, sciences humaines et sciences sociales.* Beijing, Shijie tu shu chu ban gong si, 1996.

L'Asie française : bulletin mensuel du Comité de l'Asie française, 1910-1940. Paris, Comité de l'Asie française.

Périodiques en langue chinoise de la Bibliothèque nationale. Paris, U de Paris, VII, Centre de publication de l'U.E.R. Asie orientale, 1972.

Ternaux-Compans, Henri. *Bibliothèque asiatique et africaine, ou catalogue des ouvrages relatifs à l'Asie et à l'Afrique qui ont paru depuis la découverte de l'imprimerie.* Paris, A. Bertrand, 1841.

4 Journaux ou périodiques dépouillés

L'Écho de Chine, 1901-1919. Shanghai, Les Presses orientales.

L'Europe, 1923-1939. Paris.

France-Japon, 1934-1940. Paris, Comité franco-japonais de Tokyo.

Mercure de France, 1890-1940. Paris.

Relations de Chine : Kiang-Nan : bulletin trimestriel, 1903-1940. Paris, Compagnie de Jésus.

Revue de l'Alliance française, 1920-1948. Paris.

Revue des Deux Mondes, 1829-1930. Paris.

5 Journaux ou périodiques consultés

a *Français*

Le Monde illustré, 1884-1902. Paris.

Nouvelle revue française, 1909-1943. Paris.

Revue française de l'étranger et des colonies et exploration, Gazette, 1887-1914. Paris, Imprimerie et librairie centrales des chemins de fer.

b *Chinois*

Dong fang za zhi [*Magazine de l'Est*], 1904-1984. Shanghai, Shangwu yin shu guan.

Ni Tu [*La terre*], 1947-1948. Beijing, China National Microfilming Center for Library Resources.

Xiao shuo yue bao [*Revue mensuelle du roman*], 1910-1931. Shanghai, Shang wu yin shu guan.

Wai guo wen xue [*Littérature étrangère*], 1980-1990. Beijing, Wai yu jiao xue chu ban she.

c *Japonais*

Myojo, 1900-1927. Kyoto, Rinsen Shoten.

III Sources secondaires

1 Études sur la première génération de francophones

Chen, Taisheng. *Liang Zongdai yu Zhongguo xiang zheng zhu yi shi xue* [*Liang Zongdai et la poésie du terroir*]. Beijing, Beijing shi fan da xue chu ban she, 2004.

Collectifs. *Li Jieren yan jiu* [*Centre d'études de Li Jieren 2007*]. Chengdu shi, Ba Shu shu she, 2008.

Hu, Shi. *Hu Shi kou shu zi zhuan* [*Hu Shi, une biographie d'après lui-même*]. Hefei Shi, Anhui jiao yu chu ban she, 2005.

Huang, Jianhua (éd). *Zong Dai De Shi Jie Shen Ping* [*L'Univers de Zongdai. Sa biographie*]. Guang Zhou, Guangdong ren min chu ban she, 2003.

Jin, Mei. *Fu Lei zhuan* [*Fu Lei, sa biographie*]. Beijing, Beijing hang kong hang tian da xue chu ban she, 2009.

Li, Chuenlei ; Shi Keji. *Chi guang liu fa qingong jianxue yundong jishi* [*Lueur rouge. Rapport sur le mouvement des Chinois apprentis en France*]. Baoding, PU de He Bei, 2010.

Li, Jieren. *Li Jieren shuo Chengdu* [*Chengdu sous la plume de Li Jieren*]. Chengdu, Sichuan wen yi chu ban she, 2001.

—. *Li Jieren quan ji* [*Œuvres complètes de Li Jieren*]. Chengdu Shi, Sichuan wen yi chu ban she, 2011.

Li, Shewen. *Li Jieren de shen ping he zhu zhuo* [*Vie et œuvres de Li Jieren*]. Chengdu, Éditions de l'Institut des sciences sociales de Sichuan, 1986.

Liang, Zongdai. *Liang Zongdai wen ji* [*Œuvres choisies de Liang Zongdai I, Poésie version française*]. Beijing, Zhong yang bian yi chu ban she, 2003, 4 vols.

Li, Zhou ; Jue, Guoqiu. *Mao Dun yu wai guo wen xue* [*Mao Dun et la littérature étrangère*]. Xiemen, Xiamen da xue chu ban she, 1991.

Pianca, Barbara. *Jing Yinyu : un écrivain inconnu du mouvement du 4 mai*. Mémoire de Licence ès Lettres, l'université de Genève, 1999.

Tan, Xingguo (éd). *Li Jieren zuo pin de si xiang yu yi shu* [*L'esthétique et la pensée dans les œuvres de Li Jieren*]. Beijing, Zhongguo wen lian chu ban gong si, 1989.

Shen, Yianbin. "Au centenaire de l'anniversaire de Flaubert". *Xiao shuo yue bao*, [*Revue mensuelle du roman*], le 10 décembre 1921.
Sun, Jinjian (éd). *Li Jieren*. Beijing, Éditions Hua Xia, 1997.
Zong, Youheng; Xia, Lingen. *Ma Xiangbo yu Fudan da xue* [*Ma Xiangbo et l'Université Fudan*]. Taiyuan, Shanxi jiao yu chu ban she, 1996.

2 Migration des littératures ou cultures

2.1 Littérature ou culture française en Asie

Broc, Numa. « Voyageurs français en Chine : impressions et jugements ». *Dix-huitième siècle*, vol. 22, 1990, 39-49.
Beillevaire, Patrick. *Le Japon en langue française : ouvrages et articles publiés de 1850-1945*. Paris, Kime Imprimerie Du Paquis, 1993.
Cassirame, Brigitte. *Marguerite Duras : les lieux du ravissement. Le cycle romanesque asiatique : représentation de l'espace*. Paris, L'Harmattan, 2004.
Shiokawa, Tetsuya. *Les études françaises au Japon. La littérature romande. Virgile en France Jean Cocteau*. Paris, Belles Lettres, 2001.
Jong, Ki-sou. *La Corée et l'Occident : diffusion de la culture française en Corée*. Paris, Minard, 1986.
Kato, Haruhisa (éd). *La modernité française dans l'Asie littéraire* (*Chine, Corée, Japon*). Paris, PUF, 2004.
Li, Jiayi. *Madame Bovary et Rides sur les eaux dormantes : deux destins de femmes*. Thèse de doctorat, l'Université européenne de Bretagne, 2012.
Liang, Zongdai [1903-1983] ; Rainer, Maria Rilke, *Laodan lun* [*À propos d'Auguste Rodin*]. Beijing, Zhong yang bian yi chu ban she, 2006.
Meng, Hua. *Visions de l'autre : Chine, France. Textes extraits des conférences et des séminaires prononcés à l'étranger*, Pékin, Presses universitaires de Pékin, 2004.
Mondion, Albert-Henri Foucault de. *Quand j'étais mandarin*. Paris, Savine, 1890.
Moussa, Sarga. « Les premiers touristes en Orient : regards en mouvement et fantasmes d'immersion chez quelques écrivains romantiques ». *Romanische Forschungen*, Vol. 106, n°1-4, 1994, 168-186.
Pont-Jest, René de pseud. *Le fleuve des perles* (*L'araignée-rouge*). Paris, E. Dentu, 1889.
Said, Edward W. *L'orientalisme : l'Orient créé par l'Occident*. Paris, Seuil, 1997.
[s.n.]. *La France au Tche-Kiang par un Français*. Shanghai, Imprimerie de la Presse orientale, 1901.
—. *Le catholicisme en Corée : son origine et ses progrès*. Hong Kong, Imprimerie de la Société des Missions-Étrangères, 1924.
Spear, Thomas. *La culture française vue d'ici et d'ailleurs : treize auteurs témoignent*. Paris, Karthala, 2002.
Thiébaud, Jean-Marie. *La présence française en Corée de la fin du XVIII*[ème] *siècle à nos jours*. Paris, L'Harmattan, 2005.
—. *Présence française au Japon : du XVI*[e] *siècle à nos jours : histoire d'une séduction et d'une passion réciproques*. Paris, L'Harmattan, 2008.
Trigault, Nicolas. *Les triomphes chrétiens des martyrs du Japon 1624*. Limoges, PU de Limoges, 2006.
Zhou, Anthony. *L'Aurore, une université française en Chine*. Mémoire à l'U de Montréal, 1988.

2.2 *Littérature ou culture chinoise/japonaise/coréenne en France*

Barthèlemy, Guy. *Images de l'Orient au XIXe siècle*. Paris, Bertrand-Lacoste, 1992.

—. « L'Orient à Paris ». *Bulletin de la Société Théophile Gautier*. vol. 15, 1993, 407-445.

Brunetière, Ferdinand. « L'Orient dans la littérature française ». *Revue des Deux Mondes*, vol. 35, septembre 1906, 690-707.

Boully, Jean-Louis. *L'Institut franco-chinois de Lyon 1921-1946*. Lyon, EMCE, 2009.

Cordier, Henri. *La Chine en France au XVIIIe siècle*. Paris, Henri Laurens, 1910.

Détrie, Muriel. *Littérature et Extrême-Orient : le paysage extrême-oriental. Le taoïsme dans la littérature européenne*. Paris, Champion, 1999.

Dufrenoy, Marie-Louise. *L'Orient romanesque en France 1704-1789*, t. III, L'idée de progrès l'Orient. Amsterdam, Rodopi, 1975.

Escarra, Jean. *Le droit chinois : conception et évolution, institutions législatives et judiciaires, science et enseignement*. Pékin, Éditions H. Vetch; Paris, Librairie du Recueil Sirey, 1936.

Etiemble. *L'Europe chinoise*. Paris, Gallimard, 1988.

Frank, Bernard. *L'intérêt pour les religions japonaises dans la France du XIXe siècle et les collections d'Emile Guimet*. Paris, PUF, 1986.

Gauthier, Jules de. « Le bouddhisme en Occident . *Mercure de France*, t. 25, n° 98, février 1898, 367-394.»Jacob, François. « Extrême Orient ou Orient des extrêmes ? » . *Dalhousie French Studies*, vol. 43, Summer 1998, 23-44.

Laferrère, Guillemette. *L'institut franco-chinois de Lyon 1921-1946*. Lyon, EMCC, 2009.

Lessa, Almerindo. *L'histoire et les hommes de la première république démocratique de l'Orient*. Paris, Centre national de la recherche scientifique, 1974.

Ma, Duanlin (1254-?). *Bibliothèque orientale. Chefs-d'œuvre littéraires de l'Inde, de la Perse, de l'Égypte et de la Chine; Éthographie des peuples étrangers à la Chine : ouvrage composé au XIIIe siècle de notre ère*. Genève, H. Georges; Paris, E. Leroux, 1876-1883, 2 vols.

Martino, Pierre. *L'Orient dans la littérature française au XVIIe et au XVIIIe siècles*. Genève, Slatkine Reprints, 1970.

Peyronnet, Pierre. « C'est pour rire... ou la Chine sur le théâtre français au dix-huitième siècle» . *Dalhousie French Studies*, vol. 43, Summer 1998, 119-129.

Polo, Marco. *Le livre de Marco Polo citoyen de Venise... rédigé en français sous la dictée de l'auteur en 1295 par Rusticien [Rustico] de Pise, revu et corrigé par Marco Polo lui-même en 1307, publié par G. Pauthier en 1867, traduit en français moderne et annoté d'après les sources chinoises par A.J.H. Charignon*. Pékin, Albert Nachbaur, 1924.

Qian, Linsen. *Zhongguo wen xue zai Faguo [Littérature chinoise en France]*. Guangzhou Shi, Hua cheng chu ban she, 1990.

—. *Faguo han xue jia lun Zhongguo wen xue [La littérature chinoise commentée par les sinologues français]*. Beijing, Wai yu jiao xue yu yan jiuchu ban she, 2009.

Reyns-Chikuma, Cris. *Images du Japon en France et ailleurs : entre japonisme et multiculturalisme*. Paris, L'Harmattan, 2005.

Rosny, Léon de. *Le Couvent du Dragon Vert; comédie japonaise*, adaptée pour le théâtre français. Paris, Maisonneuve et Cie, 1873.

—. *Le taoïsme*, Paris, E. Leroux, 1892.

Shen, Cheng. [Cheng Tcheng] « Le mouvement des étudiants-ouvriers chinois en France ». *L'Europe*, vol. xv, 1927, 108-111.

Spence, Jonathan D. *La Chine imaginaire : la Chine vue par les Occidentaux, de Marco Polo à nos jours*. Montréal, PU de Montréal, 2001.

Tcheng, Cheng. *Ma mère et moi à travers la première révolution chinoise*, Paris, Éditions Entente, 1975.

Wei-Kin-Tche. « L'Éclaireur », traduit et adapté du chinois par P. Mollard. *L'Europe*, vol. 40, 1936, 501-508.
Zhu Xi; Kia-li. *Livre des rites domestiques chinois*, traduit par Charles de Harlez. Paris, E. Leroux, 1889.

3 Aux croisements France-Asie

3.1 Études sur les croisements France-Asie

Brizay, Bernard. *Shanghai Le « Paris de l'Orient »*. Paris, Pygmalion, 2010.
Cornaille, Alain. *Le premier traité franco-japonais : son application au vu des dépêches de Duchesne de Bellecourt*. Paris, Publications orientalistes de France, 1994.
Dai, WangShu, Œuvres *complètes*. Beijing, Zhongguo qing nian chu ban she, 1999, 3 vols.
Détrie, Muriel. *France-Asie : un siècle d'échanges littéraires*. Paris, You-Feng, 2001.
Girard, Olivier. *France et Chine; vie publique et privée des Chinois anciens et modernes. Passé et avenir de la France dans l'Extrême-Orient*. Paris, Hachette, 1869.
Janusz, Przychodzen (éd). *Asie du soi, Asie de l'autre. Récits et figures de l'altérité*. Québec, PU de Laval, 2009.
Lambourne, Lionel. *Japonisme : échanges culturels entre le Japon et l'Occident*. Londres, Phaïdon, 2006.
Kawanabe, Kazue. « Nô japonais et mystère français les images de la fleur chez Zeami et chez Arnoul Gréban », Yasuaki Kawanabe et coll., *Écritures France-Japon. Actes du Colloque tenu à l'université Valenciennes*. Valenciennes, PU de Valenciennes, 1999, 205-218.
Morzewski, Christian; Qian, Linsen éds. *Les écrivains français du XXe siècle et la Chine*. Artois, Artois PU, 2001.

3.2 Actes des colloques France-Asie

Appréciation par l'Europe de la tradition chinoise à partir du XVIIe siècle : actes du IIIe colloque international de sinologie, Chantilly 1980. Paris, Belles Lettres, 1983.
Cheng, Pei (éd). *L'aventure des lettres françaises en extrême Asie : Chine, Corée, Japon, Vietnam : actes du colloque tenu à la BNF les 18 et 19 mars 2004*. Paris, Éditions You-Feng, 2005.
Échanges culturels et religieux entre la Chine et l'Occident, Colloque international de sinologie. San Francisco, Ricci Institut, 1995.
Impérialismes linguistiques, hier et aujourd'hui : actes du colloque franco-japonais de Tokyo, 21-23 novembre 1999. Paris, INALCO, 2005.
Japon pluriel : actes du premier colloque de la Société française des études japonaises, Saint-Germain-en-Laye et Paris 16 et 17 décembre 1994. Arles, P. Picquier, 1995.
La mission française de Pékin aux XVIIe et XVIIIe siècles, actes du colloque international de sinologie, Centre de recherches interdisciplinaires de Chantilly, 20-22 septembre 1974. Paris, Belles Lettres, 1976.
La mort et l'au-delà. Une rencontre de l'Orient et de l'Occident : actes du colloque international tenu à Louvain-la-Neuve. Louvain-la-Neuve, Bruylant-Academia, 1999.
La Société des Missions-Étrangères de Paris : 350 ans à la rencontre de l'Asie 1658-2008, colloque à l'Institut catholique de Paris 4 et 5 avril 2008. Paris, Karthala, 2011.

Les relations église-état en situation postcoloniale : Amérique, Afrique, Asie, Océanie XIXe-XXe siècles, actes de la 20e Session du Centre de recherches et d'échanges sur la diffusion et l'inculturation du christianisme. Paris, Karthala, 2003.

Les rapports entre la Chine et l'Europe au temps des lumières : actes du IIe colloque international de sinologie, Centre de recherches interdisciplinaires de Chantilly, 16-18 septembre, 1977. Paris, Belles Lettres, 1980.

Migrations, minorités et échanges en Océan Indien, XIXe-XXe siècle, table ronde 1978. Aix-en-Provence, IHPOM, 1978.

Paul Valéry : dialogues Orient & Occident, Tokyo, Université Hitotsubashi, colloque international 24-27 septembre 1996. Paris, Lettres modernes Minard, 1998.

Succès et échecs de la rencontre Chine et Occident du XVIe au XXe siècle, Colloque international de sinologie. San Francisco, Ricci Institut, 1993.

Yasuaki, Kawanabe et coll. (éds). *Écritures France-Japon,* actes du Colloque tenu à l'université Valenciennes. Valenciennes, PU de Valenciennes, 1999.

3.3 *Thèses de doctorat France-Asie*

Alfonsi, Marc. *Les cessions à bail en Chine. Histoire diplomatique et de droit international public,* thèse de doctorat, soutenue le 1er juin 1940. Paris, F. Loviton, 1940.

Cortier, Claude. *Institution de l'Alliance française et émergence de la francophonie politiques linguistiques et éducatives 1880-1914.* Lyon, l'U de Lyon, 1998.

Huang, Bei. *Segalen et Claudel : dialogue à travers la peinture extrême-orientale.* Rennes, PUR, 2007.

Liao, Jun-Pei. *L'univers chinois dans la littérature française de 1895 à 1995,* thèse, U Paris XII, 2002. Lille, Atelier national de reproduction des thèses, 2004.

Song, Shun-Ching. *Voltaire et la Chine.* Aix-en-Provence, thèse, U de Provence, 1989.

Torrel, François. *La francophonie en Asie. Monographie de l'espace social francophone de Hue 1999-2001.* Thèse, U de Lille III, 2004.

Vannière, Antoine. *Le territoire à bail de Guangzhouwan. Une impasse de colonisation française en Asie orientale, 1898-1946,* thèse, U de Paris 7. Lille, Atelier national de reproduction des thèses, 2006.

Zheng, Chantal. *Les Européens aux portes de la Chine : l'exemple de Formose au XIXe siècle,* thèse, U de Provence. Aix-en-Provence, 1998.

4 Études critiques et théoriques

4.1 *Sur la francophonie et son avenir*

Albert, Christiane (éd). *Francophonie et identités culturelles.* Paris, Karthala, 1999.

Beniamino, Michel. *La francophonie littéraire. Essai pour une théorie.* Paris, L'Harmattan, 1999.

Berthet, Samuel. *Inde-France 1870-1962 : enjeux culturels.* Pondichéry, Institut français de Pondichéry/New Delhi, Centre de sciences humaines, 2006.

Bessière, Jean ; Moura, Jean-Marc éds. *Littératures postcoloniales et francophonie.* Paris, Honoré Champion, 2001.

Chemain, Arlette (éd). *Littérature-monde francophonie en mutation : écritures en dissidence.* Paris, L'Harmattan, 2009.

Chikhi, Beïda ; Quaghebeur, Marc éds. *Les écrivains francophones interprètes de l'histoire*. Bruxelles, Archives & Musée de la littérature, 2006.

Combe, Dominique. *Les littératures francophones : questions, débats, polémiques*. Paris, PUF, 2010.

Delattre, Lilia. *Sans frontières : le monde francophone*. Milan, Le Spiga languages, 2003.

Duton, Jacqueline (éd). "Francophonie and its futures". *Australian Journal of French Studies*, vol. XLVIII, 2011, 3-116.

Francis, Cécilia W. *Trajectoires et dérives de la littérature-monde : poétiques de la relation et du divers dans les espaces francophones*. Amsterdam, Rodopi, 2013.

Gauvin, Lise et coll. éds. *Vocabulaire des études francophones. Les concepts de base*. Limoge, PU de Limoge, 2005.

Huannou, Adrien (éd). *Francophonie littéraire et identités culturelles*. Paris, L'Harmattan, 2000.

Joubert, Jean-Louis (éd). *Littératures francophones d'Asie et du Pacifique*. Paris, Nathan, 1997.

Lebel, Roland. *Études de littérature coloniale*. Paris, J, Peyronnet et Cie, 1928.

—. *Histoire de la littérature coloniale en France*. Paris, Rochefort-A. Thoyon-Thèse, 1930.

Le Bris, Michel et al. *Manifeste* « Pour une « littérature-monde » en français », *Le Monde*, 16 mars, 2007.

Le Bris, Michel ; Rouaud, Jean et Almassy, Eva (éds). *Pour une littérature-monde*. Paris, Gallimard, 2007.

Lobligeois, Mireille. *De la Réunion à l'Inde française : Philippe-Achille Bédier 1791-1865. Une carrière coloniale*. Pondichéry, Historical Society of Pondichéry, 1993.

Lombard, Denys ; Champion, Catherine et Chambert-Loir, Henri. *Rêver l'Asie : exotisme et littérature coloniale aux Indes, en Indochine et en Insulinde*. Paris, Éditions de l'École des hautes études en sciences, 1993.

Mackey, William F. "Les paradoxes de la francophonie : origine, sens et directions". *Proceedings & Transactions Royal Society of Canada*, Series 5, vol. 1, 1986, 107-122.

Mendelson, David. *Émergence des francophonies*. Limoges, PU de Limoges, 2001.

Ousselin, Edward (éd). *French Review*, Special Issue: Francophonie(s), May 2015.

Prentout, Henri. *L'île de France sous Décaen 1803-1810. Essai sur la politique coloniale du premier empire et la rivalité de la France et de l'Angleterre dans les Indes orientales*. Paris, Hachette, 1901.

Schmitt, Christian. « Le Concept de francophonie ». Holtus, Günter (éd). *Lexikon der Romanistischen Linguistik* (LRL), vol.1: *Französisch/Le Français*. Tübingen, Niemeyer, vol. xxii, 1990, 686-703.

[s.n.]. *Souveraineté nationale et mondialisation : Séminaire francophone d'Asie du Sud-Est*. Singapour, Ambassade de France, 2001.

Symington, Micéala; Bonhomme, Béatrice éds. *Libres horizons : Pour une approche comparatiste, lettres francophones imaginaires : hommage à Arlette et Roger Chemain*. Paris, L'Harmattan, 2008.

Strömholm, Stig. « Défense et illustration et Rivarol : Ébauche d'une réflexion historique sur la francophonie ». *Moderna Sprak*, vol. 88, n° 1, 1994, 67-72.

Violette, Isabelle. « Pour une problématique de la francophonie et de l'espace francophone : réflexions sur une réalité construite à travers ses contradictions ». *Francophonie d'Amérique*, vol. 21, printemps 2006, 13-30.

Randau, Robert. « La littérature coloniale hier et aujourd'hui ». *Revue des Deux Mondes*, vol. 52, juillet-août 1929, 416-434.

4.2 *Sur la littérature française*

a *Sur Loti*

Beato, Felice; Loti, Pierre; Stillfried, Raimund; Baron von, Chantal Edel. *Mukashi, Mukasi, le Japon de Pierre Loti*. Paris, Arthaud, 1984.
Briquet, Pierre. *Pierre Loti et l'Orient*. Neuchatel, Éditions de la Baconnière, 1945.
Butor, Michel. *Répertoire II : études et conférences*, 1959-1963. Paris, Minuit, 1960.
Funaoka, Suetoshi. *Pierre Loti et l'Extrême-Orient : du journal à l'œuvre*. Tokyo, Librairie-Éditions France Tosho, 1988.
Qian, Linshen. *Guang zi dongfang lai Faguo zuo jia yu Zhongguo wen hua* [*Clarté vient de l'Orient. Écrivains français et la culture chinoise*]. Yinchuan Shi, Ninxia ren min chu ban she, 2004.
Yee, Jennifer. « L'Orientale chez Pierre Loti et ses héritiers : l'être de fuite par excellence . Palmier-Chatelain, Marie-Élise; d'Ortigue, Pauline Lavagne éds. *L'Orient des femmes*. Lyon, ENS Éditions, 2002, 257-266.

b *Sur Claudel*

Autrand, Michel. *Le dramaturge et ses personnages dans le Soulier de satin de Paul Claudel*. Paris, Lettres modernes, 1987.
Bonneau, Georges. « La farce japonaise dans le roman français contemporain . *Mercure de France*, t. 232, n° 804, décembre 1931, 526-542.
Daniel, Yvan. *Paul Claudel et l'Empire du Milieu*. Paris, Indes savantes, 2003.
Di Méo, Nicholas. « Imaginaire de l'espace et voies du salut dans *Le Soulier de satin* et *Le Livre de Christophe Colomb* ». *Lettres Romanes*, vol. 58, 2004, 253-264.
Gadoffre, Gilbert. *Claudel et l'Univers chinois*. Paris, Gallimard, 1968.
Houriez, Jacques. « Claudel et la Chine à la charnière des deux siècles ». *Claudel Studies*, vol. 28, n°1-2, 2001, 45-48.
—_. « Claudel et la Chine : les éditions de l'exil ». *Travaux de littérature*, vol. 15, 2002, 279-302.
Hue, Bernard. *Rêve et réalité dans Le Soulier de satin*. Rennes, PUR, 2005.
Leclercq, Odile. *Présence de la Chine du Tao dans l'œuvre de Paul Claudel*. Aix-en-Provence, U de Provence, 1979.
Maëstre, André Espiau de la. « Claudel entre Rodrigue et Protée. Structures dramatiques claudéliennes (1913-1919/24-1926) ». *Zeitschrift fur Franzosische Sprache und Literatur*, vol 97, n°1, 1987, 43-67.
Mayaux, Catherine. *France-Japon : regards croisés. Échanges littéraires et mutations culturelles*. Berne, Peter Lang, 2007.
Piret, Pierre. « Le pari de Claudel ». *Lettres romanes*, vol. 58, n° 3-4, 2004, 265-277.
Wasserman, Michel. *D'or et de neige Paul Claudel et le Japon*. Paris, Gallimard, 2008.
Willems, Walter. *Introduction au Soulier de satin*. Bruxelles, Universelle, 1939.
Yu, Zhongxian. *La Chine dans le théâtre de Paul Claudel*. Thèse, U de Paris 4, 1992.

c *Sur Yourcenar*

c.1 Études critiques

Andersson, Kajsa. *Le don sombre : le thème de la mort dans quatre romans de Marguerite Yourcenar*. Uppsala, U d'Uppsala, 1989.

De Meulder, Anne-Catherine. « Du mythe de la mort à la mort du mythe : analyse de deux nouvelles orientales de Marguerite Yourcenar ». *Bulletin*, vol. 14, 1994, 31-43.
Julien, Anne-Yvonne. *Anne-Yvonne Julien commente Nouvelles orientales de Marguerite Yourcenar.* Paris, Gallimard, 2006.
Laude, Patrick. « La connaissance orientale et le féminin chez Marguerite Yourcenar ». *Symposium*, Summer 2006, 81-92.
Lelong, Armelle. *Le parcours mythique de Marguerite Yourcenar : de Feux à Nouvelles orientales.* Paris, L'Harmattan, 2001.
Moreau, Marie-Christine. *Nouvelles orientales ou l'actualité du mythe.* Toulouse, CRDP Midi-Pyrénées, 1995.
Salliou, Nelly. *Orient dans l'œuvre de Marguerite Yourcenar.* Perpignan, U de Perpignan, 1989.
Zhao, M. « Marguerite Yourcenar et la Chine ». *Bulletin*, vol. 16, 1996, 35-39.

c.2 Actes du colloque

Hayashi, Osamu; Hiramatsu, Naoko et Poignault, Rémy éds. *Marguerite Yourcenar et l'univers poétique : actes du colloque international de Tokyo 9-12 septembre 2004.* Clermont-Ferrand, SIEY, 2008.
Poignault, Rémy et coll. éds. *L'antiquité dans l'œuvre de Marguerite Yourcenar : littérature, mythe et histoire.* Bruxelles, Latomus, 1995.
—. *Lectures transversales de Marguerite Yourcenar. Actes du colloque international de Mendoza (4-7 août 1994).* Tours, SIEY, 1997.
—. *Marguerite Yourcenar : écriture, réécriture, traduction : actes du colloque international de Tours, 20-22 novembre 1997.* Tours, SIEY, 2000.
Vazquez, Maria José (éd). *L'universalité dans l'œuvre de Marguerite Yourcenar : actes du colloque international, Tenerife (Espagne), novembre 1993.* Tours, Société internationale des études yourcenariennes, 1994.

5 Sur la littérature ou culture chinoise

a En français

Arnoux, Alexandre. « Le Chinois ». *Mercure de France*, t. 131, n° 496, février 1919, 658-688.
Baldenne, Fernand. « Une heure chez un lettré de Pékin ». *Mercure de France*, t. 103, n°382, 16 mai 1913, 293-301.
Charpentier, Léon. « Les transmigrations de Yo-tchéou ». *Mercure de France*, t. 39, n° 139, juillet 1901, 25-68.
Chen, Jitong. « La Chine et les Chinois ». *Revue des Deux Mondes*, vol. 63, mai 1884, 278-305; 596-610 et 820-830.
—. *Les Chinois peints par eux-mêmes.* Paris, Calmann Lévy, 1884.
—. *Le théâtre des Chinois. Étude de mœurs comparées par le général Tcheng-Ki-Tong.* Paris, Calmann Lévy, 1886.
Chen, Yubao. *La piété filiale en Chine*, traduit par Georges Soulié de Morant. Paris, E. Leroux, 1877.
Cheng, Anne. *Histoire de la pensée chinoise.* Paris, Seuil, 1997.
Chu, Chia-Chien. *Le théâtre chinois. Peintures, sanguines et croquis d'Alexandre Jacovleff.* Paris, Brunoff, 1922.
—. *Ombres de fleurs : d'après l'anthologie de la poésie chinoise des mêmes auteurs.* Pékin, Albert Nachbaur, 1930.

Domenach, Jean-Luc; Hua, Chang-Ming. *Le mariage en Chine*. Paris, Presses de la fondation nationale des sciences politiques, 1987.

De Voisins, Gilbert. "Douze images de Chine". *Mercure de France*, t. 90, n° 329, mars 1911, 26-36.

Du Halde, Père J-B; Ji, Junxiang. *Description géographique, historique, chronologique, politique, et physique de l'empire de la Chine et de la Tartarie chinoise*. À la Haye, chez Henri Scheurleer, 1736, 4 vols.

Findeisen, Raoul David. « Le malheureux garçon ». *Gryphe*, n° 2, 2001, 26-29.

Granet, Marcel. *Danses et légendes de la Chine ancienne*. Paris, PUF, 1959.

Hearn, Lafcadio. « Papillons du Japon (littérature chinoise) », traduit par Marc logé. *Mercure de France*, t. 79, n° 286, mai 1909, 250-259.

Hervey de Saint-Denys, Léon, Marquis de (1823-1892) [traduit par]. *Six nouvelles nouvelles traduites pour la première fois du chinois*. Paris, Maisonneuve, 1892.

Hoang, Pierre. *Le mariage chinois au point de vue légal*. Zhanghai [sic], Imprimerie de la Mission catholique, orphelinat de T'ou-Sè-wé, 1898.

Hsu, Sung-Nien. « Tou Fou, poète classique chinois ». *Mercure de France*, t. 215, n° 751, octobre 1929, 78-95.

Jing, Yinyu. *Mali*. Shanghai, Shang wu yin shu guan, 1925.

Lévi, Jean. *La Chine romanesque : fictions d'Orient et d'Occident*. Paris, Seuil, 1995.

Li, Hsing-tao ; Stanislas, Julien. *Hoeï-lan-ki; ou, l'Histoire du cercle de craie, drame en prose et en vers*. London, Printed for the Oriental Translation Fund of Great Britain and Ireland, sold by J. Murry, 1832.

Loi, Michelle. *Poètes chinois d'écoles françaises : Dai Wangshu, Li Jinfa, Wang Duqing, Mu Mutian, Ai Ts'ing, Lo Ta-kang*. Paris, Librairie d'Amérique et d'Orient, 1980.

Lu, Shoulang. *Chen qi nai nai [Scène dans une maison de thé]*. Pékin, Albert Nachbaur, [s.d.].

Marquet, Jean. « Master Lou Po To ». *Mercure de France*, t. 218, n° 762, mars 1930, 531-551, t. 219, n° 763, avril 1930, 119-144, t. 219, n° 764, avril 1930, 367-387.

Mathieu, Rémi. *Étude sur la mythologie et l'ethnologie de la Chine ancienne*. Paris, Collège de France, 1983.

Morant, Georges Soulié de. *Essai sur la littérature chinoise*. Paris, Mercure de France, 1912.

—. « Poèmes chinois de la dynastie Song ». *Mercure de France*, t. 134, n° 508, août 1919, 601-612.

—. *La Passion de Yang kwé-feï*, *Mercure de France*, t. 158, n° 581, septembre 1922, 439-478.

—. *La passion de Yang Kwé-feï, favorite impériale, d'après les anciens textes chinois*. Paris, L'Édition d'art, 1924.

—. *Histoire de l'art chinois : de l'antiquité jusqu'à nos jours*. Paris, Payot, 1928.

Pimpaneau, Jacques. *Chine : culture et traditions*. Arles, Picquier, 1988.

Postel, Philippe. « La littérature comparée et les études chinoises », *Études chinoises*, hors-série 2010, 261-291.

Rabut, Isabelle ; Pino, Angel. *Pékin-Shanghai, tradition et modernité dans la littérature chinoise des années trente*. Paris, Éditions bleu de Chine, 2000.

[s.n.]. *Shih Ching, Cheu King... ou, Le livre des vers, un des classiques chinois*, traduit par Hubert Otto. Hong Kong, Imprimerie de la Société des missions-étrangères, 1907.

Sagnes, Jean. « Aux origines de l'orientalisme valéryen : un jeune Chinois à Montpellier dans les années 1920 ». *Bulletin des études valéryennes*, vol. 16, N° 52, novembre 1989, 81-88.

Sheng, Cheng. *Ma mère*, préface de Paul Valéry. Paris, Victor Attinger, 1928.

Tcheng, Ki-Tong. « La Chine et les Chinois I Famille, religion et philosophie, le mariage, le divorce, la femme ». *Revue des Deux Mondes*, vol. 63, mai-juin 1884, 278-305.

W., Henry-Auguste. « La colère du Ma-Wang ». *Mercure de France*, t. 144, n° 538, novembre 1920, 86-106.

Watanabe, Kôji. « Ye-xian. Une Cendrillon chinoise du IXe siècle ». *Iris*, vol. 19, 2000, 151-155.

Xu, Songnian. *Anthologie de la littérature chinoise : des origines à nos jours : la poésie, le roman, le théâtre, la philosophie, l'histoire*. Paris, Librairie Delagrave, 1933.

—. *Li Thai-po*. Lyon, Bosc Frères & Riou, 1935.

Zhang, Shao ; Stanislas, Julien. *Les deux jeunes filles lettrées* (Pingshang ling yan : roman chinois). Paris, Didier, 1860.

Zhu, Xi [1130-1200]. *Kia-li, Livre des rites domestiques chinois*, traduit par Charles de Harlez. Paris, E. Leroux, 1889.

Zi, Étienne ; Bussy, Charles ; Havret, Henri. *Pratique des examens littéraires en Chine*. Chang-hai, Imprimerie de la Mission catholique, 1894.

b *En chinois*

b.1 Sur Zhuangzi, Laozi et l'école taoïste

Cheng, Yunlei. *Zhuang Zi : Xiao yao de yu yan* [*Zhuangzi et les apologies de mysticité*]. Shanghai, Shanghai gu ji chu ban she, 2009.

Jiang, Zhenhua. *Zhuangzi yu yan de wen hua chan shi* [*Explicitation culturelle des apologies de Zhuangzi*]. Changsha Shi, Hunan ren min chu ban she, 2007.

Laozi; Stanislas, Julien. *Lao Tseu Tao te king; Le livre de la voie et de la vertu, composé dans le VIe siècle avant l'ère chrétienne*. Paris, Imprimerie royale, 1842.

Li, Mingzhu. *Zhuangzi yu yan jian shang* [*Annotations des apologies de Zhuangzi*]. Guang dong, Guang dong jiao yu chu ban she, 2009.

b.2 Sur le monde littéraire de fin de Qing

Acheng. *Jue shi feng zi : chong shuo da Qing xia ji Sai Jinhua* [*À propos de la déesse des Qing : Fleur dorée Sai*]. Beijing, Zhongguo wen xue chu ban she, 1999.

Aying. *Wan qing xiao shuo shi* [*L'historique du roman de fin des Qing*], tome 3. Nanjing, Jiangsu wen yi chu ban she, 2009.

Li, Huachuan. *Wan Qing yi ge wai jiao guan de wen hua li cheng* [*Le parcours culturel d'un diplomate de fin de Qing*]. Pékin, PU de Pékin, 2004.

Li, Xisuo. *Liang Qichao zhuan* [*Biographie de Liang Qichao*]. Beijing, Ren min chu ban she, 2010.

Liao, Qiyi. *Hu Shi shi ge fan yi yan jiu* [*Études des poèmes traduits par Hu Shi*]. Beijing, PU de Qing hua, 2006.

Liu, Shan. *Zai li shi feng xi jian zheng zha* [*Subsister dans la fissure de l'histoire*]. Nanchang Shi, Bai hua zhou wen yi chu ban she, 2004.

Liu, Bannong ; Shang Hongkui. *Sai jin hua ben shi* [*Histoire véritable de Fleur dorée Sai*]. Beijing, Xin yun tan shu dian, 1934.

Shi, Meng. *Zeng Pu yan jiu* [*Études sur Zeng Pu*]. Shanghai, Shanghai gu ji chu ban she, 1982.

—. *Zeng Pu ji yu shan zuo jia qun* [*Zeng Pu et les écrivains yu shan*]. Shanghai, Shanghai wen hua chu ban she, 2001.

Wu, Guoqing (éd). *Wan Qing si da qi an* [*Quatre cas intrigants de fin de Qing*]. Changsha Shi, Yuelu shu she, 1996, 2 vols.

Wu, Jiaming. *Liang Qichao qing shao nian shi dai* [*Le jeune Liang Qichao*]. Beijing, Wen jin chu ban she, 1991.

Wang, Xiaoyu. *Saijinhua fan chen* [*La libération de Fleur dorée Sai*]. Shanghai, Shanghai gu ji chu ban she, 1998.

Wen, Ding (éd). *Sai Jin Hua : yi dai ming ji [Sai : une concubine de son temps]*. Hong Kong, Xue Lin Shu Dian, 1989.

Wang, Xincai. *Liang Qichao du shu sheng ya [Les années de formation de Liang Qichao]*. Wuhan, Chang Jiang wen yi chu ban she, 1998.

Zhang, Xian. *Hong yan wu jin : Saijinhua chuan qi [Destinée d'une déesse : Sai]*. Nanjing Shi, Nanjing chu ban she, 2004.

c En anglais

Chang, Peter. *The power élite a literary image in late nineteenth-century China*, thesis. New School for Social Research, 1965.

Chen, Jitong. *The Chinese painted by themselves*. London, Field & Tuer, 1884.

Huebner, Jon W. « L'université l'Aurore, Shanghai, 1903-1952 ». *Papers on Far Eastern History*. vol. 40, 1989, 133-149.

Jing, Yinyu. *The Tragedy of Ah Qui, and other modern Chinese stories*. London, Routledge & Sons, 1930.

Moran, Thomas. *Chinese fiction writers 1900-1949*. Detroit, Thomson Gale, 2007.

Ng, Kenny Kwok Kwan. *Monumental fictions: geopoetics, Li Jieren and historical imagination in twentieth-century China*. thesis, Harvard University, 2004.

—. *The lost geopoetic horizon of Li Jieren: the crisis of writing Chengdu in revolutionary China*. Leiden/Boston, Brill, 2015.

[s.n.]. *Poxieji: an anthology of writings exposing heterodoxy*. Hong Kong, Alliance Bible Seminary, 1996.

Tao, Dongfeng; Yang Xiaobin éds. *Chinese Revolution and Chinese Literature*. Newcastle upon Tyne, Cambridge Scholars Publishing, 2009.

Yeh, Catherine Vance. *Zeng Pu's Nie hai hua as a political novel: a world genre in a Chinese form*. thesis, Harvard university, 1990.

d En allemand

Chen, Jitong, *China und die Chinesen,* Leipzig, C. Reissner, 1885.

6 Sur la littérature ou culture japonaise/coréenne

Bonneau, Georges. « Petites chansons du Grand-Japon ». *Mercure de France*, t. 227, n° 787, avril 1931, 64-77.

—. « Bouddha japonais ». *Mercure de France*, t. 234, n° 809, mars 1932, 257-271.

Butor, Michel. *Le Japon depuis la France. Un rêve à l'ancre*. Paris, Hatier, 1995.

Dautremer, Joseph. *Poésies et anecdotes japonaises de l'époque des Taira et des Minamoto, suivies de l'histoire de ces deux familles (782-1185 après J.-C.)*. Paris, E. Leroux, 1909.

Destombes, Paul. *Au pays du matin calme. Les martyrs de 1866*. Paris, Apostolat des éditions, 1968.

Elisseeff, Serge (traduit par). *Neuf nouvelles japonaises*. Paris, G. Van Oest, 1924.

Ferrier, Michaël; Miura, Nobutaka éds. *La tentation de la France, la tentation du Japon. Regards croisés*. Arles, P. Picquier, 2003.

Furansugo, Nihon et al. *Cent ans d'études françaises au Japon; exposé historique*. Paris, PUF, 1973.

Lindau, Rodolphe. « Le Japon depuis l'ouverture de ses ports ». *Revue des Deux Mondes*, vol. 45, mai 1863, 73-103.

Lozerand, Emmanuel. *Littérature et génie national : naissance d'une histoire littéraire dans le Japon du XIXe siècle*. Paris, Belles Lettres, 2005.
Lönholm, Ludwig Hermann. *Code de commerce de l'Empire du Japon*. Tokyo, Maruya et Cie/Paris, Librairie de la Société du Recueil Général des Lois et des Arrêts, 1899.
Mauclaire, Simone. *Du conte au roman : un Cendrillon japonais du Xe siècle, l'Ochikubo monogatari*. Paris, Éditions Maisonneuve et Larose, 1984.
Maybon, Albert. « Sur le théâtre japonais ». *Mercure de France*, t. 143, n° 537, novembre 1920 594-624.
—. "Poètes japonais". *Mercure de France*, t. 164, n° 598, mai 1923, 30-50.
—. *Le Japon d'aujourd'hui*. Paris, Flammarion, 1924.
Rosny, Léon de. *Introduction à l'étude de la littérature japonaise*. Paris, E. Leroux, 1896.
—. *Feuilles de momidzi : études sur l'histoire, la littérature, les sciences et les arts des Japonais*. Paris, E. Leroux, 1902.
Rotermund, Hartmut O. *Images des Occidentaux dans le Japon de l'ère Meiji*. Paris, Espace du temps présent, 2005.
Seche, Alphonse ; Bertaut, Jules. « Le théâtre au Japon ». *Mercure de France*, t. 51, n° 177, septembre 1904, 673-683.
Tailhade, Laurent. « Le théâtre japonais moderne ». *Mercure de France*, t. 78, n° 281, mars 1909, 63-72.

7 Études thématiques

7.1 Sur le circuit ou transfert littéraire

Clavaron, Yves ((éd).). *Métissages littéraires*. Paris, PU Saint-Étienne, 2005.
Espagne, Michel ; Werner, Michaël. *Transferts. Les relations interculturelles dans l'espace franco-allemand (XVIIIe et XIXe siècles)*. Paris, Éditions recherche sur les civilisations, 1988.
Espagne, Michel. *Les transferts culturels franco-allemands. Perspectives germaniques*. Paris, PUF, 1999.
Kang, Mathilde. « Le circuit littéraire Paris-New York au 19ème siècle : le *Journal* d'Eugénie de Guérin ». *Présence francophone*, n° 52, spring 1998, 125-140.
—. *Le parcours transatlantique du Journal d'Eugénie de Guérin. Un cas de transfert culturel (1850-1950)*. Oxford, Peter Lang, 2009.
Lombez, Christine. *De la traduction et des transferts culturels*. Paris, L'Harmattan, 2007.
Morency, Jean. *Romans de la route et voyages identitaires*. Québec, Nota Bene, 2006.
Risterucci-Roudnicky, Danielle. *France-RDA Anatomie d'un transfert littéraire 1949-1990*. Bern, Peter Lang, 1999.

7.2 Sur le pastiche

Aron, Paul. *Histoire du pastiche : le pastiche littéraire français de la Renaissance à nos jours*. Paris, PUF, 2008.
Bouillaguet, Annick. *L'écriture imitative : pastiche, parodie, collage*. Paris, Nathan, 1996.
Duquesnel, Amédée. *Histoire des lettres, cours de littératures comparées*. Paris, W. Coquebert, 1841-1845, 7 vols.
Dousteyssier-Khoze, Catherine ; Place-Verghnes, Floriane éds. *Poétiques de la parodie et du pastiche de 1850 à nos jours*. Oxford, Peter Lang, 2006.

Gauvin, Lise ; Avenne, Cécile Van Den (éds). *Littératures francophones. Parodies, pastiches, réécritures*, Paris, ENS Éditions 2013.

Kang, Mathilde. « *Madame Bovary* et son pastiche chinois *Rides sur les eaux dormantes* ». *French Studies Bulletin*, n° 99, summer 2006, 40-45.

Li, Huei. « Lu Ling he wai guo wen xue » [Lu Ling et la littérature étrangère. Dialogue avec Lu Ling]. *Wai guo wen xue* [*Littérature étrangère*], n° 8, 1985.

Yang, Yi. *Lu Ling yan jiu zi liao* [*Archives des études de Lu Ling*]. Beijing, Zhi shi chan quan chu ban she, 2010.

Yang, Yi; Zhang, Huai ((éd).). *Lu Ling yan jiu zi liao* [*Les archives de Lu Ling, L'encyclopédie de l'histoire littéraire de la Chine*], n°24. Beijing, Zhi shi chan quan chu ban she, 2010.

7.3 Sur le monde de l'édition

Delcourt-Ragot, Véronique. *L'imprimerie au service de la mission les Missions étrangères et l'apostolat par le livre (1770-1880)*, thèse, U de Strasbourg 2. Lille, Atelier national de reproduction des thèses, 2008, 3 vols.

Mollier, Jean-Yves. *Michel et Calmann Levy*. Paris, Calmann-Lévy, 1984.

—. *Louis Hachette 1800-1864 : le fondateur d'un empire*. Paris, Fayard, 1999.

Pauvert, Jean-Jacques. *La traversée du livre*. Paris, V. Hamy, 2004.

Séguy, Christine. *Histoire de la presse japonaise*. Paris, Publications orientalistes de France, 1993.

Servant, Guy. *Cent ans d'impression et d'édition 1839-1939*. Paris, Lecram-Servant, 1939.

Serry, Hervé. *Les éditions du Seuil 70 ans d'histoire*. Paris, Seuil, 2008.

7.4 Sur la traduction

Han, dihou. *Jin dai fan yi shi hua* [*L'historique de la traduction contemporaine*]. Jiulong, Xianggang chen chong tu shu gong si, 1969.

Han, Yiyu. *Qing Mo Min Chu han yi Faguo wen xue yan jiu 1897-1916* [*Fin des Qing et début de la république. Étude sur la traduction en chinois d'œuvres françaises*]. Beijing, Zhongguo she hui ke xue yan, 2008.

She, Xiebin. « La littérature française traduite en Chine ». *Meta : journal des traducteurs*. vol. 44, n° 1. 1999, 178-184.

Liu, Kedi; Li, Youhong. *Na xie fan yi da shi men* [*Ces Maîtres traducteurs*]. Beijing, Jin cheng chu ban she, 2010.

Song, Xuezhi. *Fan yi wen xue jing dian de ying xiang yu jie shou*, [*L'influence et l'explication sur les littératures traduites*]. Shanghai, Shanghai ye wen chu ban she, 2006.

Song, Xuezhi; Xu Jun. *20 shi ji Faguo wen xue zai Zhongguo de yi jie yu jie shou* [*L'influence et la réception de la traduction des chefs-d'œuvre français en Chine*]. Wu han shi, Hu bei jiao yu chu ban she, 2007.

Wang, Hongyin. *Zhongguo chuan tong yi lun jing dian quan shi: cong Daoan dao Fu Lei/Critique of translation theories in Chinese tradition: from Dao An to Fu Lei*. Wuhan, Hubei jiao yu chu ban she, 2003.

Wang, Shi et al. *Lun Yen Fu yu Yen yi ming zhu* [*Étude sur Yen Fu et ses traductions d'œuvres majeures*]. Beijing, Éditions Shang Wu, 1982.

Wang, Youguei. *Fan yi xi fang yu dong fang* [*traduit l'Orient et l'Occident*]. Chengdu, Sichuan ren min chu ban she, 2004.

Wu, Shutian. *Fan yi lun* [*Théorie de traduction*]. Shanghai, Guang hua shu ju, 1933.

7.5 *Sur la langue française dans le monde*

Alexakis, Vassilis ; Assaad, Fawzia et Beausoleil, Claude. *Cette langue qu'on appelle le français : l'apport des écrivains francophones à la langue française*. Arles, Actes sud, 2006.

Chen, Xiangyang. *Wan Qing jin shi Tonwenguan zu zhi yan jiu* [*Séminaire de langues de fin de Qing*]. Guangzhou Shi, Guangdong gao deng jiao yu chu ban she, 2004.

Granger, Serge; Magedera, Ian H. « Aux délices de Mahé: a selected critical and annotated bibliography of French-language representations of India 1763-2002 ». *International Journal of Francophone Studies*, vol. 5, July 2002, 104-127.

Homberg, Octave. « L'école des colonies III, le français dans ses colonies ». *Revue des Deux Mondes*, vol. 47, septembre 1928, 683-698.

Sadao, Tanaka. *Les débuts de l'étude du français au Japon*. Tôkyo, Librairie-Éditions France Tosho, 1983.

Su, Jing. *Qing ji Tonwenguan* [*Séminaire de langues des Qing*]. Taibei Shi, Su Jing, 1978.

Vigner, Gérard. « Le français des colonies et des indépendances. Pour une histoire du français langue seconde ». *Histoire de la diffusion et de l'enseignement du français dans le monde*, 1998, 96-102.

—. « L'enseignement et la diffusion du français dans l'empire colonial français 1815-1962 ». *Documents pour l'histoire du français langue étrangère ou seconde*, vol. 25, 2000, 5-131.

8 Histoire ou sociétés en Asie

8.1 *La France en Asie*

Baudiment, Louis. *François Pallu : principal fondateur de la Société des Missions-Étrangères (1626-1684)*. Paris, G. Beauchesne et ses fils, 1934.

Bellecourt, Duchesne de. « La colonie de Saigon ». *Revue des Deux Mondes*, vol. 68, mars 1867, 427-456.

Bellessort, André. « En Extrême-Orient II. Les étapes du retour ». *Revue des Deux Mondes*, vol. 25, janvier 1915, 5-34.

Berrichon, Paterne. « À propos de colonisation : Arthur Rimbaud et le capitaine Marchand ». *Mercure de France*, t. 29, n° 110, février 1899, 345-355.

Blerzy, H. « Coloniale au XVIIIe siècle ». *Revue des Deux Mondes*, vol. 78, novembre 1868, 138-169.

Bonningue, Alfred. *La France à Kouang-Tchéou-Wan*. Paris, Éditions Berger-Levrault, 1931.

Bouet-Willaumez. « Les colonies françaises en 1852 ». *Revue des Deux Mondes*, vol. 14, avril 1852, 929-952.

Camille, Guy. *Les colonies françaises. Les établissements français de l'Inde*. Paris, Imprimerie F. Levé, 1900.

Carné, L.-M. de. « Exploration du Mékong I ». *Revue des Deux Mondes*, vol. 80, mars 1869, 172-199.

Cholodnicki, Didier. *L'Orient – Pondichéry*. Paris, Trans Photographic Press, 2008.

Dodille, Norbert. *Idées et représentations coloniales dans l'océan Indien*. Paris, PUPS, 2009.

Duhr, Joseph. *Un Jésuite en Chine : Adam Schall astronome et conseiller impérial (1592-1666)*. Bruxelles, L'Édition universelle, 1936.

Favier, René. *Les Européens et les Indes orientales au XVIIIe siècle. Aspects maritimes, commerciaux et coloniaux*. Paris, Ophrys, 1997.

Fauconnet-Buzelin, Françoise. *Aux sources des Missions-Étrangères : Pierre Lambert de La Motte 1624-1679*. Paris, Perrin, 2006.

Hanotaux, Gabriel. « L'apport intellectuel des colonies à la France ». *Revue des Deux Mondes*, vol. 37, janvier 1927, 129-140.

Haussmann, Auguste. « Canton et le commerce européen en Chine ». *Revue des Deux Mondes*, vol. 16, octobre-novembre 1846, 298-340.
Launay, Adrien. *Histoire générale de la Société des Missions-Étrangères*. Paris, Tequi, 1894.
—. *Histoire des missions de Chine : mission du Kouy-Tcheou*. Vannes, Lafolye frères, 1907-1908.
Langlais, Jacques. *Les Jésuites du Québec en Chine 1918-1955*. Québec, PU de Laval, 1979.
Lavollée, Charles. « La politique européenne en Chine – Relations de l'Angleterre et de la France avec le Céleste Empire ». *Revue des Deux Mondes*, vol. 9, janvier 1851, 733-753.
—. « Les colonies et la colonisation moderne selon l'économie politique contemporaine ». *Revue des Deux Mondes*, vol. 43, janvier 1863, 880-916.
—. « Le commerce de l'Extrême-Orient et la question du Tonkin ». *Revue des Deux Mondes*, vol. 59, septembre 1883, 188-205.
Lévi, Sylvain. *Indochine*. Paris, Société d'éditions géographiques maritimes et coloniales, 1931.
Lindau, Rodolphe. « Essais et notices – Le commerce étranger en Chine ». *Revue des Deux Mondes*, vol. 35, septembre 1861, 769-776.
Li, Shenwen. *Stratégies missionnaires des Jésuites français en Nouvelle-France et en Chine au XVIIe siècle*. Sainte-Foy, PU de Laval, 2001.
Lundboeuk, Knud. *Qing dai lai hua chuan jiao shi Maruose yan jiu* [*Joseph de Prémare 1666-1736, S.J. en Chine*]. Zhengzhou Shi, Da xiang chu ban she, 2009.
Maybon, Charles. *La concession française d'autrefois* [*B. Edan, Chancelier et Consul de France à Changhai (1850-1861) fondateur de la municipalité française*]. Pékin, Albert Nachbaur, 1924.
—. *Histoire de la concession française de Changhai*. Paris, Plon, 1929.
Michel, Franck. *En route pour l'Asie. Le rêve oriental chez les colonisateurs, les aventuriers et les touristes occidentaux*. Paris, L'Harmattan, 2001.
Moureau, François. « Itinéraires jésuites en Chine ou les Lumières naissent à l'Est ». *Studies on Voltaire and the Eighteenth Century*, vol. 1, 2003, 437-454.
Myrial, Alexandra. « Les congrégations en Chine ». *Mercure de France*, t. 47, n° 164, août 1903, 289-312, et t. 51, n° 177, septembre 1904, 673-684.
Nesles, Pierre. « La Chine qui se ferme ». *Mercure de France*, t. 35, n°128, août 1900, 289-320.
Petit, Maxime. *La France au Tonkin et en Chine*. Paris, Librairie illustrée, 1886.
Pinon, René. *La Chine qui s'ouvre*. Paris, Perrin et Cie, 1900.
—. « La question siamoise et l'avenir de l'Indo-Chine française ». *Revue des Deux Mondes*, vol. 18, novembre 1903, 569-603.
—. « La Chine et les puissances européennes (1894-1904) ». *Revue des Deux Mondes*, vol. 22, juillet 1904, 627-666.
Piolet, J-B. *Les missions catholiques françaises au XIXe siècle*, vol. III *Chine et Japon*. Paris, Armand Colin, 1901-1903, 65-131.
Piquet, Caroline. *La compagnie du canal de Suez : une concession française en Egypte 1888-1956*. Paris, PUPS, 2008.
Plattner, Felix Alfred. *Quand l'Europe cherchait l'Asie : Jésuites missionnaires 1541-1785*. Tournai, Casterman, 1954.
Roux, François. *Carte du Se-tch'ouan occidental levée en 1908-1910*. Chang-Hai, Imprimerie de la Mission catholique, 1915.
Siegfried, André. *Le centenaire des services des messageries maritimes (1851-1951)*. Paris, Imprimerie Ettighoffer et Raynaud, 1952.
Vincent, Rose. *L'Aventure des Français en Inde : XVIIe-XXe siècles*. Paris, Kailash, 1995.
Veuillot, Eugène. « Le Thibet et les missions françaises dans la Haute-Asie, mœurs chinoises et thibétaines ». *Revue des Deux Mondes*, vol. 6, avril 1850, 991-1032.

Villion, A. *Cinquante ans d'apostolat du Japon*. Hong Kong, Imprimerie de la Société des Missions-Étrangères, 1923.

8.2 Histoire des régions aux croisements de la France

Aying. *Ya pian zhan zheng wen xue ji [Littérature de la guerre d'opium]*. Beijing, Gu ji chu ban she, 1957, 2 vols.

Bayard-Sakai, Anne. *Extrême-Orient dans les années 20*. Villeneuve-d'Ascq, U de Charles-de-Gaulle-Lille III, 1995.

Bergère, Marie-Claire. *L'âge d'or de la bourgeoisie chinoise 1911-1937*. Paris, Flammarion, 1986.

Bergère, Marie-Claire. *Histoire de Shanghai*. Paris, Fayard, 2002.

Blanchon, Flora (éd). *Banquier, savant, artiste, présences françaises en Extrême-Orient au XXe siècle*. Paris, PUPS, 2005.

Blerzy, H. « Les affaires de Chine et la question chinoise en 1871 depuis les massacres de 1870 ». *Revue des Deux Mondes*, vol. 94, juillet 1871, 46-70.

Brossollet, Guy. *Les Français de Shanghai, 1849-1949*. Paris, Belin, 1999.

Caillard, Gaston. *L'Indochine géographie histoire mise en valeur Kouang-Tchéou-Wan*. Paris, Notre domaine colonial, 1922.

Chen, Wenyuan. *Ming chao yu Annan guan xi yan jiu/On relations between Ming dynasty and Annam*. Thèse, U de Jinan, 2005.

Clavaron, Yves. *Inde et Indochine : E. M. Forster et M. Duras au miroir de l'Asie*. Paris, Honoré Champion, 2001.

Colomban, Eudore de. *Histoire abrégée de Macao*. Pékin, Imprimerie de la politique de Pékin, 1928.

Cordier, Henri. *Histoire générale de la Chine et de ses relations avec les pays étrangers depuis les temps les plus anciens jusqu'à la chute de la dynastie mandchoue*. Paris, P. Geuthner, 1920, 4 vols.

Courant, Maurice. « Étrangers et Chinois ». *Revue des Deux Mondes*, vol. 1, janvier 1901, 117-140.

Cultru, Prosper. *Histoire de la Cochinchine française des origines à 1883*. Paris, A. Challamel, 1910.

Dermigny, Louis. *La Chine et l'Occident : le commerce à Canton au XVIIIe siècle 1719-1833*. Paris, S.E.V.P.E.N., 1964.

Détrie, Muriel. « L'Extrême-Orient en question dans les récits de voyageurs français durant la seconde moitié du XIXe siècle ». *Modern & Contemporary France*, vol. 14, n° 1, February 2006, 5-13.

Domenach, Jean-Luc. *Chine : l'archipel oublié*. Paris, Fayard, 1992.

Fourniau, Charles. *Annam-Tonkin, 1885-1896 : lettrés et paysans vietnamiens face à la conquête coloniale*. Paris, L'Harmattan, 1989.

Granet, Marcel. *La civilisation chinoise : la vie publique et la vie privée*. Paris, Albin Michel, 1994.

Henriot, Christian. *Shanghai années 30 : plaisirs et violences*. Paris, Éditions Autrement, 1998.

Hoffet, J.-H. « Notes sur la géologie du territoire de Kouang-Tchéou-wan ». Hanoi, *Bulletin du service géologique de l'Indochine*, vol. XX, 1933, 1-9.

Hauser, Ernest. *Blancs et Jaunes à Changhaï*. Paris, La Nouvelle édition, 1945.

Lei, Mao et coll. éds. *Qi zi feng yun [Vents et marées des sept fils]*. Wuhan, Hu bei ren min chu ban she, 2000.

Li, Wenhai et coll. éds. *Shi ji e meng : jin dai Zhongguo bu ping deng diao yue xie shi [Cauchemar séculaire : rapport sur les traités inégaux]*, I. Beijing, Zhongguo ren min da xue chu ban she, 1997, 2 vols.

Madrolle, Claudius. *Indochine du nord : Tonkin, Annam, Laos, Yunnan, Hong Kong, Kouang-Tchéou Wan*. Paris, Société d'Éditions géographiques maritimes et coloniales, 1939.

Manguin, Pierre-Yves. *Les Nguyên, Macao et le Portugal : aspects politiques et commerciaux d'une relation privilégiée en mer de Chine 1773-1802*. Paris, École française d'Extrême-Orient, 1984.

Marchal, Roger. « Pyramides et pagodes : un mythe des Lumières. La Chine colonie égyptienne ». *Travaux de littérature*, vol. 12, 1999, 137-147.

Mas, Sinibaldo de. *La Chine et les puissances chrétiennes*. Paris, Hachette, 1861.

Myrial, Alexandra. « Le clergé thibétain et ses Doctrines ». *Mercure de France*, t. 50, n° 174, juin 1904, 661-678.

Puyi [l'Empereur de Chine, traduit par Fernand Roy]. *Siuan-T'ong... Derniers décrets impériaux (1er septembre 1911-12 février 1912)*. Shanghai, Imprimerie de la Presse orientale, 1912.

Shieh, Joseph ; Holzman, Marie. *Dans le jardin des aventuriers*. Paris, Seuil, 1995.

[s.n.]. *L'affaire du Tonkin : histoire diplomatique de l'établissement de notre protectorat sur l'Annam et de notre conflit avec la Chine 1882-1885*. Paris, J. Hetzel et cie, 1888.

[s.n] *La cour mixte de la Concession internationale de Shanghai*. Pékin, Albert Nachbaur, 1925.

Théry, François. *Les sociétés de commerce en Chine*. Tientsin, Société française de librairie et d'édition, 1929.

Weber, Jacques. *Pondichéry et les comptoirs de l'Inde après Dupleix : la démocratie au pays des castes*. Paris, Denöel, 1996.

—. *La France en Chine 1843-1943*. Nantes, Presses académiques de l'Ouest, 1997.

Wei, jian ((éd).). *Da Guangzhou wan [Le grand Guangzhouwan]*. Guangzhou, Dongnan chu ban she, 1942.

Yu, He ; Hua Li éds. *Guo chi bei wang lu [Mémoires de honte de la patrie]*. Beijing, Beijing jiao yu chu ban she, 1995.

Zaini-Lajoubert, Monique; Bernot, Denise. *États et littérature en Asie : l'émergence des états modernes XIXe-XXe siècles*. Paris, Indes savantes, 2003.

Zhan Jiang Shi. *Guang-Zhou-wan. Série des archives de la colonie française*, Zhan Jiang Shi, Wen shi zi liao yen jiu, 1990.

Zhang, Zhidong [traduit par Jérôme Tobar]. *K'ien-hio p'ien [Exhortations à l'étude]*. Shanghai, Imprimerie de la Presse orientale, 1898.

8.3 Histoire de la femme asiatique

Despeux, Catherine. *Immortelles de la Chine ancienne : Taoïsme et alchimie féminine*. Puiseaux, Pardès, 1990.

Elisseeff, Danielle. *La femme au temps des empereurs de Chine*. Paris, Stock/L. Pernoud, 1988.

Henriot, Christian (éd). *La femme en Asie orientale : politique, société, littérature*. Lyon, Université Jean Moulin Lyon III, 1988.

Kikou, Yamata. « La vie féminine au Japon ». *Mercure de France*, t. 172, n° 623, juin 1924, 289-312.

Kong, Kug-lon. *La littérature féminine dans la Chine d'aujourd'hui*, thèse, U de Paris. Paris, Librairie sociale et économique, 1940.

Meyer, Charles. *Histoire de la femme chinoise : 4000 ans de pouvoir*. Paris, J.C. Lattes, 1986.

Palmier-Chatelain, Marie-Élise; Lavagne d'Ortigue, Pauline éds. *L'Orient des femmes*. Lyon, ENS Éditions, 2002.

Sarashina ; Shikibu, Murasaki ; Shikibu, Izumi. *Journaux des dames de cour du Japon ancien : journal de Sarashina, journal de Murasaki Shikibu, journal d'Izumi Shikibu, traduit par Marc Logé*. Arles, Picquier Imprimerie Robert, 1998.

Tchang, Ting-Tchang. *Le mariage et la situation de la femme mariée en Chine, au premier quart du XXe siècle*. Paris, Rousseau, 1930.

Yee, Jennifer. *Clichés de la femme exotique. Un regard sur la littérature coloniale française entre 1871 et 1914*. Paris, L'Harmattan, 2000.

Index thématique

For Product Safety Concerns and Information please contact our EU representative GPSR@taylorandfrancis.com Taylor & Francis Verlag GmbH, Kaufingerstraße 24, 80331 München, Germany

Batch number: 10725798

Printed by Printforce, the Netherlands